國家圖書館出版品預行編目資料

流體力學 / 陳俊勳,杜鳳棋著.－－初版一刷.－－臺
北市：三民，2004
　　面；　公分－－(新世紀科技叢書)

ISBN 957－14－4059－0　(平裝)
　1.流體力學

332.6　　　　　　　　　　　　　　　93012937

網路書店位址　　http://www.sanmin.com.tw

ⓒ 流　體　力　學

著作人	陳俊勳　杜鳳棋
發行人	劉振強
著作財產權人	三民書局股份有限公司 臺北市復興北路386號
發行所	三民書局股份有限公司 地址／臺北市復興北路386號 電話／(02)25006600 郵撥／0009998－5
印刷所	三民書局股份有限公司
門市部	復北店／臺北市復興北路386號 重南店／臺北市重慶南路一段61號

初版一刷　2004年8月
編　號　S 331850
基本定價　捌　元
行政院新聞局登記證局版臺業字第〇二〇〇號

有著作權·不准侵害

ISBN　957-14-4059-0　(平裝)

新世紀科技叢書

流體力學

陳俊勳
杜鳳棋 著

三民書局

序 言

　　本書係筆者累積多年的教學經驗,配合平常從事研究工作所建立的概念,針對流體力學所涵蓋的範疇,分門別類、提綱挈領予以規劃說明。內容均屬精選,對於航太、機械、造船、環工、土木、水利……等工程學科在研修流體力學,本書將是不可或缺的教材。

　　本書內容共分為八章,全書包括基本概念、流體靜力學、基本方程式推導、理想流體流場、不可壓縮流體之黏性流、可壓縮流體以及流體機械等幾個部分。每章均著重於一個課題之解說,配合詳盡的例題剖析,將使讀者有系統建立完整的觀念。每章末均附有習題,提供讀者自行練習,俾使達到融會貫通之成效。

　　本書教材同時採用公制與英制單位,主要是讓讀者在問題描述時,能嫻熟單位之相容性與互換性,俾以適應日後考試或工作的不同需求。書中文字雖以中文書寫,但專有名詞均加註英文,以免除不必要之混淆。

　　全書在編寫過程中雖力求完美,校稿時亦逐字斧正,但疏漏錯誤處在所難免,尚祈讀者諸君不吝指正。

陳俊勳、杜鳳棋　謹誌

流體力學

目　次

■ 第 6 章　因次分析與相似定律
Dimensional Analysis and Similarity Law

■ 第 7 章　黏性內流
Viscous Internal Flow

■ 第 8 章　黏性外流
Viscous External Flow

第 1 章　基本概念
Fundamental Concepts

　　所謂「流體力學」係流體在靜止或運動狀態下，針對其行為表現的一種描述。在地球生活環境中，我們最常接觸的流體是為水和空氣，兩者對人類而言都是主要的生存要素，因此瞭解流體靜止或流動的特性，甚至去預測流體的變化，將是非常重要的研究領域。此外，最近極為熱門的生物科技，在許多地方皆須瞭解血液在血管中的流動情形，或探討交互的影響，都屬於流體力學探討的範疇。因此，本書的目的在使讀者能瞭解，描述流體運動（含靜止）的定律以及如何去使用這些運動定律。基本上，本書是假設讀者事先具有一些基本固體力學的背景，因此先介紹流體力學和固體力學之間的差異，進而定義出流體的基本概念。

1–1　流體的定義

　　「流體」是一種易於流動而且無固定形狀的物質。固體和流體性質最明顯的差異在於對剪應力 (shear stress) 的反應，在不論多少剪力作用下流體皆會產生連續不斷的變形，並無法呈現靜平衡 (static equilibrium)，兩者對剪應力的反應如圖 1–1 所示。

　　圖 1–1 (a)表示固定剪力作用在固體，而圖 1–1 (b)則是固定剪力作用在流體上，兩者具有不同結果，茲分別描述如下：

1.固　體

　　當其承受剪應力後產生一大小之變形，只要剪應力不要超出其降伏點，此應變量與所受剪應力之大小成正比。當達到固定變形量即不再繼續變形，

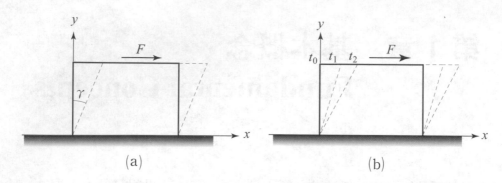

圖 1–1　剪應力的作用：(a)在固體、(b)在流體

並呈現靜力平衡之狀態，而該平衡狀態取決於力距的大小和該固體本身的彈性性質。在材料力學中，當固體承受剪力作用時，在簡單的二度空間平面上，其變形量與剪應力之關係，常以下式表示

$$\tau = G \cdot \gamma \tag{1.1}$$

式中 τ 為剪應力 (shear stress)、G 稱為剪彈性係數 (shear modulus of elasticity) 或剛性係數 (modulus of rigidity)，而角度的變化 γ 稱為剪應變 (shear strain)。

2. 流　體

　　當流體承受剪應力後並無一定大小之變形，而係產生連續不斷的運動，且在剪力的作用下並無法達到靜力平衡狀態，此種不同於固體的特性，即是用來定義流體。亦即，所謂的流體乃是該物質受到一剪應力作用時，將會持續的變形而無法達到平衡狀態。

　　流體力學中，在簡單的二度空間平面上，流體所承受之剪應力可表示為

$$\tau = \mu \frac{\partial u}{\partial y} \tag{1.2}$$

式中 μ 為流體的黏度係數或稱為動力黏滯係數 (dynamic viscosity)，u 為剪應力作用使流體在 x 方向產生的移動速度，而 $\frac{\partial u}{\partial y}$ 為剪應變率 (shear strain rate)。

　　流體通常包括液體 (liquid) 和氣體 (gas)，兩者之差別在內聚力 (cohesive force) 與壓縮性 (compressibility)，其間的差異歸納如下：

1. 液　體

　　由相當緊密且受到壓縮的分子組成，具有很強內聚力，由於受到重力場的作用，在流體表面與外界接觸的空氣間會形成自由表面 (free surface)。液體具有較小的壓縮性，一般歸類為不可壓縮 (incompressible) 流體。

2. 氣　體

　　氣體幾乎沒有內聚力，可在空間中任意的運動，直至碰到邊壁為止，所以氣體並沒有一定的體積。氣體具有較大的壓縮性，但實際壓縮性之顯著效果，將會在運動速度較大時才會發生。所以，空氣在低速運動時，一般界定為馬赫數 (Mach number) Ma 小或等於 0.3 之情況 ($Ma \leq 0.3$)，亦可視為不可壓縮性流體之運動。

1–2　因次與單位 (dimension and unit)

　　流體力學中所含括的物理量，皆可由五個最基本的因次表示，即：質量 (M)、長度 (L)、時間 (T)、力 (F) 以及溫度 (θ)。其中，溫度為獨立的基本因次，另外四者則可由牛頓第二運動定律 ($F = m \cdot a$) 建立相互之關連性，上述因次可利用方程式的形式寫出

$$\mathbf{F} \equiv \mathbf{MLT}^{-2} \text{ 或 } \mathbf{FM}^{-1}\mathbf{L}^{-1}\mathbf{T}^{2} \equiv 1 \tag{1.3}$$

上列因次方程式說明了此四個基本因次間的相互關係。所以，當其中三個因次已知時，第四個因次即可由其他二個已知因次表示。因此，僅須採用三個獨立基本因次，即可能描述流體力學的任何物理量。通常選用 M, L, T（MLT 系統）或 F, L, T（FLT 系統），如表 1–1 所列示。

表 1–1　流體力學常用的物理量和其因次

物　　理　　量		MLT 系統	FLT 系統
Acceleration	加　速　度	LT^{-2}	LT^{-2}
Angle	角　　　度	$M^0L^0T^0$	$F^0L^0T^0$
Angular acceleration	角加速度	T^{-2}	T^{-2}
Angular velocity	角　速　度	T^{-1}	T^{-1}
Area	面　　積	L^2	L^2
Density	密　　度	ML^{-3}	$FL^{-4}T^2$
Energy	能　　量	ML^2T^{-2}	FL
Force	力	ML^2T^{-2}	F
Frequency	頻　率	T^{-1}	T^{-1}
Heat	熱　量	ML^2T^{-2}	FL^{-2}
Length	長　　度	L	L
Mass	質　　量	M	M
Modulus of elasticity	彈性模數	$ML^{-1}T^{-2}$	FL^{-2}
Momentum	動　　量	MLT^{-1}	FT
Power	功　率	ML^2T^{-3}	FLT^{-1}
Pressure	壓　　力	$ML^{-1}T^{-2}$	FT^{-2}
Specific heat	比　　熱	$L^2T^{-2}\theta^{-1}$	$L^2T^{-2}\theta^{-1}$
Specific weight	比　　重	$ML^{-2}T^{-2}$	FL^{-3}
Strain	應　　變	$M^0L^0T^0$	$F^0L^0T^0$
Stress	應　　力	$ML^{-1}T^{-2}$	FL^{-2}
Surface tension	表面張力	MT^{-2}	FL^{-1}
Temperature	溫　　度	θ	θ
Time	時　　間	T	T
Velocity	速　　度	LT^{-1}	LT^{-1}
Viscosity (dynamic)	動力黏度	$ML^{-1}T^{-1}$	$FL^{-2}T$
Viscosity (kinematic)	運動黏度	L^2T^{-1}	L^2T^{-1}
Volume	體　　積	L^3	L^3
Work	功	ML^2T^{-2}	FL

　　描述物理量的大小除了數值之外，尚須配合單位的使用。流體力學使用的單位一般包括:

　⑴國際標準制 (International system)──SI 制

(2)英國重力制 (British Gravitational system)──BG 制

(3)英國工程制 (English Engineering system)──EE 制

　　無論使用任何一種單位系統，換算因子 (g_c, conversion factor) 必須使用於牛頓第二運動定律，使之具有相同的單位。所以

$$F = \frac{ma}{g_c} \tag{1.4}$$

上式 g_c 的數值和單位選用的系有關，如表 1–2 所示，各種單位換算則列表於附錄 4。

表 1–2　不同單位系統的基本單位與換算因子表

系　統	質　量	長　度	時　間	力	換　算　因　子
SI　制	kg	m	sec	N	$1 \dfrac{kg \cdot m}{N \cdot sec^2}$
BG　制	slug	ft	sec	1b	$1 \dfrac{slug \cdot ft}{lb \cdot sec^2}$
EE　制	1bm	ft	sec	1bf	$32.174 \dfrac{lbm \cdot ft}{lbf \cdot sec^2}$

1–3　流體的性質

1. 密度 (density, ρ)

　　密度定義為單位體積的質量，其因次是 ML^{-3}。在溫度和壓力變化的情況下，流體密度產生的改變極為微小，但是氣體密度則改變極大。理想氣體 (ideal gas) 的密度與溫度和壓力的關係式，可利用狀態方程式 (equation of state) 表示如下

$$P = \rho RT = \rho \frac{R_0}{M} T \tag{1.5}$$

式中 P 為絕對壓力、ρ 為密度、T 為絕對溫度、M 為氣體的分子量 (molecular

weight)。R 是個別氣體常數 (individual gas constant)，對於每一種不同之氣體，R 具有不同的值。R_0 是通用氣體常數 (universal gas constant)，常用單位系統之 R_0 值為

$$R_0 = 8314.3 \ \frac{N \cdot m}{kg \cdot K}$$

$$= 1545.0 \ \frac{lbf \cdot ft}{lbm \cdot mole \cdot K}$$

2. 比重量 (specific weight, γ)

物體的比重量為單位體積內物質的重量，其因次為 FL^3。比重量等於物質密度乘以局部的重力加速度，即

$$\tau = \rho g \tag{1.6}$$

3. 比重 (specific gravity, SG)

比重為某物質比重量與一標準物質比重量的比值，標準物質通常係指溫度為 4°C，壓力為 1atm 狀態時之純水。設 γ_w 為純水之比重量，某物質之比重量為 γ，則

$$SG = \frac{\tau}{\tau_w} \tag{1.7}$$

4. 比容積 (specific volume, $\forall$)

比容積為每單位質量流體所佔有之體積，其因次為 $L^3 M^{-1}$。顯然，比容積為密度之倒數，並可表示為

$$\forall = \frac{1}{\rho} \tag{1.8}$$

5. 壓縮性 (compressibility)

壓縮性表示流體在受到單位壓力變化時產生之體積的變化能力，流體的壓縮性可利用容積彈性模數 (bulk modulus, E_V) 來表示。單位流體之體積，承

受壓力從 P 增加 ΔP 時，體積則減少 ΔV 容積性模數即定義為

$$E_V = \lim_{\Delta \forall \to 0} \frac{-\Delta P}{\frac{\Delta \forall}{\forall}} = -\frac{dP}{\frac{d\forall}{\forall}} \tag{1.9}$$

6.黏滯性 (viscosity)

由於流體分子間產生碰撞且分子間具有吸引力的緣故，任兩層流體分子間產生運動時會形成阻力。此種阻力的大小與流體分子間吸引力與分子碰撞之劇烈程度有關，描述此量大小之物理特性流體的黏滯性。

考慮兩平行板間之流體 (如圖 1–2 所示)，下板保持固定不動，上板則施以 F 之力。經由實驗證明，黏性流體粒子和固體板面接觸時，因其間具有黏滯力，故兩者之間沒有相對運動 (relative motion) 的產生，此種現象稱為黏性流體在固體界面上之無滑動條件 (no slip condition)。

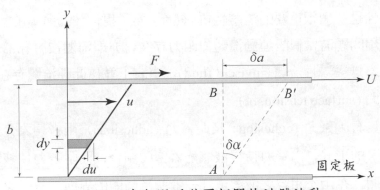

圖 1–2　在無限延伸平板間的流體流動

在圖 1–2 中，流體處於兩無限延伸的平板之間。上平板在 F 力之持續作用下，平板以 U 之速度作等速移動，則作用在流體元素之剪應力 (τ) 為

$$\tau = \frac{F}{A}$$

此處 A 為流體與平板之接觸面積。在 δt 時間變遷內，流體元素 AB 之位變形為 $A'B'$，此流體變形率以剪應變率 (rate of shearing strain, γ) 表示為

$$\gamma = \lim_{\delta t \to 0} \frac{\delta \alpha}{\delta t} = \frac{d\alpha}{dt}$$

由點 B 與 B' 之間的距離 δa，將可表示為

$$\delta a = U \cdot \delta t$$

對於小角度而言

$$\tan(\delta \alpha) \doteqdot \delta \alpha \doteqdot \frac{\delta a}{b}$$

由以上關係取極值可得

$$\frac{U}{b} = \frac{d\alpha}{dt}$$

在研究流體摩擦及流體擾動，亦即在相鄰流體粒子間具有相對運動時，流體黏滯性是一個很重要的流體性質。然而，為了提供較為簡單的數學模式，在分析流場問題時常假設運動流體無阻力存在，亦即流體沒有黏滯性，則此種流體稱為無黏滯性流體 (inviscid fluid)，事實上並無此種流體存在！

7. 表面張力 (surface tension, σ_t)

液體具有內聚力 (cohesion) 及附著力 (adhesion)，兩者均為分子吸引力 (attraction) 的形式，內聚力使得液體能緊密的結合，而附著力使液體可黏附在其他物體。在兩不相容之液體或任一液體及氣體的界面，分子之間的吸引力形成一層假想膜，而造成液體具有此種特性的性質稱為表面張力。

若從表面力的平衡觀點，則可以求得任意液體表面狀態的表面張力大小，如圖 1–3 所示。

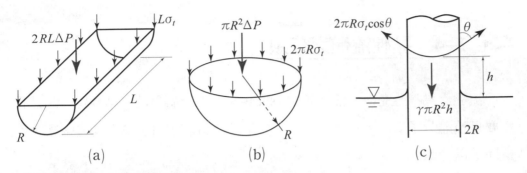

圖 1–3　表面力分佈情形：(a)水平圓柱、(b)球狀液滴、(c)垂直圓柱

根據圖 1–3 繪示各種自由體 (free body) 之作用力計算如下：

(1)液體圓柱內增加之壓力 ＝ 表面張力，如圖 1–3 (a)所示

$$2 \cdot R \cdot L \cdot \Delta P = 2 \cdot L \cdot \sigma_t$$

$$\Rightarrow \Delta P = \frac{\sigma_t}{R} \tag{1.10}$$

(2)球狀液滴內所增力壓力 ＝ 環狀的表面張力，如圖 1–3 (a)所示

$$\pi \cdot R^2 \cdot \Delta P = 2 \cdot \pi \cdot R \cdot \sigma_t$$

$$\Rightarrow \Delta P = 2 \cdot \frac{\sigma_t}{R} \tag{1.11}$$

(3)液體圓柱上升高度 h 之重量 ＝ 管周圍之表面張力垂直分量，如圖 1–3 (c) 所示。

$$2 \cdot \pi \cdot R \cdot \sigma_t \cdot \cos\theta = \pi \cdot R^2 \cdot h \cdot \tau$$

$$\rightarrow h = \frac{2 \cdot \sigma_t \cdot \cos\theta}{\tau \cdot R} \tag{1.12}$$

上列式中 σ_t 即為表面張力，單位為 FL^{-1}。

1-4　黏性流體之分類

流體之黏滯性是決定流體剪力 (shear force) 阻礙量的一種性質，黏滯性主要是流體分子間之相互作用所產生，流體可以利用其剪應力和變形率之關係而予以分類。

在圖 1-2 的一度空間流場中，$\tau = \dfrac{F}{A}$，而 τ 為流場中任意點的剪應力 (shear stress)。在不考慮重力和壓力差時，速度梯度 $\dfrac{U}{b}$ 和剪應力 τ 成正比，亦即

$$\frac{F}{A} \propto \frac{U}{b} = \frac{du}{dy} \quad \text{或} \quad \tau \propto \frac{du}{dy}$$

因為是線性的斜率，故剪應力亦可寫成

$$\tau = \mu \frac{du}{dy} \tag{1.13}$$

此式即稱為牛頓黏性定律 (Newton's law of viscosity)，流體行為能符合此定律者即稱為牛頓流體 (Newtonian fluid)。μ 為絕對黏滯係數 (absolute viscosity coefficient) 或動力黏滯係數 (dynamic viscosity coefficient)，從定義可知其因次為 FTL^{-2} 或 $MT^{-1}L^{-1}$。動力黏滯係數對流體密度的比稱為運動黏滯係數 (kinematic viscosity)，即

$$\nu = \frac{\mu}{\rho} \tag{1.14}$$

其因次是 L^2T^{-1}。當流體黏滯係數以 MLT 系統表示，其單位分別以 MKS 制（公尺－公斤－秒），CGS 制（公分－公克－秒）和 FPS 制（呎－磅－秒）列示在表 1–3。

表 1–3　動力黏滯係數與運動黏滯係數的單位

MLT 系統		μ	ν	1 P (Poise, 泊) = 1 $\frac{g}{cm \cdot s}$
公制	MKS 制	$\frac{kg}{m \cdot s}$	$\frac{m^2}{s}$	1 cP (centipoise) = 0.01 P
	CGS 制	$\frac{g}{cm \cdot s}$	$\frac{cm^2}{s}$	1 st (stoke, 史托克) = 1 $\frac{cm^2}{S}$
英制	FPS 制	$\frac{slug}{fts}$	$\frac{ft^2}{s}$	1 cst (centistokes) = 0.01 st

　　一般而言，壓力對流體黏度影響並不顯著，但溫度對流體黏度的影響則極為明顯，動力黏滯係數與運動黏滯係數對溫度變化的關係，分別表示於圖 1–4 和圖 1–5 中。

　　由上兩圖中之趨勢顯示，溫度變化對液體與氣體的影響各不相同，液體黏度隨溫度增加而減低，而氣體黏度則隨溫度增加而增加。其間的差異可透過分子行為解釋如下：以微觀的觀點來看，黏滯度的大小取決於分子之間的吸引力和分子碰撞後的動量轉移。在液體中的分子間距離較近，因此分子間吸引力的作用，遠較分子因碰撞產生的動量轉移作用為大，一旦溫度升高，分子動量就升高，使它們之間的吸引力效力降低，導致黏滯效果下降，因此液體黏滯係數會隨溫度升高而降低。相反的對氣體而言，因其彼此間的距離較遠。因此，黏滯性取決於分子間碰撞後動量轉移的效應，一旦溫度升高，分子碰撞就越激烈，所以導致黏滯度上升，所以氣體黏滯係數反而會隨溫度增加而增加，和液體的現象恰好相反。

　　所有流體之剪應力不直接與變形率成正比者,則歸類為非牛頓流體 (non-Newtonian fluid)，牙膏、油漆以及血液乃是最顯見的例子。藉著冪次理論的模型，　維流場的非牛頓流體之經驗方程式為

$$\tau = k(\frac{du}{dy})^n = \eta(\frac{du}{dy}) \tag{1.15}$$

其中　　$\eta = k(\frac{du}{dy})^{n-1}$

式中 n 為流體行為指數、k 為黏度指標 (consistency index)、η 被定義為視黏滯度 (apparent viscosity)，若 $n = 1$ 且 $k = \mu$ 則為牛頓流體。

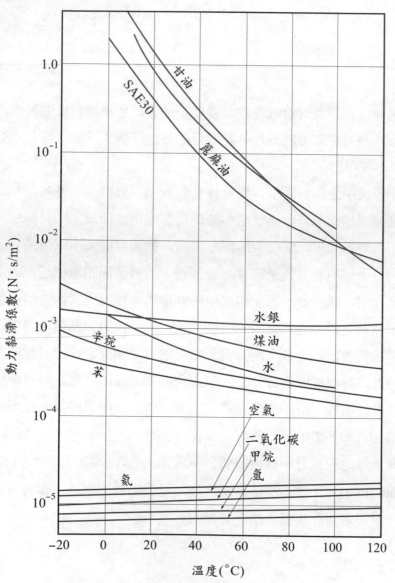

圖 1–4　動力黏滯係數和溫度之變化曲線（等壓情況下）

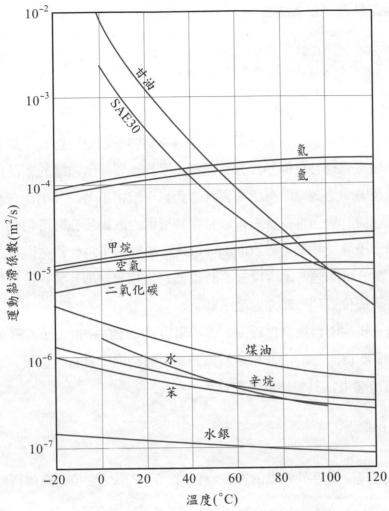

圖 1-5　運動黏滯係數和溫度之變化曲線（等壓情況下）

1-5　連續性流體 (continuum fluid)

在處理流場問題時，若流體分子間碰撞的自由平均路徑 (mean free path) 比該空間中某一特徵長度 (characteristic length) 小甚多時，則流體個別分子行為可予以忽略，而可將流體視一連續性之物質，並以流體整體巨觀之行為做為討論之對象，此即為連續性觀念。一般流場以紐森數 (Knudsen number, Kn)

來判斷流體是否可視為連續性，紐森數之定義為

$$Kn = \frac{\lambda_m}{L} \begin{matrix} < 0.01 & \text{連續性流(continuum flow)} \\ > 1.0 & \text{稀薄氣體流(rarefied flow)} \end{matrix} \qquad (1.16)$$

式中 λ_m 為分子的自由平均路徑，L 為物體間之特徵長度。

　　若以連續性的觀念處理流場問題，係將流體個別分子行為予以忽略，故流場中之任意物理性質係平均方式處理，平均性質係隨流體元素的形狀、介質位置以及時間之改變而有所差異。當元素形狀很小時，其仍能包含足夠的分子，而在統計學上具有意義，並且在其形狀之改變極微時可忽略，此元素稱為流體粒子並簡稱為流粒 (fluid particle)。流粒的平均性質被限制在一個點上，所以在分析問題時能用場 (field) 之觀念來代表連續性質，是故流體的性質通常表示成位置和時間之連續函數。

　　為進一步說明連續之性質，定義流場中某一點的密度為 ρ。圖 1–6 (a)中 P 點的座標為 (x, y, z)，由於密度乃為每單位體積內所具有之質量，因此在體積為 $\forall$ 的流體中，其平均密度應為

$$\rho = \frac{m}{\forall}$$

但此並非恰好等於 P 點的密度值，欲決定 P 點之密度，應儘可能將環繞 P 點之體積縮小。若該小體積為 $\delta\forall$，而該小體積內之質量為 δm，則 $\frac{\delta m}{\delta\forall}$ 之比值即為 P 點的密度。由於流體分子會隨時變動，故 $\frac{\delta m}{\delta\forall}$ 無法保持定值，如圖 1–6(b)所示。但 δV 趨近 $\delta\forall'$ 時，密度趨近一漸近值，而當趨於更小時，由於微小體積內流體分子太少，以致變化幅度極大。是故 $\delta\forall'$ 可認為是連續性流體的最小極限，即為流體粒子（有時亦稱為流體質點）。因此，流場中密度即定義為

$$\rho \equiv \lim_{\delta\forall \to \delta\forall'} \frac{\delta m}{\delta\forall} \qquad (1.17)$$

密度的場表示法可寫成

$$\rho = \rho(x, y, z, t)$$

上式說明密度是位置和時間的連續函數，且為一純量。

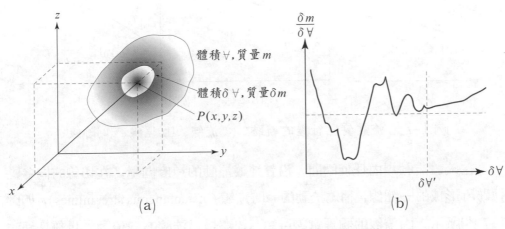

圖 1-6　流場中某一點流體密度的定義

速度場 (velocity field)

再考慮圖 1–6 (a)，P 點流粒的瞬時速度 $\vec{V}$ 定義為：佔有體積 $\delta\forall$ 分子的瞬時速度平均值。流速若採用向量予以表示

$$\vec{V} = \vec{V}(x, y, z, t)$$

當流動呈現穩定時 (steady state)，速度向量只為位置之函數，即 $\vec{V} = \vec{V}(x, y, z)$ 而和時間無關，故穩定流 (steady flow) 在每個位置的連續性質不隨時間而有所改變。反之，非穩定流 (unsteady flow) 其連續性質和位置係與時間有關係。穩定的等速流 (steady uniform flow) 速度向量是一固定常數。然而，等速或均勻流 (uniform flow) 也可能是不穩定的流動，正如穩定流亦可能因位置的不同而為非等速的流動。

流動型態 (flow patterns)

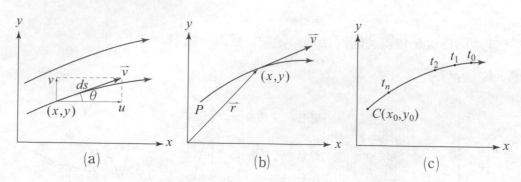

圖 1-7 　流體質點行經的軌跡：(a)流線、(b)徑線、(c)跡線

在流體流動場內任何瞬間，沿著連續流動的速度向量，在切線方向各點軌跡所形成的一組線，稱為流動的瞬時流線 (instantaneous streamlines)，如圖 1-7 (a)所示。由流線的物理意義可知，流體是沿流線方向流動，且無任何流體質點可穿越流線。亦即，流場中任何一條流線皆可假想為一固體邊界。由圖 1-7 (a)所示，二維流場流線的斜率，恰等於速度分量的比值，即

$$\frac{dy}{dx} = \frac{v}{u} \tag{1.18}$$

若為三維流場，則流線方程式可表示如下

$$\frac{dx}{u} = \frac{dy}{v} = \frac{dz}{w}$$

欲解上式的最佳方法，是以參數程式 $x = x(s)$、$y = y(s)$ 及 $z = z(s)$ 的形式求出空間曲線 $z = z(x, y)$，而參數 s 的定義，乃是以一固定參考點相對流線的座標，故上式可表示成

$$\frac{dx}{u} = \frac{dy}{v} = \frac{dz}{w} = ds \tag{1.19}$$

即

$$\frac{dx}{ds} = u, \frac{dy}{ds} = v, \frac{dz}{ds} = w$$

徑線（pathline）為某一特定流體質點在流動的過程中所行經之軌跡，由圖 1-7(b)所示。因為考慮的流體質點是以流動局部速度隨流體運動，所以徑線必須滿足方程式

$$\frac{d\vec{r}}{dt} = \vec{V}(x, y, z) \tag{1.20}$$

跡線 (streakline) 亦可稱煙線或脈線。在某一瞬間，將所有曾通過空間中某一特定位置的所有流體質點，與目前所在位置連接而成之軌跡，如圖 1-7(c) 所示。通過 (x_0, y_0) 點的跡線方程式求法為解 (1.20) 式，且決定於初始條件 (initial conditions)：當 $t = \tau$ 時，$x = x_0$ 且 $y = y_0$。因此，就會產生一個關係式如下

$$\vec{r}_i = \vec{r}_i(x_0, y_0, t, \tau)$$

當取 τ 值為 $\tau \leq t$ 時，這些方程式將界定跡線的瞬間位置。

唯獨在穩定流場中流線、徑線和跡線互相重合；但在非穩定流場中，三條線係各自獨立。

例題 1-1

一個二維流場

$$u = x(1 + 2t), v = y$$

試求此流場之：

(1)在 $t = 0$ 時通過 $(1, 1)$ 線方程式；

(2)在 $t = 0$ 自 $(1, 1)$ 釋出之流體質點之徑線方程式；

(3)在 $t = 0$ 時通過 $(1, 1)$ 之跡線方程式。

解 (1)流線

$$\frac{dy}{dx} = \frac{v}{u} = \frac{y}{x(1+2t)}$$

$$\Rightarrow \frac{dy}{y} = \frac{dx}{x(1+2t)}$$

$$\Rightarrow \ln y = \ln \frac{x}{1+2t} + C$$

當 $t=0$ 時，$x=1$ 且 $y=1$，因此得 $C=0$

$$\Rightarrow y = x^{\frac{1}{1+2t}}$$

當 $t=0$ 的流線方程式為

$$x = y$$

(2)徑線

徑線必須滿足的方程式為

$$\frac{dx}{dt} = u = x(1+2t)$$

$$\frac{dy}{dt} = v = y$$

將這二個方程式積分得

$$x = C_1 \exp\left[t(1+t)\right]$$

$$y = C_2 \exp(t)$$

在 $t=0$ 時通過 $(1,1)$ 條件代入上式，結果可得 $C_1=1$ 且 $C_2=1$，由此得

$$x = \exp\left[t(1+t)\right]$$

$$y = \exp(t)$$

由這些方程式中消去 t，證實所需之徑線方程式是

$$x = y^{1+\ln(y)}$$

(3)跡線

用來解跡線的方程式是

$$\frac{dx_i}{dt} = u = x(1+2t)$$

$$\frac{dy_i}{dt} = v = y$$

積分之，得到

$$x_i = C_1 \exp \left[t(1 + t) \right]$$

$$y_i = C_2 \exp (t)$$

運用初始條件：當 $t = \tau$ 時，$x_i = y_i = 1$，這些方程式變成

$$x_i = \exp \left[-\tau(1 + \tau) \right]$$

$$y_i = \exp (-\tau)$$

消去方程式之參數 τ，證實在時間 $t = 0$ 時，通過 $(1, 1)$ 點的跡線方程式是

$$x_i = y_i^{1 - \ln(y)}$$

這條跡線與得自同一流場的流線與徑線並列繪示圖中，如下圖所示。

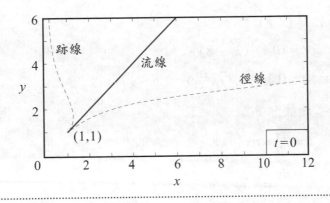

例題 1–2

某二維流場

$$\vec{V} = ax\vec{i} - ay\vec{j} \left(\frac{m}{\sec} \right)$$

其中 $a = 0.1 \left(\frac{1}{s} \right)$，$x$ 和 y 之單位為 m

(1)求通過點 $(2, 8)$ 之流線方程式；

(2)求於位置 $(2, 8)$ 時，質點之速度；

(3)質點在 $t = 0$ 時通過點 $(x_0 = y_0)$，則 $t = 20$ sec 時之位置為何？

(4)在 $t = 20$ sec 時質點之速度；

(5)證明此質點的軌跡方程式（徑線）和流線方程式相同。

解 (1)流線為流場中，於任一特定時刻能與流體質點運動速度向量相切的線。因此

$$\frac{dy}{dx} = \frac{v}{u} = -\frac{y}{x}$$

$$\ln y = -\ln x + C_1 \text{ 或 } xy = C_2$$

流線流經點 $(x, y) = (2, 8)$，代入上式得 $C_2 = 16$，由此得流線方程式為

$$xy = 16 \left(\frac{m}{s}\right)$$

(2)流場於點 $(2, 8)$

$$\vec{V} = (0.1) \cdot (2\vec{i} - 8\vec{j})$$

$$= 0.2\vec{i} - 0.8\vec{j} \left(\frac{m}{s}\right)$$

(3)流場之速度分量

$$u = \frac{dx}{dt} = ax$$

$$v = \frac{dy}{dt} = -ay$$

分離變數並積分，可得

$$x = x_0 \exp(at)$$

$$y = y_0 \exp(-at)$$

在 $t = 0$ s，通過 $(x_0, y_0) = (2, 8)$；而在 $t = 20$ s 之位置為

$$x = 2\exp(0.1 \times 20) = 14.8 \text{ (m)}$$

$$y = 8\exp(-0.1 \times 20) = 1.08 \text{ (m)}$$

(4) $t = 20$ s，質點位於 $(14.8, 1.08)$ 處，其速度為

$$\vec{V} = 0.1 \cdot (14.8\vec{i} - 1.08\vec{j})$$

$$= 1.48\vec{i} - 0.108\vec{j} \left(\frac{m}{s}\right)$$

(5)欲決定徑線之方程式，可使用參數方程式

$$x = x_0 \exp(at)$$

$$y = y_0 \exp(-at)$$

由式消去 $\exp(at)$ 亦即

$$\exp(at) = \frac{y_0}{y} = \frac{x}{x_0}$$

由此可得

$$xy = x_0 y_0 = 16 \, (\mathrm{m}^2)$$

由上結果可知，在穩定流的情況下，流線和徑線之方程式均相同。

例題 1–3

二維空間的穩定流速度場

$$\vec{V} = ax\vec{i} - ay\vec{j}$$

a 為常數，試求通過 $(1, 1)$ 點的流線、徑線與跡線方程式。

解 (1)流線

$$\frac{dy}{dx} = \frac{v}{u} = -\frac{ax}{ay}$$

$$\Rightarrow \ln y = -\ln x + C_1 \text{ 或 } xy = C_2$$

因流體質點通過點 $(1, 1)$，代上式得 $C_2 = 1$

$$\Rightarrow xy = 1$$

(2)徑線

$$u = \frac{dx}{dt} = ax$$

$$v = \frac{dy}{dt} = -ay$$

上二式消去 dt 及常數 a，可得

$$\frac{dx}{x} = \frac{dy}{y}$$

$$\Rightarrow \ln y = -\ln x + C_3 \text{ 或 } xy = C_4$$

因流體質點經過點 $(1, 1)$，同理可得 $C_4 = 1$ 且徑線方程式為

$$xy = 1$$

⑶跡線

$$\frac{dx_i}{dt} = u = ax$$

$$\frac{dy_i}{dt} = v = -ay$$

上二式消去 dt，再經由常微分方程式可得解

$$\ln y_i = -\ln x_i + C_5 \text{ 或 } x_i y_i = C_6$$

代入已知條件可得 $C_6 = 1$，故跡線方程式為

$$x_i y_i = 1$$

由上可知流場在穩定流情況下，流線、徑線與跡線三條線重合。很明顯，此題解為雙曲線的形式。

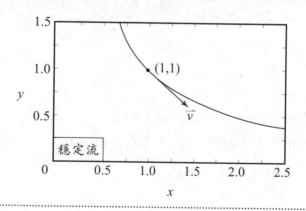

1-6 連續性的數學描述

通常，用以描述流體運動問題有兩種的數學分析法，分別為拉格蘭法 (Lagrangian method) 和歐拉法 (Eulerian method)，現分述如下

首先將介紹拉格蘭法，採用此種方法係將注意力集中在流場的某一特定質點，描述此特定質點在其運動軌跡上，相關物理性質（如速度、加速度、密度……）隨時間變化之情形。在此種方法採用的座標中，x、y、z 為描述流體質點所處的位置，因此皆為因變數並為時間的函數 $x = x(t)$、$y = y(t)$、$z = z(t)$。亦即，在此方法描述下，物理性質將僅為時間之函數 $B = B(t)$。由於固體內部的構成分子或原子其位置是固定不動，換句話說也沒有相對運動，因此都習慣以此法來描述其內某一特定質點（如質心的運動），即可代表整體的運動。

歐拉法係選定空間中某一特定區域為對象，描述此區域內任一位置某時刻之物理性質。以此方法予以描述，物理性質將為時間和位置的函數，即 $B = B(x, y, z, t)$，位置 (x, y, z) 與時間 (t) 同為自變數。

假設 B 為連續性之物理性質，某系統中 B 之微量變化 dB，若以拉格蘭法描述，因 $B = B(t)$，故

$$dB = \left[\frac{dB}{dt} \right] dt$$

若以歐拉法描述，因 $B = B(x, y, z, t)$ 故

$$dB = \frac{\partial B}{\partial x} dx + \frac{\partial B}{\partial y} dy + \frac{\partial B}{\partial z} dz + \frac{\partial B}{\partial t} dt = \left[\frac{dB}{dt} \right]_L dt$$

同一系統之物理性質變化，不因描述方法不同而有所差異，因而

$$\left[\frac{dB}{dt}\right]_L = \frac{\partial B}{\partial x} \cdot \frac{dx}{dt} + \frac{\partial B}{\partial y} \cdot \frac{dy}{dt} + \frac{\partial B}{\partial z} \cdot \frac{dz}{dt} + \frac{\partial B}{\partial t}$$

$$= u \cdot \frac{\partial B}{\partial x} + v \cdot \frac{\partial B}{\partial y} + w \cdot \frac{\partial B}{\partial z} + \frac{\partial B}{\partial t}$$

$$= (\vec{V} \cdot \nabla)B + \frac{\partial B}{\partial t}$$

其中 u、v、w 分別代表 x、y、z 三個方向之速度分量。上式中 $(\frac{dB}{dt})_L$ 若改以 $\frac{DB}{Dt}$ 表示,即

$$\frac{DB}{Dt} = (\vec{V} \cdot \nabla)B + \frac{\partial B}{\partial t} \tag{1.21}$$

在上式中,每一項的物理意義說明如下:

① $\frac{DB}{Dt}$:係以拉格蘭法隨某一固定流體質點,描述其物理性質的變化,故此項稱為隨著流體的導函數 (derivative following the fluid),或稱為實質導函數 (substantial derivative 或 material derivative),此項代表物理性質 B 的總變化量。

② $(\vec{V} \cdot \nabla)B$:對流導函數 (convective derivative),表示流體流動而使流粒由某一位置流動到另一個位置,造成 B 性質的變化量。

③ $\frac{\partial B}{\partial t}$:局部導函數 (local derivative),代表流粒在某固定位置時性質 B 隨時間的變化量。

在公式 (1.21) 中,符號 "∇" 在數學上之意義為空間變化率,意即梯度運算 (gradient operator),本身為一向量故又稱為向量運算 (vector operator),各種座標的表示法如附錄 B 所列。

若流場中的任何物理性質 B,並不會隨時間產生變化,則該流場稱為穩定流,意即 $B = B(x, y, z)$。在此需注意的是,穩定流場指物理性質對時間的局部變化量為零 ($\frac{\partial B}{\partial t} = 0$),而非指 $\frac{DB}{Dt} = 0$。$\frac{DB}{Dt}$ 表示 B 的總變化量,其為對時間

的局部導數與位置的變換導數之和。

例題 1–4

在二維流場中，其速度在 x 和 y 的兩個分量表示式如下所述

$$u = 6 + x^2 y + t^2, \quad v = -(xy^2 + 10t)$$

試求流體質點的加速度。

解

$$\vec{V} = u\vec{i} + v\vec{j}$$

$$\vec{a} = \frac{D\vec{V}}{Dt} = u\frac{\partial \vec{V}}{\partial x} + v\frac{\partial \vec{V}}{\partial y} + \frac{\partial \vec{V}}{\partial t}$$

$$= (12xy + x^3 y^2 + 2xyt^2 - 10x^2 t + 2t)\vec{i} +$$

$$(-6y^2 - y^2 t^2 + x^2 y^3 + 20xyt - 10)\vec{j}$$

$$= a_x \vec{i} + a_y \vec{j}$$

經由對照得知

$$\therefore a_x = 12xy + x^3 y^2 + 2xyt^2 - 10x^2 t + 2t$$

$$a_y = -6y^2 - y^2 t^2 + x^2 y^3 + 20xyt - 10$$

例題 1–5

如下圖所示，一流體流經一個擴大管 (diffuser)，假設其為一個類似一維 (quasi-one-dimension)、單方向 (one-direction) 流動之流場，其速度分布為

$$V = V[1 + (\frac{x}{L})]$$

當 $t = 0$ 時，$x = 0$。試以下列方法求加速度：

⑴歐拉法；

(2)拉格蘭法。

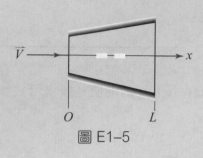

圖 E1–5

解 (1)採用歐拉法

$$\vec{a} = \frac{D\vec{V}}{Dt} = u\frac{\partial u}{\partial x}\vec{i} = \frac{V^2}{L}\left[1 + \frac{x}{L}\right]\vec{i}$$

(2)採用拉格蘭法

$$\vec{a} = \frac{D\vec{V}}{Dt} = \frac{Du}{Dt}\vec{i} = \frac{D^2x}{Dt^2}\vec{i}$$

其中

$$u = \frac{dx}{dt} = V[1 + (\frac{x}{L})]$$

$$\Rightarrow \frac{dx}{1 + \frac{x}{L}} = dt$$

$$\Rightarrow \ln\left[1 + \frac{x}{L}\right] = \frac{Vt}{L}$$

$$\Rightarrow x(t) = L(e^{\frac{Vt}{L}} - 1)$$

由此可得加速度為

$$\vec{a} = \frac{D^2x}{Dt^2}\vec{i} = \frac{V^2}{L}e^{\frac{Vt}{L}}\vec{i}$$

檢驗:

$$\vec{a} = \frac{V^2}{L}\left[1 + \frac{x}{L}\right]\vec{i} \cdots\cdots 歐拉法$$

將 $x(t)$ 代入

$$\vec{a} = \frac{V^2}{L}\left[1 + \frac{1}{L} \cdot L(e^{\frac{Vt}{L}} - 1)\right]\vec{i}$$

$$= \frac{V^2}{L}e^{\frac{Vt}{L}}\vec{i} \cdots\cdots 拉格蘭法$$

由上得知兩種方法所得到的加速度形式雖然不同,但實際的結果卻是一致。
此表示問題的分析雖採用不同方法,但卻不會使結果產生差異。

習題

1. 解釋名詞

    (1)流體 (fluid)   (2)彈性模數 (bulk modulus)

    (3)黏滯性 (viscosity)   (4)非黏滯性流體 (inviscid flow)

    (5)牛頓流體 (Newtonian fluid)   (6)非牛頓流體 (non-Newtonian fluid)

    (7)理想流體 (ideal fluid)   (8)連續性 (continuum)

    (9)穩定流 (steady flow)   (10)非穩定流 (unsteady flow)

    (11)均勻流 (uniform flow)   (12)流線 (streamline)

    (13)跡線 (streakline)

2. 請扼要以應力 (stress) 和應變 (strain) 的關係來描述固體和流體之間的差異。

3. 請以分子微觀的觀點來描述流體黏滯性的物理意義。

4. 試問水泡與水珠所受之表面張力各為多少?

5. 令 σ 為表面張力 (單位長度上所受的力),且 R_1 和 R_2 分別為表面曲率之主半徑 (the principal radii of curvature of the surface)。證明液面內壓力 (P_i) 和液面外壓力之間的差值為

$$P_i - P_0 = \sigma\left[\frac{1}{R_1} - \frac{1}{R_2}\right]$$

6. 請仔細的定義流線、徑線和跡線；並說明在何種狀況下三者是合而為一，並說明其原因。

7. 根據下述之理想速度分布

$$u = \frac{x}{1+t}, v = \frac{y}{1+2t}$$

試計算在時間 $t = 0$，通過 (x_0, y_0) 之流線、徑線和跡線表示式。

8. 請說明歐拉法和拉格蘭法在描述流體運動時之差異。

9. 有二維流場，其速度可表示為

$$u = -x, v = y$$

請找出流體質點在 $(1, -1)$ 的加速度向量。

10. 假設在二維流場中，速度的分量如下所示

$$u = x(1 + 3t), v = x^2 y$$

試求出其加速度在 x 和 y 方向的分量。

11. 給予一流場中的速度表示式為

$$\vec{V} = (t^2 + 5t)\vec{i} + (y^2 - z^2 - 1)\vec{j} - (y^2 + 2yz)\vec{k}$$

求其在 $t = 2$ 時，於點 $(1, 1, 1)$ 的加速度。

12. 一速度場之表示式為

$$u = 3t + x, v = -y^2 - zy^2 + f(x, y, t), w = yz^2 + t$$

求：⑴局部加速度 (local acceleration)；

⑵對流加速度 (convective acceleration)；

⑶實質加速度 (total acceleration)。

13. (x, y, V_1, V_2) 為歐拉座標 (Eulerian coordinates) 中之位置和速度向量的分量，(x, y, V_1, V_2) 為拉格蘭座標 (Lagrangian coordinates) 中之位置和速度向量的分量，假設 $V_1(x, y, t) = -axt$，$V_2(x, y, t) = ayt$，其中 a 為常數。

　(1)求在拉格蘭座標中之位置的關係：$x = x(t, x_0, y_0)$ 且 $y = y(t, x_0, y_0)$，其中 x_0 和 y_0 是當 $t = t_0 = 0$，於 $x - y$ 座標的位置。

　(2)求其 Jocobin $\begin{vmatrix} \partial x/\partial x_0 & \partial y/\partial x_0 \\ \partial x/\partial y_0 & \partial y/\partial y_0 \end{vmatrix}$，並說明該式之物理意義；

　(3)求其在拉格蘭座標中的速度；

　(4)求其在歐拉座標中的加速度；

　(5)求其在拉格蘭座標中的加速度。

第 2 章　流體靜力學
Fluid Statics

　　流體靜力學係考慮流體處於靜止狀態,或流體內彼此無相對運動情況下,流體受力作用的情況。由於在此兩種情況下,流體內並具有相對運動,所以流體元素沒有剪應力的存在。

2-1　流體靜壓之等向性 (isotropic)

　　圖 2-1 為靜止流體作用於一楔形小元素之力平衡表示圖,因流體靜止故沒有剪應力,由力平衡方程式可得

$$\sum F_x = P_x dydz - P_s dsdz\sin\theta$$
$$\sum F_y = P_y dxdz - P_s dsdz\cos\theta - \frac{1}{2}\gamma dxdydz$$

楔形之幾何形狀關係為

$$ds \cdot \sin\theta = dy, \ ds \cdot \cos\theta = dx$$

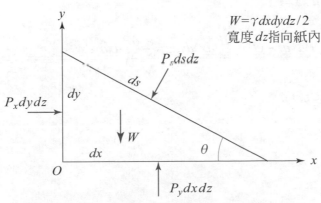

圖 2-1　靜止的楔形流體力平衡圖

將上述關係重新整理可得

$$P_x = P_s, \ P_y = P_s + \frac{1}{2}\gamma dy \tag{2.1}$$

這些關係式說明了流體在靜壓力 (hydrostatic) 或無剪力狀態下，兩個重要的現象：

(1)在水平方向沒有壓力的變化。

(2)在垂直方向的壓力變化與密度、重力及深度變化成比例。

當楔形流體收縮成一點 ($dz \rightarrow 0$) 之極限情況時，(2.1) 式變成

$$P_x = P_y = P_z = P_s \tag{2.2}$$

因為在圖 2–1 中 θ 為任意值，因此在靜止流體內，任一點的壓力在各方向皆相等，亦即為無向性，此即為帕司卡原理 (Pascal's principle)：流體在靜止時，任意點上其各方向的壓力均相等。

2–2　流體靜力學之基本方程式

壓力對一流體元素，若不隨空間而改變，將不會對流體元素造成淨力。在圖 2–2 中，考慮壓力對 x 方向之 $dydz$ 面的作用。在此須注意，壓力方向與元素施力面所承受的法向量（朝外）的方向相反。在圖 2–2 中，流體元素在 x 方向之淨作用力為

$$dF_x = Pdydz - (P + \frac{\partial P}{\partial x}dx)dydz = -\frac{\partial P}{\partial x}dxdydz$$

式中 $P = P(x, y, z, t)$。

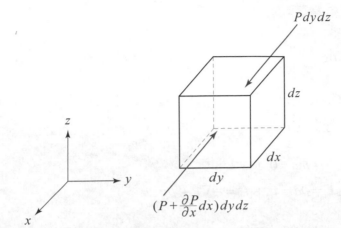

圖 2-2　壓力變化對流體元素在 *x* 方向形成的淨作用力

以同樣的方法推導，亦可得在 *y* 及 *z* 方向之淨作用力。最後，可得壓力作用於流體元素之總淨作用方向量為

$$d\vec{F}_S = \left[-\vec{i}\frac{\partial P}{\partial x} - \vec{j}\frac{\partial P}{\partial y} - \vec{k}\frac{\partial P}{\partial z} \right]dxdydz = -\nabla P dxdydz$$

式中，下標 *S* 表示壓力屬性為表面力 (surface force)，∇P 或 grad *P* 為壓力梯度 (pressure gradient)。

定義 *f* 為每單位流體單元體積之淨作用力，上式可重寫為

$$f_S = \frac{dF_S}{d\forall} = -\nabla P \tag{2.3}$$

式中 $d\forall = dx, dy, dz$。由此可知，是壓力梯度而非壓力本身產生了淨作用力，在流體中它必須與重力或其他作用力互相平衡。

壓力梯度就是作用在流體元素邊界的表面力，另一種形式的作用力為物體力 (body force) 肇因於電磁性能或重力位能，對整個元素質量作用所形成的力，若僅考慮重力或流體元素的重量，則

$$dF_B = \rho g d\forall$$

或

$$f_B = \rho g \qquad (2.4)$$

以上所討論之壓力及重力之向量總合成，必須使流體元素保持平衡，而根據牛頓第二運動定律得

$$\sum F = ma = 0$$
$$\Rightarrow \sum F = \rho a = f_S + f_B = -\nabla P + \rho g \qquad (2.5)$$

若重力場在負 z 方向時，則 $\vec{g} = -g\vec{k}$，所以上式可改寫為

$$\frac{\partial P}{\partial x} = 0$$
$$\frac{\partial P}{\partial y} = 0 \qquad (2.6)$$
$$\frac{\partial P}{\partial z} = -\rho g = -\gamma$$

由上列之第一式與第二式可知，壓力分在與 xy 之座標無關，僅在 z 方向有所變化，即僅隨高度之變化而改變，故可進一步的寫成 $P = P(z)$。值得強調的是，其適用之條件包括：

(1)靜止之流體；

(2)重力為僅有之物體力；

(3) z 軸垂直地面。

例題 2-1

如圖所示，直徑為 30 mm 的儲存槽，外接一個直徑為 10 mm 的圓管式壓力計，在壓力計中的流體為一種特定的紅油，比重為 $SG = 0.827$。試求當施以一微小壓力差，造成等效水柱高度 (Δh_e) 與壓力計高度 (h) 變化之比值。

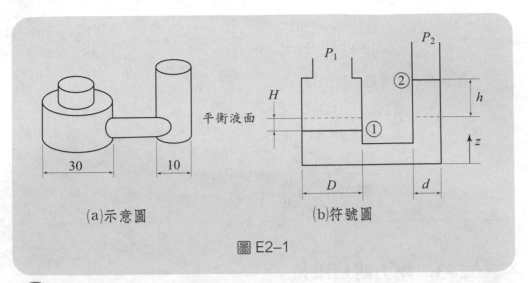

圖 E2–1

解 引用 (2.6) 式

$$\frac{dP}{dz} = -\rho g$$

重新整理，可得

$$dP = -\rho g dz$$

積分可得

$$P_2 - P_1 = -\rho g(z_2 - z_1) = -\rho_{oil} g(h + H) \cdots\cdots (a)$$

其中

$$\frac{\pi D^2 H}{4} = \frac{\pi d^2 h}{4}$$

重新整理，變成

$$H = (\frac{d}{D})^2 h \cdots\cdots (b)$$

由(a)、(b)二式可得

$$P_1 - P_2 = \rho_{oil} g h [1 + (\frac{d}{D})^2]$$

若將壓力差以等效的水柱高度差 Δh_e 表示，即可簡化上式

$$P_1 - P_2 = \rho_w g \Delta h_e$$

因 $SG_{oil} = \frac{\rho_{oil}}{\rho_w}$，所以

$$\rho_{\text{oil}}gh[1 + (\frac{d}{D})^2] = \rho_w g \Delta h_e$$

重新整理，可得

$$\frac{h}{\Delta h_e} = \frac{1}{SG_{\text{oil}}[1 + (\frac{d}{D})^2]}$$

$$= \frac{1}{0.827 \cdot [1 + (\frac{10}{30})^2]} = 1.09$$

2–3　壓力測量單位

壓力可依據任意的絕對基準 (datum) 來表示，常見之壓力表示種類為

(1)絕對壓力 (absolute pressure, P_{abs})

壓力量測完全真空為絕對零壓 (absolute zero)，以此為基準所測得之壓力即為絕對壓力。

(2)相對壓力 (relative pressure, P_{rel})

以某一特定壓力為相對零點，則所測得之壓力稱為相對壓力。

(3)局部大氣壓力 (local atmosphere pressure, P_{atm})

大氣壓力（亦稱 barometric pressure）隨高度而改變，在任何地方由於地理條件之轉變，導致大氣壓力亦產生變化。

(4)錶示壓力 (gage pressure, P_{gage})

指絕對壓力與當地大氣壓力之相差值。

(5)真空壓力 (vacuum pressure, P_{vac})

若錶示壓力低於大氣壓力，則其壓力差值即稱為真空壓力。

絕對壓力與錶示壓力之關係式如圖 2–3 所示，並可透過下式表示

$$P_{\text{abs}} = P_{\text{atm}} + P_{\text{gage}} \tag{2.7}$$

此處 P_{gage} 可為正值或負值（真空壓力），通常一標準大氣壓力乃是指北緯 45 度的海平面上大氣的壓力，其值如表 2–1 所示。

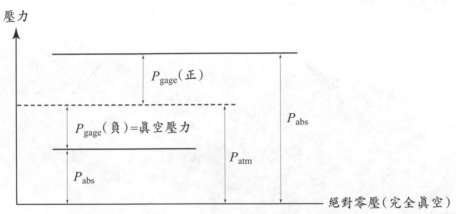

圖 2–3　　絕對壓力與錶示壓力的關係

表 2–1　　標準大氣壓值

公　　制		英　　制
101.32	$\dfrac{kN}{m^2}$ (kPa),abs	14.70 psia
760	mm Hg	29.92 in Hg
10.33	m H_2O	33.90 ft H_2O
1013.25	mbars,abs	

2–4　作用於平面的流體靜壓力

由於靜止流體的壓力係隨深度呈線性變化，亦即與深度成正比。因此，流體靜力學的問題，將可簡化為僅關於平板截面的形心 (centroid, C) 及轉動慣量 (moments of inertia) 的問題。圖 2–4 所示，為一任意形狀之平面板完全沉浸在液體中的情形。

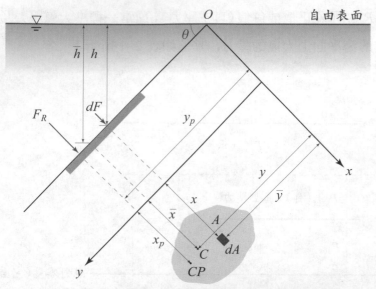

圖 2–4　任意形狀的傾斜平面板承受靜壓力之圖示

以平面板傾斜方向為 y 軸，平面板與液面之交線為 x 軸，則

$$dF = PdA = \gamma hdA$$

式中 $h = y \cdot \sin\theta$，若 γ 和 θ 為常數故其合力之大小

$$F_R = \int_A dF = \int_A \gamma hdA = \gamma \sin\theta \int_A ydA$$

$$= \gamma A \bar{y} \sin\theta \tag{2.8}$$

上式 $\bar{y}$ 為形心至 x 軸的距離，又稱面積對 x 軸的一次矩 (first moment)。此合力之作用位置可利用力矩原理求出，一般合力的作用位置稱為壓力中心 (pressure center, CP)，對應的座標為 (x_P, y_P)。若合力之力矩 $x_P F_R$ 與 $y_P F_R$，分別等於繞 y 軸與 x 軸的分布力之力矩，因此

$$x_P F_R = \int_A xPdA = \int_A \gamma xy\sin\theta dA$$

$$y_P F_R = \int_A yPdA = \int_A \gamma y^2 \sin\theta dA$$

由上兩式可以解出壓力中心 (x_P, y_P) 的座標，其表示式如下：

$$x_P = \frac{1}{\gamma A y \sin\theta} \int_A \gamma x y \sin\theta \, dA$$

$$= \frac{1}{Ay} \int_A xy \, dA = \frac{l_{xy}}{A} \tag{2.9a}$$

同理

$$y_P = \frac{1}{\gamma A y \sin\theta} \int_A \gamma y^2 \sin\theta \, dA$$

$$= \frac{1}{Ay} \int_A y^2 \, dA = \frac{l_{xx}}{A} \tag{2.9b}$$

式中 l_{xy} 是面積的慣性積 (product of inertia)，可為正值亦可為負值；而 l_{xx} 是面積的慣性矩 (moment of inertia)，永遠為正值。由平行軸定理 (parallel axis theorem) 可知

$$l_{xy} = l_{xy} + Axy \tag{2.10a}$$

$$l_{xx} = l_{xx} + Ay^2 \tag{2.10b}$$

其中，l_{xx} 是面積對形心軸之慣矩，而 l_{xy} 是面積對形心軸之慣性積。

表 2–2 所列舉的是幾種簡單幾何形狀之面積二次矩。

表 2–2　簡單面積繞形心軸之二次矩表示方式

幾 何 形 狀	A	$\bar{I}_{xx}$	$\bar{I}_{yy}$	$\bar{I}_{xy}$
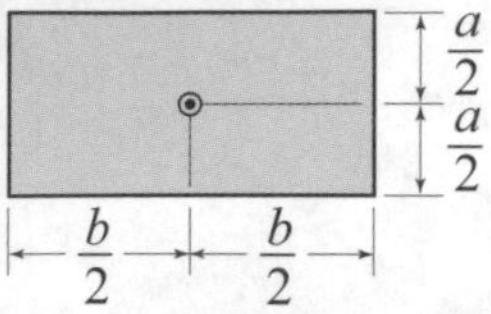	ba	$-\dfrac{1}{12}ba^3$	$\dfrac{1}{12}ab^3$	0
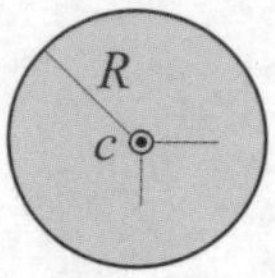	πR^2	$\dfrac{\pi R^4}{4}$	$\dfrac{\pi R^4}{4}$	0
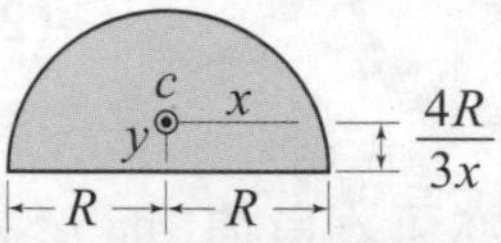	$\dfrac{\pi R^2}{2}$	$0.1098R^4$	$0.3927R^4$	0
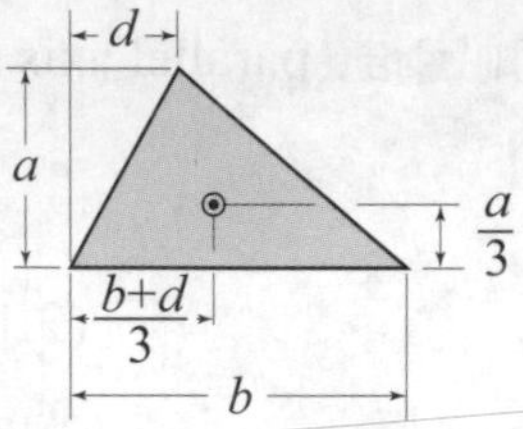	$\dfrac{ab}{2}$	$\dfrac{ba^3}{36}$	—	$\dfrac{ba^2}{72}(b-2d)$
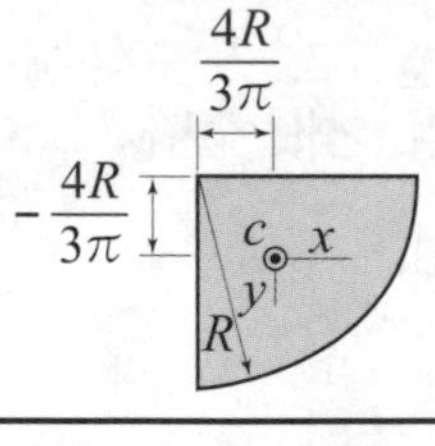	$\dfrac{\pi R^2}{4}$	$0.05488R^4$	$0.05488R^4$	$0.01647R^4$

例題 2–2

水平底床之渠道寬 1.2 公尺，設有閘門控制流量如圖 E2–2 所示，若關上閘門時上游水深 0.8 公尺，求

(1) 閘門所受之力；

(2) 壓力中心的位置。

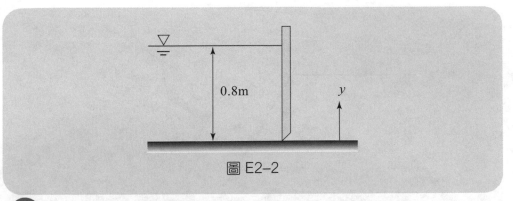

圖 E2–2

解 (1)求合力

$$dF = PdA = \gamma y dA = \gamma y b dy$$

（b 為閘門寬＝常數）

進行積分，可得

$$F_R = \int_A dF = \int_0^{0.8} \gamma b y dy = \frac{\gamma b h^2}{2}$$

將數據代入，可得

$$(9810) \cdot (1.2) \cdot (0.8)^2 = 3767.0 \ (N)$$

(2)壓力中心 y_P（合力與水面間的距離）

$$y_P = \frac{1}{F_R} \int_A \gamma y^2 b dy = \frac{\gamma b h^3}{3 F_R}$$

$$= \frac{(9810) \cdot (1.2) \cdot (0.8)^3}{3 \cdot (3767.0)} = 0.533 \ (m)$$

例題 2–3

試求圖 E2–3 中，沉浸在水中之平板，其所受因水壓所產生淨力的大小、
方向及位置。

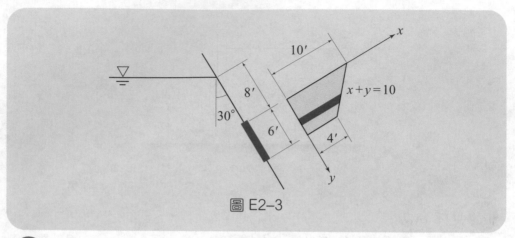

圖 E2-3

解 求合力

$$dF = PdA = \gamma(8+y)\cos30°(x \cdot dy)$$

$$= \gamma(8+y)\cos30°(10-y)dy$$

$$F_R = \int_A dF = \int_0^6 \gamma(8+y)\cos30°(10-y)dy$$

$$= \gamma\cos30°\left[80y + y^2 - \frac{y^3}{3}\right]\Bigg|_0^6 = 23993.8 \text{ (lbf)}$$

壓力中心 (x_P, y_P)

$$x_P = \frac{1}{F_R}\int_A \frac{x}{2}PdA = \frac{\gamma\cos30°}{2F_R}\int_0^6(8+y)(10-y)^2dy$$

$$= \frac{\gamma\cos30°}{2F_R}\left[800y - 30y^2 - 4y^3 + \frac{y^4}{4}\right]\Bigg|_0^6$$

$$= 3.58 \text{ (ft)}$$

$$y_P = \frac{1}{F_R}\int_A yPdA = \frac{\gamma\cos30°}{F_R}\int_0^6 y(8+y)(10-y)dy$$

$$= \frac{\gamma\cos30°}{F_R}\left[40y^2 - \frac{2}{3}y^3 + \frac{y^4}{4}\right]\Bigg|_0^6$$

$$= 2.84 \text{ (ft)}$$

例題 2-4

如圖所示之平板門重 $2000\,\dfrac{\mathrm{N}}{\mathrm{m}}$ 且垂直於紙面，其重心距離 O 點為 $2\,\mathrm{m}$，若門在平衡時，試以傾斜角度 θ 表示出水面與 O 點之高度值 h。

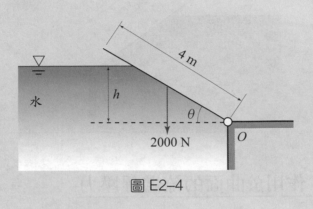

圖 E2-4

解 考慮單位寬度平板門

$$dF = PdA = \gamma hbdy = \gamma\frac{hdh}{\sin\theta}$$

（$b = 1$，單位寬度）

進行積分，可得

$$F_R = \int_A dF = \int_0^h \frac{\gamma h}{\sin\theta}dh = \frac{\gamma h^2}{2\sin\theta}$$

對 O 點取力矩得

$$F_R\left[\frac{h}{\sin\theta} - y_P\right] = W(2\cos\theta) \quad\cdots\cdots\ \text{(a)}$$

式中

$$y_P = \frac{1}{\left(\dfrac{\gamma h^2}{2\sin\theta}\right)}\int_0^h \frac{\gamma h^2}{(\sin\theta)^2}dh = \frac{2h}{3\sin\theta} \quad\cdots\cdots\ \text{(b)}$$

將(b)式代入(a)式得

$$h = \left[\frac{12W}{\gamma} \cos\theta \sin^2\theta \right]^{\frac{1}{3}}$$

$$= 1.347(\cos\theta \sin^2\theta)^{\frac{1}{3}} \text{ (m)}$$

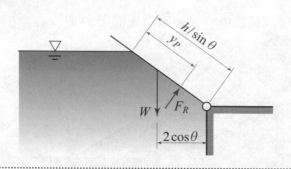

2–5　作用於曲面的流體靜壓力

作用於曲面的流體靜壓力的問題，可由作用在曲面的微小面積上，壓力的水平與垂直分量積分而得，使得問題處理大為簡化。圖 2–5 所示，為沉浸在比重量為 γ 液體中的曲面，由圖中之幾何關係可得

$$dF_H = dF\cos\theta = PdA\cos\theta = PdA_V$$

$$dF_V = dF\sin\theta = PdA\sin\theta = PdA_H$$

式中 $P = \gamma \cdot h$，h 為曲面小面積 dA 在自由表面 (free surface) 下之深度，而 dA_V 為微小面積 dA 在垂直方向的投影面積，dA_H 則是 dA 在水平方向之投影面積。因此

$$F_H = \int dF_H = \gamma \int_{AV} hdA_V = \gamma h_{CA}A_V \tag{2.11a}$$

$$F_V = \int dF_V = \gamma \int_{AH} hdA_H = \gamma \forall_C \tag{2.11b}$$

式中 $\forall_C$ 為曲面上方液體 $abedca$ 之體積，由上分析可歸納之結論為

1. F_H（水平分力）

　　作用於該曲面垂直方向的投影面積 (A_V) 上，壓力之合力大小為投影面積形心處之壓力 (γh_{CA}) 與垂直投影面積的乘積。

2. F_V（垂直分力）

　　垂直分力為等於曲面上方的液體重量 $(\gamma \forall_C)$，且作用線恒通過曲面上方流體之形心。

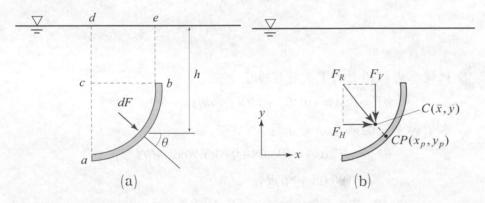

圖 2-5　作用於曲面之流體靜壓力：(a)沉浸的曲面、(b)作用力分布

例題 2-5

有一圓弧形閘門 AB 如下圖所示，半徑 R 為 2 公尺、寬度 W 為 1 公尺，閘門上方所放置之油比重為 $7.84 \dfrac{\text{kN}}{\text{m}^3}$，而油上方充滿空氣，由壓力計顯示空氣的相對壓力為 $-3.92\ \text{kPa}$（或 $\dfrac{\text{kN}}{\text{m}^2}$），試計算閘門所承受的水平力及垂直力。

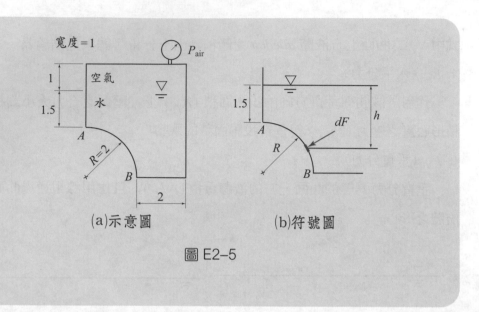

(a)示意圖　　　(b)符號圖

圖 E2–5

解 根據壓力作用力的定義可推導出

$$dF = PdA = (96.08 + \gamma h)(WRd\theta)$$

水平與垂直的壓力分量分別為

$$dF_H = dF\cos\theta = (96.08 + \gamma h)(WR\cos\theta d\theta)$$

$$= (96.08 + \gamma h)dA_V$$

$$dF_V = dF\sin\theta = (96.08 + \gamma h)(WR\sin\theta d\theta)$$

$$= (96.08 + \gamma h)dA_H$$

分別予以積分，可得

$$F_H = \int dF_H = \int_{1.5}^{3.5}(96.08 + \gamma h)(Wdh)$$

$$= \left[96.08h + \frac{\gamma h^2}{2}\right]\Bigg|_{1.5}^{3.5} = 231.36 \text{ (kN)}$$

$$F_V = \int dF_V = \int_{AH}(96.08 + \gamma h)dA_H$$

$$= 96.08A_H + \gamma V_C$$

$$= 96.08A_H + \gamma\left[3.5WR - \frac{1}{4}\pi R^2 W\right] = 222.41 \text{ (kN)}$$

例題 2-6

有一閘門如圖 E2-6 所示，其形狀可用一拋物線方程式表示，

$$x = 0.2y^2$$

閘門寬度為 1.0 公尺，圖中 O 點樞鉸 (hinge)，若閘門內之液體比重為 $9000 \dfrac{\text{N}}{\text{m}^2}$，液體深度為 2 公尺，試計算：

(1)作用於閘門的水平力；

(2)作用於閘門的垂直力；

(3)對應的作用線位置。

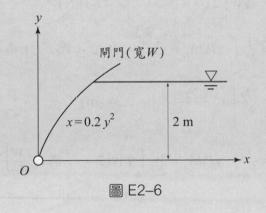

圖 E2-6

解 根據壓力作用力的定義為

$$dF = PdA = \gamma h dA$$

據此可分別推導出水平與垂直的壓力分量，分別為

$$dF_H = \gamma h dA_V = \gamma W(2 - y)dy$$

$$dF_V = \gamma h dA_H = \gamma W(2 - y)dx$$

(1)　　　$$F_H = \int dF_H = \int_0^2 \gamma W(2 - y)dy$$

$$= \gamma W \left[2y - \frac{y^2}{2} \right]_0^2 = 18 \text{ (kN)}$$

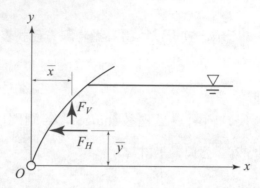

$$(2) \qquad F_V = \int dF_V = \int_0^{0.8} \gamma W (2 - y) dx$$

$$= \gamma W \left[2x - \frac{2\sqrt{5}}{3} x^{2/3} \right] = 4.8 \text{ (kN)}$$

$$(3) \qquad x = \frac{1}{F_V} \int_{A_H} x P dA_H = \frac{1}{F_V} \int_0^{0.8} \gamma W (2 - \sqrt{5} x^{1/4}) x dx$$

$$= \frac{\gamma W}{F_V} \left[x^2 - \frac{2x^{2.5}}{\sqrt{5}} \right]_0^{0.8} = 0.24 \text{ (m)}$$

$$y = \frac{1}{F_H} \int_{AV} y P dA_V = \frac{1}{F_V} \int_0^2 \gamma W (2 - y) y dy = \frac{\gamma W}{F_H} \left[y^2 - \frac{y^3}{3} \right]_0^2 = 0.67$$

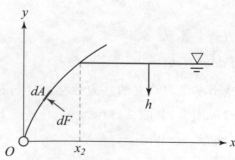

2-6 浮力與穩定性 (buoyancy and stability)

在液體中之物體，不論沉浸在液體中或漂浮在液面，均具有上浮之傾向，此種由液體壓力引起之垂直作用力稱為浮力 (buoyancy)。浮力產生係因液體靜壓力在水平方向恒為定值，而在垂直方向則隨深度之改變而變化。因此，作用在物體上之靜壓力將會產生垂直方向之作用力，此即為浮力。

阿基米德所發現的兩個浮力定律，即為所謂的阿基米德原理 (Archimede's principle)，該原理主要針對潛體與浮體的重要描述，如下所述：

1. 潛體 (submerged body)

一個沉浸於液體中的物體，其所受之垂直浮力，等於該物體所排開同體積的液體重。如圖 2–7(a)所示，設體積為 V 且具有任意形狀之物體，假設沉浸在比重為 γ 之液體中。由於物體左、右兩側的投影面積相同（面積 ab = 面積 bc），因此兩側之作用力相等 $(F_3 = F_4)$，亦即液體靜壓力在水平方向恒為定值。藉由圖2–7(a)，可對整個沉浸的物體上、下半曲面垂直作用力相加，可得物體向上之淨作用力為

$$F_B = F_2 - F_1 = \int_{ab面積} (P_2 - P_1)dA_H = \gamma \int_{A_H} hdA_H$$

$$= \gamma \forall = （液體比重）（物體體積） \tag{2.12}$$

欲求浮力作用於潛體之作用線位置，可由力矩原理得

$$x_B F_B = \int_V x\gamma d\forall = \gamma \int_V xd\forall \tag{2.13}$$

重新整理，可得

$$x_B = \gamma \int_V \frac{xd\forall}{F_B} = \int \frac{xd\forall}{\forall} = x \tag{2.14}$$

(2.14) 式是假設液體具有均勻的比重量（γ = 常數），因此浮力的作用線會通過潛體體積之形心。浮力 F_B 所通過的作用點稱為浮力中心 (center of buoyancy, CB)，若物體具有可變密度的特性，則 CB 點可能會和潛體體積之形心 (C) 重合的機會。

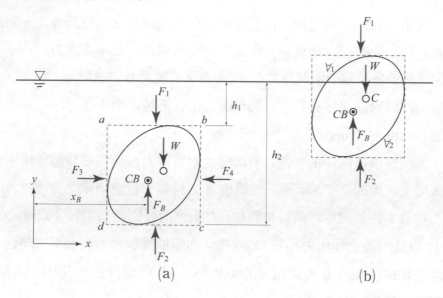

圖 2-6　作用於物體之浮力：(a) 潛體、(b) 浮體

2. 浮體 (floating body)

　　一個浮於液面的物體，排開與本身重量相同之液體。如圖2-6(b)所示，物體沉浸在比重 γ 之部分體積為 $\forall_2$，其餘之體積 $\forall_1$ 則浮出於液面。若忽略浮體所排開之空氣（即 $F_1 \sim 0$），則作用在浮體之浮力為

$$F_B = F_2 = \gamma \forall_2$$
$$= （液體比重）\times（物體體積）\tag{2.15}$$

依潛體之計算方式可知，浮體的浮力作用線係通過其所排開液體之體積 (V_2) 的形心。

例題 2-7

如圖 E2-7 所示，假設半徑為 R 之圓柱與海底接觸面為完全理想的平滑，故當圓柱沉於海底時與海底面間無任何間隙。若將圓柱垂直放入水中，試將圓柱所承受之浮力與柱底離水面距離 z_b 之關係繪出（含 $z_b = 0$ 與 $z_b = H$ 兩點）。

柱長 $L <$ 水深 H：水之密度為 ρ_w

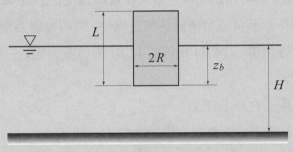

圖 E2-7

解 本題需分三個階段進行計算

(1)浮體階段 $(0 \leq z_b < L)$

$$F_B = \gamma \forall_2 \quad (\forall_2 \text{ 為浮浸在液體中的體積})$$
$$= \gamma z_b A = \pi \gamma z_b R^2$$
$$F_B = z_b$$

(2)潛體階段 $(L \leq z_b < H)$

$$F_B = \gamma \forall = \pi \gamma L R^2 = \text{常數}$$

(3)圓柱底部與水底面密合時 $(z_b = H)$

$$F_B = 0$$

由(1)、(2)及(3)階段可繪出 $F_B - z_b$ 圖

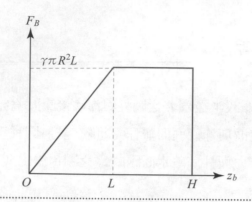

　　若一潛體或浮體在傾斜一小角度後，具有回復到原先平衡位置之能力，則稱為物體的穩定性。若物體能回復至原來位置即為穩定 (stable)，若無法回復則為不穩定 (unstable)。至於穩定所應具備之條件，須視物體為潛體或浮體而定。

　　潛體的穩定性依重心 (*CG*) 及浮心 (*CB*) 的位置而定，一般有三種情況產生，如圖 2–7 所示。

⑴穩定情況（重心在浮心下方）

　　該潛體稍有傾斜時，將會產生回復力矩 (restoring couple)，使該潛體回復其原來位置。

⑵不穩定情況（重心在浮心上方）

　　當潛體傾斜一角度時，將使潛體產生翻轉力矩 (overturning couple)，致使

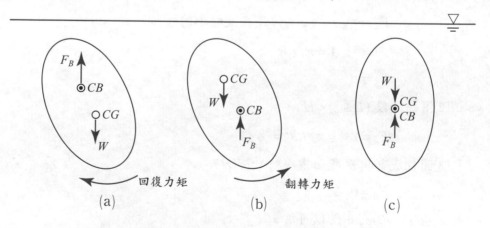

圖 2–7　潛體的穩定性：⑴穩定情況、⑵不穩定情況、⑶中性平衡情況

該物體繼續傾斜而達另一平衡位置。

⑶中性平衡 (neutral equilibrium) 情況（重心與浮力重合）

若潛體傾斜一角度，則無論在任何位置皆能保持穩定。

浮體之穩定性條件，係依重心 (*CG*) 與定傾中心 (metacenter, *CB*) 的相對位置而定，如圖 2-8 所示。所謂定傾中心係指浮體在平衡時，垂直對稱軸與處於受輕微傾斜之新位置的浮力垂直作用線相交之點。定傾中心又稱為穩定中心，亦可稱暫態中心。重心與定傾中心之間的距離，定義為定傾高度 (metacentric height, *MG*)。

⑴穩定情況（重心在定傾中心下方，*MG* 值為正）

　　在此種情況下，浮體會產生一回復力矩，使浮體恢復其原來的位置而達到穩定，其穩定隨著浮力的增大而增加。

⑵不穩定情況（重心在定傾中心上方，*MG* 值為負）

　　浮體將產生一個與旋轉位移同方向之力偶,而使該浮體繼續傾斜至翻覆,而後達另一個新的平衡位置。

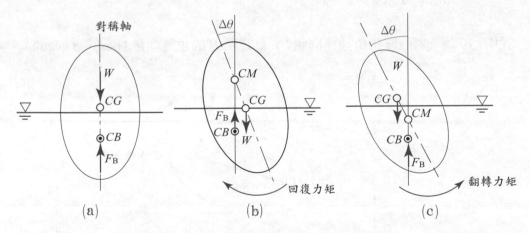

圖 2-8　浮體的穩定性：⒜最初位置、⒝穩定情況、⒞不穩定情況

2-7　以剛體運動之流體壓力變化

在剛體運動 (rigid body motion) 中，所有的液體質點均同時運動，質點之間沒有相對的運動，因此不會產生應變率。流體各質點間既無相對運動，雖有黏滯性之存在，但仍無剪力作用於其間，因此只須考慮壓力、重力及質點加速度之間的平衡。方程式 (2.5) 可改寫為

$$\vec{f} = \rho\vec{a} = -\nabla P + \rho\vec{g}$$
$$\Rightarrow \nabla P = \rho(\vec{g} - \vec{a}) \tag{2.16}$$

因此，壓力梯度作用方向是 $(\vec{g} - \vec{a})$，而所有等壓線均垂直於此方向。

對於剛體同時具有平移及旋轉運動時，如圖 2–9 所示，若旋轉中心位於 O' 點，而且 O' 點相對於固定座標 XYZ 的原點 O 平移速度為 $\vec{V}_r$，則在剛體中任一點 P 之速度為

$$\vec{V} = \vec{V}_r + \vec{\omega} \times \vec{r}$$

式中，$\vec{\omega}$ 為座標 xyz 的角速度向量，$\vec{r}$ 為質點 P 的位置向量 (position vector)。

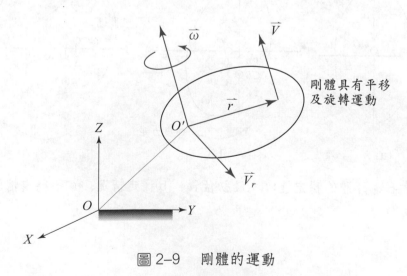

圖 2–9　剛體的運動

將上式微分可得剛體中任一點 P 的加速度，其為

$$\vec{a} = \frac{d\vec{V}}{dt} = \frac{d\vec{V}_r}{dt} + \frac{d(\vec{\omega} \times \vec{r})}{dt}$$

$$= \frac{d\vec{V}_r}{dt} + \frac{d\vec{\omega}}{dt} \times \vec{r} \times \vec{\omega} \times (\vec{\omega} \times \vec{r}) \tag{2.17}$$

式中

$d\vec{V}_r / dt$：剛體的平移加速度。

$(d\vec{\omega}/dt) \times r$：由於角加速度 $(d\vec{\omega}/dt)$ 所引起的切線線性加速度。

$\vec{\omega} \times (\vec{\omega} \times \vec{r})$：向心加速度 (centripetal acceleration)，方向由 P 點指向旋轉軸。

現在，根據前述之剛體運動，再細分為等線性加速度運動和等角速度旋轉運動，並分別討論。如後：

1. 等線性加速度 (uniform linear acceleration) 運動

一開口容器內盛裝液體，在承受等線性加速度運動時，若處於平衡狀態則液體宛如一剛體，在液體之內之各質點間無相對移動，亦即液體中任何兩質點之距離保持一定，其間沒有剪應力存在，則流體呈相對平衡，如圖2–10 (a) 所示。若容器以等加速度 a 在角度 α 的斜坡上運動，根據達朗貝特動力原理 (D'Alembert's principle in dynamics)【註】，液體的基本方程式為

$$-\frac{\partial P}{\partial x} + \rho g_x = \rho a_x \Rightarrow -\frac{\partial P}{\partial x} = \rho a_x$$

$$-\frac{\partial P}{\partial y} + \rho g_y = \rho a_y \Rightarrow -\frac{\partial P}{\partial y} = \rho a_y$$

$$-\frac{\partial P}{\partial z} + \rho g_z = \rho a_z \Rightarrow -\frac{\partial P}{\partial z} = \rho(g + a_z)$$

【註】 D'Alembert's principle in dynamics：

A dynamic system can be treated as a static system provided the effects of acceleration are accounted for the addition fictitious "inertia force."

由於壓力 $P = P(x, z)$，介於任意兩質點間的壓力差可寫成

$$dP = \frac{\partial P}{\partial x}dx + \frac{\partial P}{\partial z}dz$$

因為自由表面為一等壓線，故沿著自由表面存在 $dP = 0$ 的關係式，即

$$0 = \frac{\partial P}{\partial x}dx + \frac{\partial P}{\partial z}dz = -\rho a_x - \rho(g + a_z)$$

重新整理，可得自由表面之斜率為

$$\left[\frac{dz}{dx}\right]_{自由表面} = \tan\theta = -\frac{a_x}{g + a_z} \tag{2.18}$$

假設傾斜角度為零，亦即容器沿水平面運動，此時 $\vec{a} = a_x\vec{i}$，則液面之斜率可簡化成

$$\left[\frac{dz}{dx}\right]_{自由表面} = \tan\theta = -\frac{a_x}{g} \tag{2.19}$$

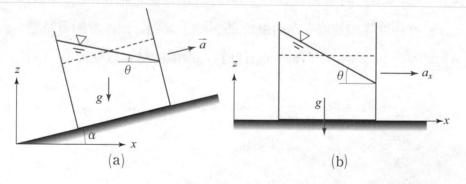

(a)　　　　　　　　　　(b)

圖 2-10　盛裝液體之容器做等線性加速度運動：
　　　　(a)沿傾斜面、(b)沿水平面

例題 2-8

有一水箱以 $a = 20\dfrac{\text{ft}}{\text{s}^2}$ 的等加速度沿斜坡向上運動，水箱常與寬度均為 10 ft ，未運動前箱內水的體積為 $10\ \text{ft} \times 10\ \text{ft} \times 40\ \text{ft} = 4000\ \text{ft}^3$、比重 $\gamma = 62.4\dfrac{\text{lb}}{\text{ft}^3}$，試求：

(1)自由表面與斜坡間之夾角；

(2)作用於 A 點 B 點兩個角落上的壓力各為多少？

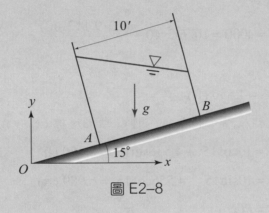

圖 E2-8

解　(1)加速度的分量分別為

$$a_x = a \cdot \cos 15° = 19.32\ (\text{ft/sec}^2)$$

$$a_y = a \cdot \sin 15° = 5.18\ (\text{ft/sec}^2)$$

自由表面之斜率

$$m = \tan\theta = -\frac{a_x}{g + a_y} = -\frac{19.32}{32.2 + 5.18} = -0.517$$

據此可得

$$\theta = \tan^{-1}(0.517) = 27.34°$$

故自由表面與斜坡間之夾角為

$$27.34° + 15° = 42.34°$$

(2)如下圖示

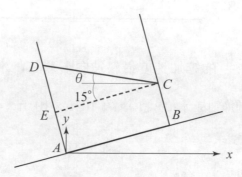

$$\overline{DE} = 10\tan{(42.34^\circ)} = 9.112 \text{ (ft)}$$

水的體積為

$$\forall = 4000 = 10 \cdot \overline{BC} \cdot 40 + \frac{(10 \cdot 9.112 \cdot 40)}{2}$$

整理可得

$$\overline{BC} = 4.556 \text{ (ft)}$$

假若將座標原點平移至 A，則 C 點之座標 (x_C, y_C) 為

$$x_C = 10\cos 15^\circ - 4.556\sin 15^\circ = 8.480 \text{ (ft)}$$

$$y_C = 10\sin 15^\circ - 4.556\cos 15^\circ = 6.989 \text{ (ft)}$$

因壓力 $P = P(x, y)$

$$dP = -\rho a_x dx - \rho(g + a_y)dy$$

積分可得

$$P = -\rho a_x x - \rho(g + a_z)y + C$$

C 值可設定在 (x_C, y_C)，式中

$$P_C = P_{\text{atm}} = 0 \quad (錶示壓力)$$

$$\rho = \frac{\gamma}{g} = \frac{62.4}{32.2} = 1.94 \text{ (slug)}$$

則

$$C = P_0 = -\rho a_x x_C - \rho(g + a_y)y_C$$

$$= 1.94 \cdot 19.32 \cdot 8.48 + 10 \cdot (32.2 + 5.18) \cdot 6.989$$

$$= 823.76 \left(\frac{\text{lbf}}{\text{ft}^2} \right)$$

設 t 為容器底部上任何一點 (x_t, y_t) 與 A 點的距離，則

$$x_t = t\cos 15°$$

$$y_t = t\sin 15°$$

容器底部任一點的壓力為 P_t，即

$$P_t = P_0 - \rho z_x x_t - \rho(g + a_y)y_C$$

$$= 823.76 - 36.16t - 18.75t$$

$$= 823.76 - 54.91t$$

A 點的壓力 $(t = 0 \text{ ft})$

$$P_t = 823.76 - 54.91 \cdot (0) = 823.76 \left(\frac{\text{lbf}}{\text{ft}^2} \right) = 5.72 \text{ (psi)}$$

B 點的壓力 $(t = 10 \text{ ft})$

$$P_t = 823.76 - 54.91 \cdot (10) = 274.66 \left(\frac{\text{lbf}}{\text{ft}^2} \right) = 1.91 \text{ (psi)}$$

2. 等角速度 (uniform angular velocity) 旋轉運動

　　盛裝液體之容器繞 z 軸作旋轉的運動，如圖 2–11 所示。假設容器具一定的角度 ω 迴轉了一段時間，因而液體已達到剛體旋轉的條件，所以液體的加速度為向心加速度。在圖 2–11 的座標中，液體的基本方程式為

$$-\frac{\partial P}{\partial r} + \rho g_r = \rho a_r \Rightarrow -\frac{\partial P}{\partial r} = \rho a_r = -\rho \omega^2 r$$

$$-\frac{\partial P}{\partial \theta} + \rho g_\theta = \rho a_\theta \Rightarrow -\frac{\partial P}{\partial \theta} = \rho a_\theta = 0$$

$$-\frac{\partial P}{\partial z} + \rho g_z = \rho a_z \Rightarrow -\frac{\partial P}{\partial z} = \rho(g + a_z) = \rho g$$

由於壓力為 r 和 z 的函數，即 $P = P(r, z)$，因此壓力差為

$$dP = \frac{\partial P}{\partial r}dr + \frac{\partial P}{\partial z}dz = \rho \omega^2 r dr - \rho g dz$$

沿自由表面為一等壓力線，因此 $dP = 0$，故上式變成

$$\left[\frac{dz}{dr} \right]_{\text{自由表面}} = \frac{\omega^2 r}{g} \tag{2.20}$$

若將 dP 積分，可得出壓力場

$$P = \frac{1}{2}\rho\omega^2 r^2 - \rho g z + C$$

令 $r = 0$ 時 $z = z_0$，且自由表面為一等壓線 $(P = P_{\text{atm}})$，故代入上式得

$$C = P_{\text{atm}} + \rho g z_0$$

代入原式，結果得知壓力場為

$$P = P_{\text{atm}} + \frac{1}{2}\rho\omega^2 r^2 - \rho g(z_0 - z)$$

在自由表面：$z = (z)_{\text{自由表面}}$, $P = P_{\text{atm}}$，則上式可簡化為

$$z\big|_{\text{自由表面}} = z_0 + \frac{\omega^2 r}{2g} \tag{2.21}$$

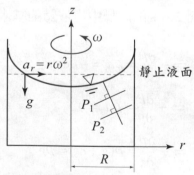

圖 2-11　盛裝液體的容器作等角速度旋轉運動

例題 2-9

如圖 E2-9 所示，兩根長度為 6 ft，內徑為 0.1 in 之圓管分別和一儲槽相連，且兩者皆固定於一平臺上，儲槽和圓管內部液體皆為水。若不考慮毛細作用，在平臺旋轉的角速度為多少時，請問會使外部水管的液面上升到其頂端？（只考慮穩態）

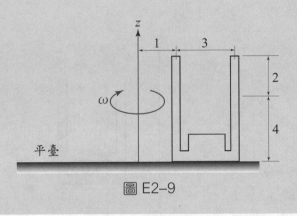

圖 E2-9

解　在 U 型管的自由表面上 $P = P_{atm}$，而

$$dP = \frac{\partial P}{\partial r}dr + \frac{\partial P}{\partial z}dz = 0 \cdots\cdots \text{(a)}$$

式中

$$\frac{\partial P}{\partial r} = -\rho\omega^2 r$$

$$\frac{\partial P}{\partial z} = \rho g$$

重新整理(a)式，結果變成

$$\rho\omega^2 r dr - \rho g dr = 0$$

再經整理並予以積分，即

$$\int_{r_1}^{r_2} \frac{\omega^2 r}{g}dt = \int_{z_1}^{z_2}dz$$

積分結果為

$$z_2 - z_1 = \frac{\omega^2}{2g}\left[r_2^2 - r_1^2\right]$$

將數據代入，結果可得

$$4 = \frac{\omega^2}{2 \cdot (32.2)}\left[4^2 - 1^2\right]$$

角速度為

$$\omega = 4.14 \left(\frac{\text{rad}}{\text{s}}\right)$$

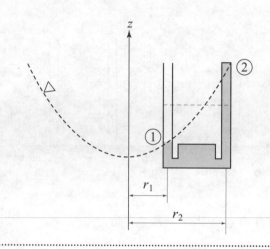

────────────────────────────

習題

1. 船舶之重心低於浮力中心是使船舶穩定的必要條件嗎？

2. 某閘門之設計如圖 P2–2 所示，試計算出：

   (1)作用於閘門之水平力及施力位置；

   (2)作用於閘門之垂直分力及施力位置；

   (3)開閘門所需之力 F。

   （註：忽略閘門本身重量）

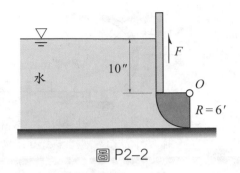

圖 P2-2

3. 如圖 P2-3 所示，一圓形水桶當它達到穩定等速度旋轉時，證明其自由水面高如下示為拋物線形

$$z(r) = z_0 + \frac{r^2 \omega^2}{2g}$$

式中 ω：水桶的角速度

　　　g：重力加速度

　　　r：垂直旋轉軸方向的距離

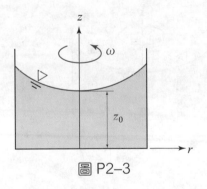

圖 P2-3

4. 如圖 P2-4 所示，一圓型閘門，垂直於紙方向之寬度為 4 m，當液面過高時，由液體作用在閘門裝置上之力所引起之力矩使閘門開啟，因而使部分水流出。試以圖上所示之尺寸，計算在此液體高度下閘門是否被打開。(假設液體為水，閘門本身重量忽略不計)

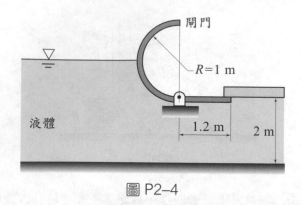

圖 P2–4

5. 一個半徑 D_1 的氣泡，由湖底上升至湖面，半徑增大為 D_2，試求湖深並敘述求
   解方法。

6. 請證明水中任一點的靜壓力 (hydrostatic pressure) 沒有方向性。

7. 如圖 P2–7 所示，一半徑為 R 的圓柱型儲槽，其內裝有密度和黏滯係數均為定
   值的液體，若該圓柱型儲槽以角速度 ω 繞其對稱軸旋轉，當到達至穩態時，求
   內部液面所呈之形狀。

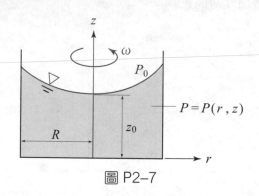

圖 P2–7

8. 根據圖 P2–8 所示，找出當深度 D 為多少時會使此正方體方塊浮起? 汽球體積
   (V) 為 4190 ft^3，其表面積 (A) 為 1257 ft^2，汽球表面材質重量 (W) 為 0.1 $\frac{1b}{in^2}$，
   正方體方塊的重量為 80 1b，空氣的比重 (γ_{air}) 為 0.07 $\frac{1b}{ft^3}$，氣球內部氣體的比重
   (γ_{gas}) 為 0.03 $\frac{1b}{ft^3}$，水的比重 (γ_{water}) 為 62.4 $\frac{1b}{ft^3}$。

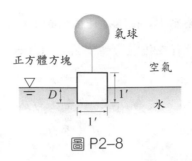

圖 P2-8

9. 如圖 P2-9 所示，閘門重 196 N、寬（垂直於紙面）為 8 m，若閘門呈靜平衡的狀態，求閘門長 b 等於多少？

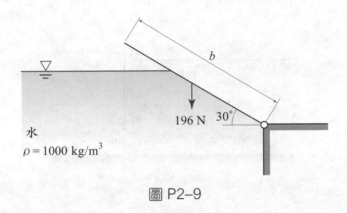

圖 P2-9

10. 如圖 P2-10 所示，一圓柱擋體其部分浸沉於水中，假設該圓柱擋體與牆的接觸可視為平滑，若此圓柱擋體為 1 m 長，求其(1)重量及(2)牆所承受的力。

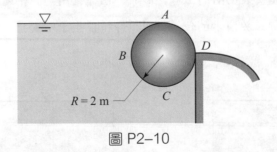

圖 P2-10

11. 一顆直徑為 $D = 0.02$ cm、密度為 $\rho_s = 1.5 \dfrac{g}{cm^3}$ 的固體粒子，若在黏度為 $\mu = 0.001 \dfrac{N \cdot S}{m^2}$ 的水中垂直下沉。假設忽略在垂直方向的壓力變化，粒子在下沉時產生的阻力為 $3\pi\mu DV$，其中 V 為粒子在流體中的下沉速度，試決定粒子的最終速度。

12. 茶葉原先均勻分布於茶水中，在經攪拌後待茶水呈現靜止狀態，則茶葉將會集中在杯底中央，此種過程在流體力學中稱為 "tea-cup flow"，請由流體力學的原理解釋此種現象。

13. 一球形粒子的半徑為 r、密度為 ρ_1，若在密度為 ρ_2、黏滯係數為 μ 的流體中等速下降，請利用已知參數 r、ρ_1、ρ_2、μ 及重力加速度，試推導出下降速度 V 的表示式。

14. 如圖 P2–14 所示，一塊 $4\,\mathrm{m} \times 4\,\mathrm{m}$ 的垂直閘門，用以做為灌溉渠道的水位調節，試決定相對於閘門底部，水的作用力矩為若干？（水的比重量 $\gamma = 9800\,\dfrac{\mathrm{N}}{\mathrm{m}^3}$）

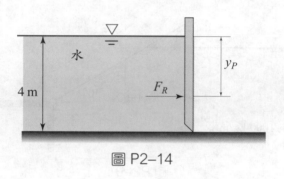

圖 P2–14

15. 考慮如圖 P2–15 所示的二個矩形閘門，倘若二個閘門皆具有相同的尺寸（高 h ×寬 w），但閘門 A 係採用水平軸安裝在閘門中間，形成一個旋轉閘門；閘門 B 則使用水平軸安裝在閘門上緣，形成一個擺動閘門。在圖示的水深狀況下，若欲維持閘門靜止於圖示的位置，則須仰賴扭矩予以支撐，請分別決定閘門所需的扭矩 T_A 與 T_B。

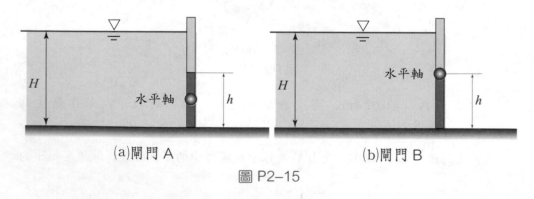

(a)閘門 A　　　　　(b)閘門 B

圖 P2–15

第 3 章　流動的控制容積解析 Control Volume Analysis of Flow

　　許多流體力學所欲探討的問題，可透過某有限區域之流體行為予以分析，而所談論的分析方法，主要均源自於物理學的基本原理，例如：質量守恆原理、牛頓第二運動定理、熱力學第一定律。在面對許多流體力學的問題，這種慣稱控制容積解析的方法，將足以提供有效、迅速以及正確的判斷途徑。

　　控制容積法則係運用系統的基本原理推導而得，所謂「系統」意即為質量的集合體。在任意瞬間，若控制容積與系統所佔據之空間重合時，則可引用雷諾轉換定理而推導出問題的解析方程式。為達到問題簡化的目的，本章對於流體進出控制容積的速度分布，均假設為均勻狀態。

　　對於流體流動的問題，需要針對各種不同流體運動狀態進行分析，諸如幾何形狀、邊界條件與力學定律。一般流體運動問題之三種基本研究方法為：控制容積法（積分法）或是大尺寸 (large-scale) 分析（第 3 章）、流體元素法（微分法）或是小尺寸 (small-scale) 分析（第 5 章）、實驗法或是因次分析（第 6 章）。以上三種分析方法均相當的重要，對於流動分析將是簡單而有價值的工具。

3-1　雷諾轉換定理

　　從事流體運動的分析時，在某特定範圍內的物質組合體系，必須先行界定以利於研究的進行，此界定的物質體系稱為流體運動「系統」(system)，在系統以外的部分稱為「周圍」(surrounding)，介於系統與周圍的區域稱為「邊

界」(boundary)。系統依流體質點與邊界之間的交換關係,可再分成兩種:控制質量系統 (control mass system, CM) 與控制容積系統 (control volume system, CV)。

　　控制質量系統又稱封閉系統 (closed system),主要是指系統與周圍並沒有質量的交換,亦即含有固定質量的系統,如圖 3–1 (a)所示,但系統能改變其形狀、位置和體積。控制容積系統又稱為開放系統 (open system),主要是指質量會因物質通過邊界而改變的系統,亦即具有質量交換作用,如圖 3–1 (b)所示。控制容積的形狀和大小亦可改變且可以移動,而控制容積的邊界稱為「控制表面」(control surface, CS)。

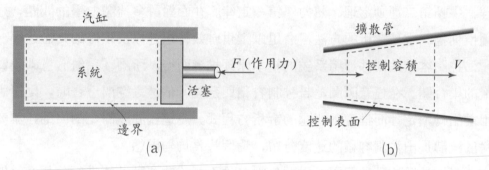

圖 3–1　流體系統:(a)控制質量系統、(b)控制容積系統

　　流體的性質可區分為外延性質 (extensive property) 與內涵性質 (intensive property) 等二大類。其中,外延性質與系統內之量有關的性質,簡言之亦即與質量有關的性質,例如體積、質量⋯⋯等。至於內涵性質則是與系統內之量大小無關的性質,例如壓力、溫度、密度⋯⋯等。由上述說明,可以明顯看出外延性質與內涵性質的差異。若將外延性質除以系統的總量,所得商值稱為比性質 (specific property),例如

$$\nu = \frac{\forall}{m}$$

式中 $\forall$ 為系統之總體積、m 表示系統質量、ν 則為比容 (specific volume),即系統中單位質量的體積。由此可知,比性質與系統的總量無關,故比性質即

為內涵性質之一種。

　　為了將系統分析轉換成控制容積的分析，則須將描述問題的數學式轉換成適合於某個特定的範圍，而非某個別的質量，此種轉換稱為雷諾轉換定理 (Reynolds transport theorem)，可運用在所有基本定律的轉換。

　　假設 B 代表系統內之外延性質（可為純量或向量），而 m 表示系統內的質量，b 則代表單位質量的內涵性質，即

$$B = \int_{\text{sys}} b\rho d\forall \qquad (3.1)$$

式中 $d\forall$ 為流體的體積元素。現在考慮系統中性質隨時間的變化量，先以控制系統之觀點描述，而後將此變化量透過控制容積之觀點來表達。

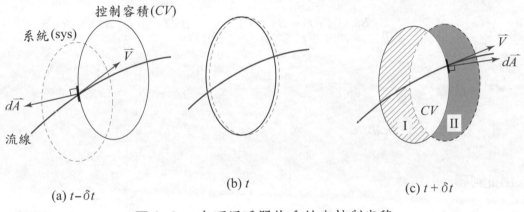

(a) $t-\delta t$　　　　　(b) t　　　　　(c) $t+\delta t$

圖 3-2　在不同瞬間的系統與控制容積

　　如圖 3-2 所示，所選定的控制表面圍成之區域為控制容積，在時間 t 時控制容積如實線所示。隨時間在移動和變形，若時間為 $t+\delta t$ 時，系統所在的範圍以虛線表示，圖中的陰影部分之面積，顯示體積為流入控制容積的內流 (inflow) 與流出控制容積的外流 (outflow)。由圖可知

$$B_{\text{sys}}(t) = B_{CV}(t)$$

且

$$B_{\text{sys}}(t + \delta t) = B_{CV}(t + \delta t) - B_{\text{I}}(t + \delta t) + B_{\text{II}}(t + \delta t)$$

在時間 δt 區間內，系統內的物理量變化率可寫為

$$\frac{\delta B_{\text{sys}}}{\delta t} = \frac{B_{\text{sys}}(t + \delta t) - B_{\text{sys}}(t)}{\delta t}$$

$$= \frac{[B_{\text{sys}}(t + \delta t) - B_{\text{I}}(t + \delta t) + B_{\text{II}}(t + \delta t)] - B_{CV}(t)}{\delta t}$$

$$= \frac{B_{CV}(t + \delta t) - B_{CV}(t)}{\delta t} + \frac{B_{\text{II}}(t + \delta t) - B_{\text{I}}(t + \delta t)}{\delta t}$$

再將上式取極限值，可得

$$\frac{DB_{\text{sys}}}{Dt} = \lim_{\delta t \to 0} \left(\frac{\delta B_{\text{sys}}}{\delta t} \right)$$

$$= \lim_{\delta t \to 0} \left(\frac{B_{CV}(t + \delta t) - B_{CV}(t)}{\delta t} \right) + \lim_{\delta t \to 0} \left(\frac{B_{\text{II}}(t + \delta t) - B_{\text{I}}(t + \delta t)}{\delta t} \right)$$

式中

$$B_{CV} = \int_{CV} b \rho \, d\forall$$

由此可得

$$\frac{DB_{\text{sys}}}{Dt} = \frac{\partial B_{\text{sys}}}{\partial t} + (B_{\text{out}} - B_{\text{in}})$$

$$= \frac{\partial}{\partial t} \int_{CV} \rho b \, d\forall + \int_{CS} \rho b \vec{V} \cdot d\vec{A} \tag{3.2}$$

上式即為雷諾轉換定理，其中各項所代表之物理意義為

(1) $\dfrac{DB_{\text{sys}}}{Dt}$：物理量 B 之全變化率。

(2) $\dfrac{\partial}{\partial t} \displaystyle\int_{CV} \rho b \, d\forall$：局部物理量 B 隨時間之變化率。

(3) $\int_{CS} \rho b \vec{V} \cdot d\vec{A}$：進出控制系統所引起物理量 B 之變化，正負符號取決於速

度向量 V 和面積向量 dA 的關係。

由 (3.2) 式與 (1.21) 式比較可瞭解，控制系統和控制容積之間的相當性，好比拉格蘭座標和歐拉座標間之相當性是一致的。兩式關連為歐拉座標與控制容積的觀點一致，拉格蘭座標與控制系統之觀點相似。

3-2　質量守恆—連續方程式

對於不會產生變化成分的集合體一般定義為系統 (system)，而系統的界定對於問題剖析，將扮演極具關鍵性的角色。譬如，在系統中的質量不會隨時間產生變化，此乃為系統的質量守恆 (conservation of mass) 原理，數學描述式可寫成

$$\frac{DM_{sys}}{Dt} = \frac{D}{Dt} \int_{sys} \rho d\forall = 0 \tag{3.3}$$

其中 M_{sys} 表示系統中的質量，至於積分意味包含整個系統涵括的體積範圍。

考慮一個系統與一個固定且不會變形的控制容積，若系統隨著時間而移動，在不同瞬間的移動狀況如圖 3-2 所示。在圖示系統中，質量變化率相當於如後之描述：（在系統 (sys) 中的質量總變化率）＝（控制容積 (CV) 中的質量變化率）＋（進出控制容積表面 (CS) 的質量淨變化率），若運用數學式予以描述，則可引用雷諾轉換定理而寫成

$$\frac{D}{Dt} \int_{sys} \rho d\forall = \frac{\partial}{\partial t} \int_{CV} \rho d\forall + \int_{CS} \rho \vec{V} \cdot d\vec{A} \tag{3.4}$$

在等號右邊第二項，表示流經控制表面的淨通量變化率，$\vec{V} \cdot d\vec{A}$ 則表示速度 $\vec{V}$ 在微小控制表面的垂直 ($\vec{n}$) 方向分量，故 $\vec{V} \cdot d\vec{A} = \vec{V} \cdot \vec{n} dA$。根據向量點乘積 (dot product) 的數學定義可知，$\vec{V} \cdot \vec{n}$ 為正值代表流出控制表面；$\vec{V} \cdot \vec{n}$ 為負值則

表示流入控制表面，如圖 3-2 所示。

　　由於系統中的質量遵循守恆原理，則描述控制容積之質量守恆數學式，通常稱為連續方程式 (continuity equation)，如下所列

$$\frac{\partial}{\partial t}\int_{CV}\rho d\forall + \int_{CV}\rho\vec{V}\cdot\vec{n}dA = 0 \qquad (3.5)$$

　　若控制容積假設為固定且不會變形，故在上式第一項對時間的微分，將可移入積分符號內，再依據向量的散度定理 (divergence theorem) 或稱高斯定理 (Gauss theorem)，可將上式的第二項轉化成體積分形式，即

$$\int_{CS}\rho\vec{V}\cdot\vec{n}dA = \int_{CV}(\nabla\cdot\rho\vec{V})d\forall$$

據此，可將 (3.5) 式重新整理成

$$\int_{CV}\frac{\partial\rho}{\partial t}d\forall + \int_{CV}(\nabla\cdot\rho\vec{V})d\forall = \int_{CV}\left(\frac{\partial\rho}{\partial t} + \nabla\cdot\rho\vec{V}\right)d\forall = 0$$

或　　　　$$\frac{\partial\rho}{\partial t} + \nabla\cdot\rho\vec{V} = 0 \qquad (3.6)$$

　　對於穩定流而言，由於 $\frac{\partial}{\partial t} = 0$，故連續方程式可簡化成

$$\nabla\cdot\rho\vec{V} = 0 \qquad (3.7)$$

假設流動具有不可壓縮流的性質，由於流體密度 ρ 為常數，故連續方程式可再簡化成

$$\nabla\cdot\vec{V} = 0 \qquad (3.8)$$

　　倘若仍針對穩定流而言，則進出控制容積表面的質量淨變化率亦可表示成

$$\int_{CV} \rho \vec{V} \cdot \vec{n} \, dA = \sum \dot{m}_{\text{out}} - \sum \dot{m}_{\text{in}} \tag{3.9}$$

式中 m 代表質量流率,單位為 $\dfrac{\text{kg}}{\text{s}}$ 或 $\dfrac{\text{slug}}{\text{s}}$。假設流經具有面積 A 的控制表面,則質量流率可展開成

$$\dot{m} = \rho A V = \rho Q \tag{3.10}$$

其中 Q 代表體積流率,單位為 $\dfrac{\text{m}^3}{\text{s}}$ 或 $\dfrac{\text{ft}^3}{\text{s}}$。

例題 3-1

圖 E3-1 所示的圓筒內部直徑 D、高度 H,在筒底有一個孔徑為 d_0 的排水孔,倘若從排水孔的排放水流速 $V = \sqrt{2gh}$,其中 h 為排水孔上方的水位高度、g 為重力加速度。假設圓筒內原先具有半筒水 $(\dfrac{H}{2})$,試推導將水漏光所須要的時間方程式。

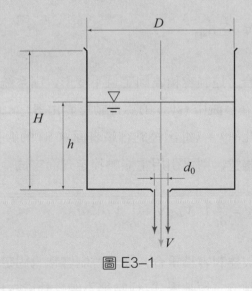

圖 E3-1

解 因為水流具有不可壓縮流的性質 ($\rho = $ 常數),本問題唯一的變數為水

位高度 $h = h(t)$，故引用連續方程式（3.5 式）並予以改寫成

$$\frac{\partial}{\partial t}\int_{CV}\rho d\forall + \int_{CV}\rho\vec{V}\cdot\vec{n}dA = \rho\frac{d\forall}{dt} + \rho V A_0 = 0$$

式中 $\forall = \dfrac{\pi D^2 h}{4}$ 指圓筒內水的體積，$A_0 = \dfrac{\pi d_0}{4}$ 指排水孔的面積，代入上式簡化並積分，可得

$$\int_{H/2}^{0}\frac{dh}{\sqrt{h}} = -\sqrt{2g}\left(\frac{d_0}{D}\right)^2\int_0^t dt$$

結果可得

$$t = \sqrt{\frac{H}{g}}\left(\frac{D}{d_0}\right)^2$$

3-3　動量守恆─動量方程式

根據牛頓第二運動定理的描述：在系統中動量隨時間的變化率，相當於作用在系統的外力和，透過數學式可寫成

$$\frac{D}{Dt}\int_{sys}\vec{V}\rho d\forall = \Sigma\vec{F}_{sys} \tag{3.11}$$

倘若系統與重合之控制容積為固定且不變形，則系統中的動量變化率相當於如後之描述：（在系統中 (sys) 的線性動量變化率）＝（控制容積 (CV) 中成分的線性動量變化率）＋（進出控制容積表面 (CS) 的線性動量淨變化率），若運用數學式予以描述，則可引用雷諾轉換定理而寫成

$$\frac{D}{Dt}\int_{sys}\vec{V}\rho d\forall = \frac{\partial}{\partial t}\int_{CV}\vec{V}\rho d\forall + \int_{CS}\vec{V}\rho\vec{V}\cdot d\vec{A} \tag{3.12}$$

假設在某瞬間系統與控制容積重合，而且控制容積為固定、不會變形，則描述控制容積之線性動量守恆數學式，通常稱為線性動量方程式 (linear momentum equation)，如下所列

$$\frac{\partial}{\partial t}\int_{CV}\vec{V}\rho d\forall + \int_{CS}\vec{V}\rho\vec{V}\cdot\vec{n}dA = \sum\vec{F}_{CV} \tag{3.13}$$

例題 3-2

圖 E3-2 所示為無摩擦、穩定噴束水流沖擊一片固定的傾斜板，

(1)試求傾斜板所受之力；

(2)請利用傾斜角 θ 為參數，試推導出分支水流高度之比值 ($\frac{h_2}{h_3}$)。

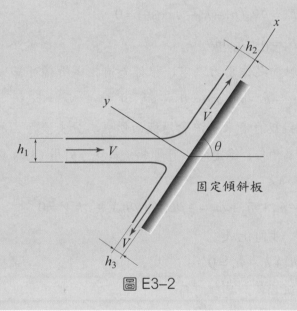

圖 E3-2

解 (1)對於穩定流而言，由於 $\frac{\partial}{\partial t}=0$，故線性動量方程式可簡化成

$$\int_{CS}\vec{V}\rho\vec{V}\cdot\vec{n}dA = \sum\vec{F}_{CV}$$

為簡化起見，將 x 座標軸定義沿著平板，且朝上設定為正。由於噴束及分支水流都具有均勻流速 V，故上式可再簡化如下

$$\sum\vec{F}_{sys}=-\dot{m}_1\vec{V}_1+\dot{m}_2\vec{V}_2+\dot{m}_3\vec{V}_3$$

$$=-(\rho h_1 V)\vec{V}_1+(\rho h_2 V)\vec{V}_2+(\rho h_3 V)\vec{V}_3 \cdots\cdots (a)$$

依據圖示的座標軸定義，可將各速度向量明確表示為

$$\vec{V}_1 = \vec{i}V\cos\theta - \vec{j}V\sin\theta$$

$$\vec{V}_2 = \vec{i}V$$

$$\vec{V}_3 = -\vec{i}V$$

將各速度向量代入(a)式，整理可得

$$\sum \vec{F}_{CV} = -\rho h_1 V^2(\vec{i}\cos\theta - \vec{j}\sin\theta) + \vec{i}\rho h_2 V^2 + \vec{i}\rho h_3 V^2$$

若將作用力分解成二座標軸向，由於沿著傾斜板並無摩擦($F_x = 0$)，由此可得

$$F_x = \rho V^2(h_2 - h_3 - h_1\cos\theta) = 0$$

$$F_y = \rho V^2 h_1\sin\theta$$

(2)由於 x 軸向之作用力為零，根據先前推導所得可知

$$h_2 - h_3 - h_1\cos\theta = 0 \quad\cdots\cdots\text{ (b)}$$

沖擊傾斜板的噴束水流會沿板面形成二分支流，由於進出傾斜板之水流都為均勻、穩定之不可壓縮流，故可引用 (3.9) 與 (3.10) 式而寫成

$$-\dot{m}_1 + \dot{m}_2 + \dot{m}_3 = -\rho h_1 V + \rho h_2 V + \rho h_3 V = 0$$

或可進一步簡化成

$$h_2 + h_3 - h_1 = 0 \quad\cdots\cdots\text{ (c)}$$

由(b)式與(c)式，整理可得

$$\frac{h_2}{h_3} = \frac{1 + \cos\theta}{1 - \cos\theta}$$

對於實際的工程應用而言，線性動量方程式的運用範疇，並不止於固定且不會變形的控制容積，如圖 3-3 (a)所示。通常，固定或等速移動之控制容積屬於慣性系統，加速移動之控制容積則屬於非慣性系統，各種不同狀況下的控制容積，對應的線性動量方程式必定會有差異。等速移動之控制容積，如圖 3-3 (b)所示的噴束沖擊葉片，由於系統存在相對速度 V_r，故線性動量方

程式將變成

$$\frac{\partial}{\partial t}\int_{CV}\vec{V}_r\rho d\forall + \int_{CS}\vec{V}_r\rho\vec{V}_r\cdot\vec{n}dA = \sum\vec{F}_{CV} \tag{3.14}$$

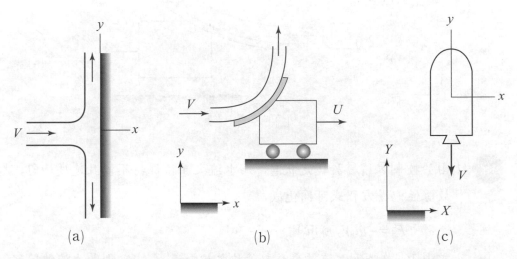

(a)　　　　　　　　　　(b)　　　　　　　　　　(c)

圖 3–3　控制容積的形式：(a)固定不動、(b)等速移動、(c)等加速移動

例題 3–3

圖 E3–3 所示，假設無摩擦、穩定噴束水流以速度 V 沖擊葉片，葉片之移動速度為 U、水流以速度 V 呈角度 θ 離開葉片，水流之面積保持不變。

(1)試求葉片所受之水平作用力；

(2)倘若葉片具有最大功率，試問速度比值 $\dfrac{U}{V}$ 應為何？

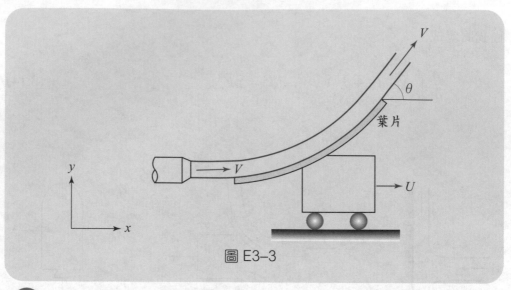

圖 E3–3

解 (1)由於控制容積屬於穩定狀態，而水流之面積保持不變且速度均勻，
故線性動量方程式可簡化成

$$F_x = -\dot{m}_1 V_{r_1} + \dot{m}_2 V_{r_2} \ \cdots\cdots \ (a)$$

式中 V_{r_1} 為噴束水流沖擊移動葉片之相對速度，V_{r_2} 則是水流離開移
動葉片之相對速度，其中各物理量分別如下所列

$$\dot{m}_1 = \dot{m}_2 = \rho A(V - U)$$

$$V_{r_1} = V - U$$

$$V_{r_2} = (V - U)\cos\theta$$

將各物理量代入(a)式，可得系統在水平方向之作用力

$$F_x = -\rho A(V - U)^2 + \rho A(V - U)^2\cos\theta = \rho A(V - U)^2(\cos\theta - 1)$$

葉片所受之水平作用力為

$$F = -F_x = \rho A(V - U)^2(1 - \cos\theta)$$

(2)功率的定義 $P = FU$，其中 F 為葉片所受之水平作用力，U 為葉片之
移動速度，據此可得

$$P = \rho AU(V - U)^2(1 - \cos\theta) \ \cdots\cdots \ (b)$$

欲求得極值，則須將(b)式對 U 予以微分並設為零，即 $\dfrac{dP}{dU} = 0$，結果

變成

$$\rho A(1 - \cos\theta)(V^2 - 4UV + 3U^2) = 0$$

滿足上列方程式有二個解，即

$$\frac{U}{V} = \frac{1}{3} \text{ 及 } \frac{U}{V} = 1 \text{（不合）}$$

利用(b)式對 U 的二次微分以判別極值為最大值或最小值，即

$$\left. \frac{dP}{dU} \right|_{\frac{U}{V} = \frac{1}{3}} < 0$$

由此可知 $\frac{U}{V} = \frac{1}{3}$ 可得葉片具有最大功率。

　　如圖 3–3 (c)所示，倘若系統相對於非慣性座標軸 xyz 以等加速度 $\vec{a}_{xyz}$ 移動，而非慣性座標軸 xyz 與慣性座標軸 XYZ 之間存在相對加速度 $\vec{a}_r$，則系統相對於慣性座標軸之加速度 $\vec{a}_{XYZ}$ 為

$$\vec{a}_{XYZ} = \vec{a}_{xyz} + \vec{a}_r$$

由於加速度產生變化，故系統所承受之作用力必然隨之變動，運用牛頓第二運動定律得知

$$\sum \vec{F}_{CV} = m\vec{a}_{XYZ} = m(\vec{a}_{xyz} + \vec{a}_r)$$

經整理可得系統所承受之作用力為

$$m\vec{a}_{xyz} = \sum F_{CV} - m\vec{a}_r = \sum F_{CV} - \int_{CV} \vec{a}_r \rho d\forall$$

據此，可將線性動量方程式修正成

$$\frac{\partial}{\partial t} \int_{CV} \vec{V}_r \rho d\forall + \int_{CS} \vec{V}_r \rho \vec{V}_r \cdot \vec{n} dA = \sum \vec{F}_{CV} - \int_{CV} \vec{a}_r d\forall \tag{3.15}$$

例題 3-4

圖 E3-4 所示，小型的探空火箭最初具有質量 $m_i = 400\ \text{kg}$，倘若火箭引燃後垂直發射升空，燃料消耗率為 $\dot{m}_j = 5\ \dfrac{\text{kg}}{\text{s}}$，燃燒廢氣相對於火箭以 $V_j = 1500\ \dfrac{\text{m}}{\text{s}}$ 之速度排放出。假設火箭在高速升空時的空氣阻力可忽略不計，試求下列問題：

(1)火箭的最初加速度；

(2)火箭在升空 $t_f = 10\ \text{s}$ 後的速度。

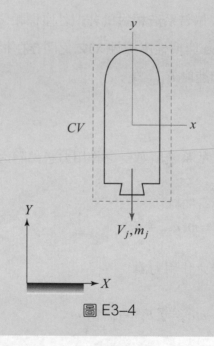

圖 E3-4

解 (1)引用連續方程式並將各項先予以簡化，可得

$$\frac{\partial}{\partial t} \int_{CV} \rho\, d\forall = \frac{dm_{CV}}{dt}$$

（控制容積內的質量變化僅為時間的函數）

$$\int_{CV} \rho \vec{V} \cdot \vec{n} dA = \dot{m}_j$$

（燃燒廢氣以均勻且固定之速度排放出）

將上列各項代入 (3.5) 式並予以積分，可得

$$\int_{m_i}^{m_{CV}} dm_{CV} = \int_0^t \dot{m}_j \, dt$$

或　$m_{CV} = m_i - \dot{m}_j t$ …… (a)

考慮重力為唯一的物體力，故引用線性動量方程式 (3.13 式)，將各項先予以簡化而得

$$\frac{\partial}{\partial t} \int_{CV} \vec{V}_r \rho d\forall = 0$$

（未燃燃料對火箭無相對運動；燃燒廢氣相對於火箭以等速排放）

$$\int_{CS} \vec{V}_r \rho \vec{V}_r \cdot \vec{n} dA = \dot{m}_j \vec{V} = -\dot{m}_j V_j \vec{j}$$

（負號表示燃燒廢氣排放之速度朝下）

$$\sum \vec{F}_{CV} = m_{CV} \vec{g} = -m_{CV} g \vec{j}$$

（g 為重力加速度；負號表示重力方向朝下）

$$\int_{CV} \vec{a}_r d\forall = m_{CV} \vec{a}_r = -m_{CV} a_r \vec{j}$$

（負號表示加速度方向朝下）

將上列各項代入 (3.15) 式，可得系統在垂直方向之作用力

$$-\dot{m}_j V_j \vec{j} = -m_{CV} g \vec{j} - m_{CV} a_r \vec{j}$$

或　$m_{CV} g + m_{CV} a_r = \dot{m}_j V_j$ …… (b)

合併(a)式與(h)式變成

$$(m_i - \dot{m}_j t)(g + a_r) = \dot{m}_j V_j$$

或　$a_r = \dfrac{\dot{m}_j V_j}{m_i - \dot{m}_j t} - g$ …… (c)

在最初時刻 $t_i = 0$，將題目給定條件代入上式，可知火箭的最初加速度為

$$a_r\big|_{t=0} = \frac{(5\frac{\text{kg}}{\text{s}})(1000\frac{\text{m}}{\text{s}})}{(400\text{ kg}) - (5\frac{\text{kg}}{\text{s}})(0\text{ s})} - (9.81\frac{\text{m}}{\text{s}^2}) = 8.94\frac{\text{m}}{\text{s}^2}$$

⑵根據加速度的物理意義配合(c)式，得知

$$a_r = \frac{dV_{CV}}{dt} = \frac{\dot{m}_j V_j}{m_i - \dot{m}_j t} - g$$

積分可得

$$V_{CV} = -V_j \ln\left(\frac{m_i - \dot{m}_j t}{m_i}\right) - gt$$

在升空 $t_f = 10$ s 後，將題目給定條件代入上式，可知火箭當時的速度為

$$V_{CV} = -(1500\frac{\text{m}}{\text{s}})\ln\left(\frac{(400\text{ kg}) - (5\frac{\text{kg}}{\text{s}})(10\text{ s})}{(400\text{ kg})}\right) - (9.81\frac{\text{m}}{\text{s}^2})(10\text{ s})$$

$$= 102.2\frac{\text{m}}{\text{s}}$$

3-4　角動量守恆—動量矩方程式

　　類似旋轉灑水器 (sprinkler) 與沖動擊式輪機 (impulse turbine) 等裝置的分析，將會涉及作用力繞固定軸轉動，因而形成扭矩 (torque) 與角動量，故在本節將針對二者之間的關聯性，導引出動量矩方程式 (moment-of-momentum equation)。假設在慣性座標系統中，原點至某流體質點之位置向量為 $\vec{r}$、速度向量為 $\vec{V}$，則系統具有如後之物理量變化的描述: (系統動量矩的變化率) = (作用在系統的扭矩和)，意即

$$\frac{D}{Dt}\int_{\text{sys}} (\vec{r} \times \vec{V})\rho d\forall = \sum (\vec{r} \times \vec{F})_{\text{sys}} \tag{3.16}$$

　　倘若系統與重合之控制容積為固定、不變形，則在系統中動量矩的變化

率相當於如後之描述：（在系統中 (sys) 動量矩的變化率）=（控制容積 (CV) 中成分的動量矩變化率）+（進出控制容積表面 (CS) 動量矩的變化率），若運用數學式予以描述，則可引用雷諾轉換定理而寫成

$$\frac{D}{Dt}\int_{\text{sys}}(\vec{r}\times\vec{V})\rho d\forall = \frac{\partial}{\partial t}\int_{CV}(\vec{r}\times\vec{V})\rho d\forall + \int_{CS}(\vec{r}\times\vec{V})\rho \vec{V}\cdot d\vec{A} \tag{3.17}$$

假設在某瞬間系統與控制容積重合，則描述控制容積之動量矩方程式可改寫成

$$\frac{\partial}{\partial t}\int_{CV}(\vec{r}\times\vec{V})\rho d\forall + \int_{CS}(\vec{r}\times\vec{V})\rho \vec{V}\cdot \vec{n}dA = \sum(\vec{r}\times\vec{F})_{CV} \tag{3.18}$$

考慮圖 3–4 所示的旋轉灑水器，假設流動為穩定狀態、在任意截面的速度呈均勻分布，由於流體相對於固定控制表面的絕對速度為 $\vec{V}$，噴嘴出口之相對速度為 $\vec{W}$，相對於固定控制表面的噴嘴移動速度 $\vec{U}$，三種速度之間的關係為

$$\vec{V} = \vec{W} + \vec{U} \tag{3.19}$$

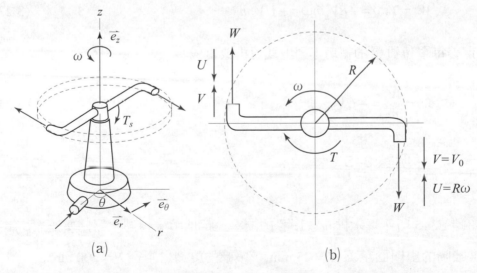

圖 3–4　旋轉灑水器：(a)示意圖、(b)上視圖

　　倘若流體流入控制容積，則在 (3.18) 式第二項中的 $\vec{V} \cdot \vec{n}$ 為負值；反之，若流體流出則為正值。對於 $\vec{r} \times \vec{V}$ 的方向決定，主要取決於右手定則，即半徑向量與絕對速度切線分量的叉乘積 $(R\vec{e}_r \times V_\theta \vec{e}_\theta)$ 指向。如圖 3–4(a)所示，第二項的軸向（$\vec{e}_z$ 方向）分量可簡化成

$$[\int_{CS} (\vec{r} \times \vec{V}) \rho \vec{V} \cdot \vec{n} dA]_z = (-RV_\theta)(\dot{m}) \tag{3.20}$$

　　至於 (3.18) 式的等號右邊項中，$\vec{r} \times \vec{F}$ 表示力臂與力的乘積，方向決定仍取決於右手定則，而在軸向分量可簡化成軸扭矩

$$[\sum (\vec{r} \times \vec{F})_{CV}]_z = T_s \tag{3.21}$$

將 (3.18) 式與 (3.19) 式代入 (3.16) 式，旋轉灑水器的軸向動量矩方程式可改寫成

$$T_s = -RV_\theta \dot{m} \tag{3.22}$$

其中負號代表軸扭矩與旋轉方向相反。在此，定義軸功率如下所列

$$\dot{W}_s = T_s \omega = -RV_\theta \dot{m}\omega = -UV_\theta \dot{m} \tag{3.23}$$

若定義每單位質量的軸功，則上式可再改寫成

$$w_s = \frac{\dot{W}_s}{\dot{m}} = -UV_\theta \tag{3.24}$$

例題 3–5

如圖 E3–5 所示，水以 $\dot{m} = 1 \dfrac{\text{kg}}{\text{s}}$ 的流率穩定地由旋轉灑水器底座流入，倘若噴嘴的出口面積為 $A_j = 25 \text{ mm}^2$、噴嘴的旋轉臂半徑 $R = 200 \text{ mm}$。

(1)假設水的密度 $\rho = 1000 \dfrac{\text{kg}}{\text{m}^3}$，若欲將灑水器固定於靜止的狀態，試問所需的阻力扭矩 T_s；

(2)倘若灑水器以等速率 $\omega = 300$ rpm 進行旋轉，試求扭矩 T_s；

(3)假設阻力扭矩並不存在，試求灑水器的旋轉速率。

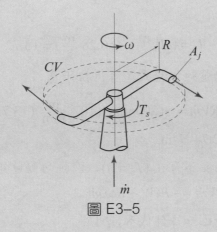

圖 E3–5

解 (1)採用固定、不變形的控制容積，由於水流進出控制容積呈穩定狀態，故同時引用 (3.7) 與 (3.8) 式描述質量守恆原理，如下所列

$$\dot{m}_{\text{out}} = \dot{m}_{\text{in}}$$

根據題意描述狀況，可將上式展開成

$$2\rho A_j W = \dot{m}_{\text{in}}$$

重新整理並將已知值代入，結果變成

$$W = \frac{\dot{m}_{\text{in}}}{2\rho A_j} = \frac{(1\,\dfrac{\text{kg}}{\text{s}})}{2(1000\,\dfrac{\text{kg}}{\text{m}^3})(25\ \text{mm}^2)(10^{-6}\,\dfrac{\text{m}^2}{\text{mm}^2})} = 20\,\frac{\text{m}}{\text{s}}$$

由於將灑水器固定於靜止狀態（$\omega = 0$），故絕對速度（3.19 式）為

$$V = W - U = W - R\omega = (20\,\frac{\text{m}}{\text{s}}) - (200\ \text{mm})(0\,\frac{\text{rev}}{\text{min}}) = 20\,\frac{\text{m}}{\text{s}}$$

引用軸向動量矩方程式（3.22 式），可得阻力扭矩為

$$T_s = -RV\dot{m} = -(200 \text{ mm})(10^{-3} \frac{\text{m}}{\text{mm}})(20 \frac{\text{m}}{\text{s}})(1 \frac{\text{kg}}{\text{s}}) = -4\text{N}\cdot\text{m}$$

(2)當灑水器以等速率 $\omega = 300$ rpm 進行旋轉，則噴嘴的移動速度為

$$U = R\omega = \frac{(200 \text{ mm})(300 \frac{\text{rev}}{\text{min}})(2\pi \frac{\text{rad}}{\text{rev}})}{(10^3 \frac{\text{mm}}{\text{m}})(60 \frac{\text{s}}{\text{min}})} = 6.28 \frac{\text{m}}{\text{s}}$$

絕對速度為

$$V = W - U = (20 \frac{\text{m}}{\text{s}}) - (6.28 \frac{\text{m}}{\text{s}}) = 13.72 \frac{\text{m}}{\text{s}}$$

再引用軸向動量矩方程式，可得扭矩為

$$T_s = -RV\dot{m} = -(200 \text{ mm})(10^{-3} \frac{\text{m}}{\text{mm}})(13.72 \frac{\text{m}}{\text{s}})(1 \frac{\text{kg}}{\text{s}})$$
$$= -2.74 \text{ N}\cdot\text{m}$$

(3)假設阻力扭矩並不存在 $(T_s = 0)$，則軸向動量矩方程式可改寫成

$$0 = -RV\dot{m} = -R(W - R\omega)\dot{m}$$

簡化整理並將已知條件代入，可得

$$\omega = \frac{W}{R} = \frac{(20 \frac{\text{m}}{\text{s}})}{(200 \text{ mm})(10^{-3} \frac{\text{m}}{\text{mm}})} = 100 \frac{\text{rad}}{\text{s}}$$

或可改寫成

$$\omega = \frac{(100 \frac{\text{rad}}{\text{s}})(60 \frac{\text{s}}{\text{min}})}{(2\pi \frac{\text{rad}}{\text{rev}})} = 955 \text{ rpm}$$

3-5　能量守恆—能量方程式

根據系統熱力學第一定律的描述：在系統中總儲能隨時間的變化率，相當於傳入系統的熱能與功之淨變化率的總和，透過數學式可寫成

$$\frac{D}{Dt}\int_{\text{sys}} e\rho d\forall = (\dot{Q} + \dot{W})_{\text{sys}} \tag{3.25}$$

其中 e 代表單位質量具有的儲能 (stored energy)，主要包括單位質量所具有的內能 (internal energy)$\widehat{u}$、動能 (kinetic energy)$\dfrac{V^2}{2}$ 以及位能 (potential energy)gz 等物理量，意即

$$e = \widehat{u} + \frac{V^2}{2} + gz \tag{3.26}$$

式中等號右邊的第三項中，g 表示重力加速度，z 代表高度。

　　在 (3.25) 式中的 $\dot{Q}$ 代表熱傳遞率，若進入系統應採用正值，離開系統則須採用負值；假使完全沒有熱傳遞率 ($\dot{Q} = 0$)，則過程可視為絕熱 (adiabatic)。此外，$\dot{W}$ 表示功之淨變化率，系統對外界作功為正值，外界對系統作功則為負值。在流體力學中，作用於控制容積之功率，常見的項目包括

$$\dot{W} = \dot{W}_s + \dot{W}_p + \dot{W}_v \tag{3.27}$$

其中 $\dot{W}_s$ 為機械裝置所做的軸功率，$\dot{W}_p$ 為壓力所導致的壓力功率，$\dot{W}_v$ 則為流體黏性作用造成的黏滯功率。對於具有旋轉軸的機械裝置，軸功率為扭矩與角速度的乘積（$\dot{W}_s = T_s\omega$，可參考 (3.23) 式的定義），即

$$\dot{W}_s = T_s\omega$$

　　對於壓力功率而言，由於流體質點所承受的壓力朝內，控制表面的面積向量朝外，故壓力功率可藉由數學式表達如下

$$\dot{W}_p = \int_{CS} -P\vec{V} \cdot d\vec{A} \tag{3.28}$$

　　由於流體的黏性作用，導致剪應力的形成並產生黏滯功率，可藉由數學式表達如下

$$\dot{W}_v = \int_{CS} -\vec{\tau} \cdot \vec{V} dA \tag{3.29}$$

倘若系統與重合之控制容積為固定、不變形，則在系統中的總儲能變化率相當於如後之描述：（在系統中 (sys) 的總儲能變化率）=（控制容積 (CV) 中成分的總儲能變化率）+（進出控制容積表面 (CS) 的總儲能變化率），若運用數學式予以描述，則可引用雷諾轉換定理而寫成

$$\frac{D}{Dt}\int_{sys} e\rho d\forall = \frac{\partial}{\partial t}\int_{CV} e\rho d\forall + \int_{CS} e\rho \vec{V}\cdot d\vec{A} \qquad (3.30)$$

假設在某瞬間系統與控制容積重合，則描述控制容積之能量守恆的數學式，通常稱為能量方程式 (energy equation)，如下所列

$$\frac{\partial}{\partial t}\int_{CV} e\rho d\forall + \int_{CS} e\rho \vec{V}\cdot d\vec{A} = (\dot{Q}+\dot{W})_{CV} \qquad (3.31)$$

依據以上的論述並忽略黏滯效應 ($\dot{W}_v = 0$)，則上式可擴展成

$$\frac{\partial}{\partial t}\int_{CV} e\rho d\forall + \int_{CS} e\rho \vec{V}\cdot d\vec{A} = \dot{Q}_{CV} + \dot{W}_s - \int_{CS} P\vec{V}\cdot d\vec{A}$$

當流動呈穩定狀態 ($\frac{\partial}{\partial t}=0$) 時，能量方程式可併同 (3.26) 式而寫成

$$\int_{CS}\left(\hat{u}+\frac{P}{\rho}+\frac{V^2}{2}+gz\right)\rho\vec{V}\cdot\vec{n}dA = \dot{Q}_{CV}+\dot{W}_s$$

值得一提的是，在上式等號左邊的積分項中，內能 $\hat{u}$ 與流功 (flow work)$\frac{P}{\rho}$ 可合併成為焓 (enthalpy)$\hat{h}$，意即

$$\hat{h}=\hat{u}+\frac{P}{\rho} \qquad (3.32)$$

假設流動在任意截面的速度呈均勻分布，據此可將積分項簡化成

$$\sum_{out}\dot{m}\left(\hat{h}+\frac{V^2}{2}+gz\right)-\sum_{in}\dot{m}\left(\hat{h}+\frac{V^2}{2}+gz\right)=\dot{Q}_{CV}+\dot{W}_s$$

或可更清楚的整理成

$$\dot{m}\left(\hat{h}_{\text{out}} - \hat{h}_{\text{in}} + \frac{V_{\text{out}}^2 - V_{\text{in}}^2}{2} + g(z_{\text{out}} - z_{\text{in}})\right) = \dot{Q}_{CV} + \dot{W}_s \tag{3.33}$$

例題 3–6

如圖 E3–6 所示，流體以蒸氣型態穩定地進入輪機 (turbine)，所具有的狀態為：速度 $V_1 = 20\ \dfrac{\text{m}}{\text{s}}$、焓值 $\hat{h}_1 = 2000\ \dfrac{\text{kJ}}{\text{kg}}$；當流體以蒸氣與液體的混合物離開輪機時，所具有的狀態為：速度 $V_2 = 40\ \dfrac{\text{m}}{\text{s}}$、焓值 $\hat{h}_2 = 1000\ \dfrac{\text{kJ}}{\text{kg}}$。倘若流動過程為絕熱狀態，高度的改變可忽略不計，試決定流體流經輪機單位質量的所作的功。

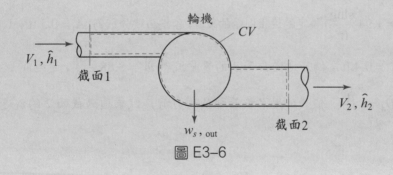

圖 E3–6

解　首先擇取如圖所示的適當控制容積，再引用 (3.33) 式，即

$$\dot{m}\left(\hat{h}_2 - \hat{h}_1 + \frac{V_2^2 - V_1^2}{2} + g(z_2 - z_1)\right) = \dot{Q}_{CV} + \dot{W}_s$$

根據題意得知，流動過程為絕熱狀態 $(\dot{Q} = 0)$，高度的改變可忽略不計 $(g(z_2 - z_1) = 0)$。再將上式各項除以質量流率 $\dot{m}$，故原式變成

$$w_s = \frac{\dot{W}_s}{\dot{m}} = \hat{h}_2 - \hat{h}_1 + \frac{V_2^2 - V_1^2}{2}$$

將已知數據代入而得

$$w_s = (1000 \frac{\text{kJ}}{\text{kg}}) - (2000 \frac{\text{kJ}}{\text{kg}}) + \frac{[(40 \frac{\text{m}}{\text{s}})^2 - (20 \frac{\text{m}}{\text{s}})^2](1 \frac{\text{J}}{\text{N} \cdot \text{m}})}{2(1 \frac{\text{kg} \cdot \text{m}}{\text{N} \cdot \text{s}^2})(1000 \frac{\text{J}}{\text{kJ}})}$$

$$w_s = 1000 \frac{\text{kJ}}{\text{kg}} - 2000 \frac{\text{kJ}}{\text{kg}} + 0.6 \frac{\text{kJ}}{\text{kg}} = -999.4 \frac{\text{kJ}}{\text{kg}}$$

負值代表流體釋出而被輪機獲取的能量，若改換成輪機的角度來看，這些能量是為輪機對外所輸出的功，即

$$w_{s, \text{out}} = 999.4 \frac{\text{kJ}}{\text{kg}}$$

值得一提的是，相較於過程中的焓值差而言，動能的變化其實微乎其微，這在實際的輪機應用中極具真實性。

習題

1. 水($\rho = 1.94 \frac{\text{slug}}{\text{ft}^3}$) 穩定的進出圖示的裝置，各截面積分別為：$A_1 = 0.5 \text{ ft}^2$、$A_2 = 0.5 \text{ ft}^2$、$A_3 = A_4 = 0.4 \text{ ft}^2$，倘若通過截面 3 的質量流率 $\dot{m}_3 = 3.88 \frac{\text{slug}}{\text{s}}$，通過截面 4 的體積流率 $\dot{Q}_4 = 1 \frac{\text{ft}^3}{\text{s}}$。假設通過各截面都呈均勻流，試求通過截面 2 的流速。

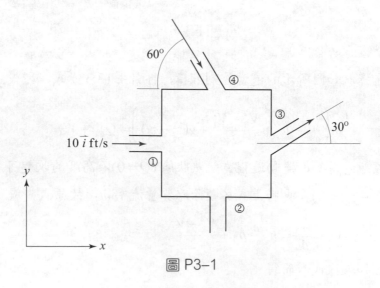

圖 P3-1

2. 一個體積 $0.05\ \mathrm{m}^3$ 的容器內充填 $800\ \mathrm{kPa}$、$15°C$ 的空氣，在時間 $t=0$ 空氣經由面積 $65\ \mathrm{mm}^2$ 的閥門釋放出，假設釋出的空氣速度 $V=311\ \dfrac{\mathrm{m}}{\mathrm{s}}$、密度 $\rho=6.13\ \dfrac{\mathrm{kg}}{\mathrm{m}^3}$。倘若在容器內的物理性質保持均勻，試決定在 $t=0$ 瞬間容器內的密度變化率。

3. 將水龍頭打開以便將水注入矩形的水槽中，倘若水龍頭的穩定水流為 $10\ \dfrac{\mathrm{gal}}{\mathrm{min}}$，水槽的長、寬、高尺寸為 $5'\times3'\times3'$，試計算水槽水位高度隨時間的變化率。

4. 一個充滿水的球形容器，如圖 P3–4 所示，若打開在容器底部的閥門而釋出水，假設球形容器的半徑為 R、閥門的開口面積為 A_0、流經閥門的速度為 $V=(gh)^{\frac{1}{2}}$，其中 h 為距離閥門的水位高。

   ⑴試以參數 R、A_0、g 推導出排空水所須要的時間。

   ⑵假設 $R=3\ \mathrm{m}$、$A_0=5\ \mathrm{cm}^2$，請問排空水所須要的時間為若干？

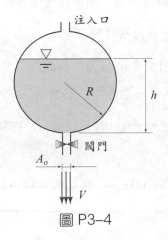

注入口

圖 P3–4

5. 一架噴射飛機的航行速度為 $1000\ \dfrac{\mathrm{km}}{\mathrm{hr}}$，倘若噴射引擎的入口截面積為 $0.8\ \mathrm{m}^2$、入口的空氣密度為 $0.15\ \dfrac{\mathrm{kg}}{\mathrm{m}^3}$；假設從引擎釋出的噴氣速度為 $1100\ \dfrac{\mathrm{km}}{\mathrm{hr}}$，引擎的出口截面積為 $0.56\ \mathrm{m}^2$，出口的氣體密度為 $0.52\ \dfrac{\mathrm{kg}}{\mathrm{m}^3}$，試計算燃料進入引擎的質量流率。

6. 圖 P3–6 所示的圓筒內部直徑 D、高度 H，在筒底有一個孔徑為 d_0 排水孔，倘若在時間 $t=0$ 的水位高度為 h_0，試推導水位高度 $h(t)$ 隨時間的變化方程式。

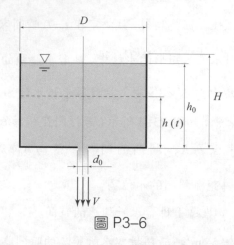

圖 P3–6

7. 直徑 7.5 cm 之水管銜接噴嘴，倘若從噴嘴釋出的噴束直徑為 3.75 cm、流量為 0.019 $\frac{m^3}{s}$，試求水管與噴嘴接頭處之受力。

8. 一部靜止架用以測試噴射引擎的推力，假設在引擎入口的條件為：壓力 $P_1 = 78.5$ kPa (abs)、空氣速度 $V_1 = 200 \frac{m}{s}$、面積 $A_1 = 1$ m^2、空氣溫度 $T_1 = 268$ K；在引擎出口的條件為：壓力 $P_2 = 101$ kPa(abs)、廢氣排放速度 $V_2 = 500 \frac{m}{s}$，試計算引擎的推力值。

9. 一架噴射機的航行速度為 200 $\frac{m}{s}$，假設在相對於引擎出口的廢氣排放速度為 750 $\frac{m}{s}$，引擎的質量流率為 10 $\frac{kg}{s}$，進出口的壓力分別為 20 kPa 及 80 kPa，進出口的面積則分別為 2 m^2 及 4 m^2，在引擎外圍的壓力均為 20 kPa，試計算引擎的推力值。

10. 水在開放性渠道流經閘門（參考上一題圖示，圖 P3–10），倘若流動為不可壓縮流，在截面 1 與截面 2 的流速呈均勻分布，液體靜壓則呈隨水的深度而呈線性。假設水的密度 $\rho = 1000 \frac{kg}{m^3}$，試計算在閘門單位寬度的作用力。

11. 水在開放性渠道流經閘門，如圖 P3-10 所示，倘若在閘門上游的水位高度速度 H_1、速度 V_1，在閘門下游的水位高度速度 H_2。假設流動為無旋轉且穩定，速度分布曲線為平行且均勻。

(1)試證明在截面 1 與截面 2，壓力分布分別如下所列：

$$P_1 = \rho g(H_1 - y) + P_{atm}$$
$$P_2 = \rho g(H_2 - y) + P_{atm}$$

其中 P_{atm} 為大氣壓力。

(2)試以 ρ、g、H_1 以及 H_2 等參數表示支撐閘門所需的作用力。

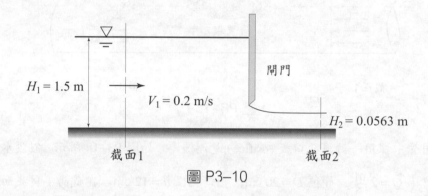

圖 P3-10

12. 在渠道內穩定、不可壓縮之流體流經直徑 D 的圓柱體，如圖 P3-12 所示，流體在截面 1 具有均勻流速 U，在截面 2 的流速則呈線性分布。假設在兩截面的壓力分布均勻且相同，試求流體作用在每單位圓柱之阻力。

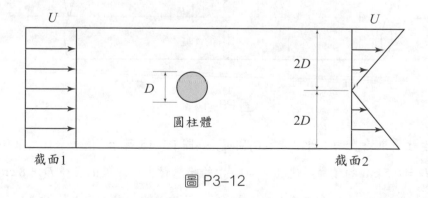

圖 P3-12

13. 一個機翼模型測試風洞，如圖 P3-13 所示。假設風洞的直徑為 1 m，在截面 1 的壓力 $P_1 = 1.2 \times 10^5 \dfrac{N}{m^2}$、速度 $V_1 = 30 \dfrac{m}{s}$；在截面 2 的壓力 $P_2 = 1.1 \times 10^5 \dfrac{N}{m^2}$。倘若流體為不可壓縮（$\rho = 1.2 \dfrac{kg}{m^3}$），試決定下列問題：

⑴在截面 2 的最大速度。

⑵機翼模型的阻力。

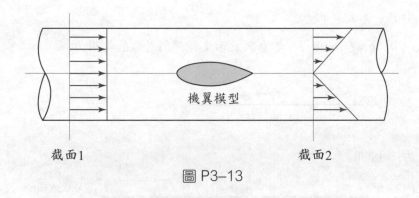

機翼模型

截面1　　　　　　　　　截面2

圖 P3-13

14. 在圓管中採用一片薄孔口板 (orifice) 量測流率，如圖 P3-14 所示。假設水的體積流率 $\dot{Q} = 2 \dfrac{m^3}{s}$、管徑 $D = 20\ cm$、孔口孔徑 $d = 12\ cm$，在截面 1 與截面 2 的壓差 $P_1 - P_2 = 10 \dfrac{N}{m^2}$。請採用適當的假設條件，試決定孔口板所承受的阻力。

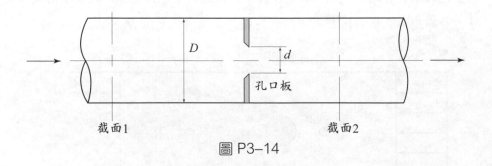

D　　　d

孔口板

截面1　　　　　　　　　截面2

圖 P3-14

15. 將水柱噴束垂直向上沖擊平放的圓盤，如圖 P3-15 所示。倘若水柱噴束係由直徑 $D_j = 0.5\ cm$ 的噴嘴，速度 $V_j = 8 \dfrac{m}{s}$ 的狀態釋出；圓盤的直徑 $D_d = 8\ cm$，重量 $W_d = 0.95\ N$，位在噴嘴出口上方 25 cm。假設水柱流動為穩定狀態，忽略所

有的摩擦，試決定下列問題：

(1)水柱離開圓盤的速度 V_d。

(2)水柱離開圓盤的厚度 t。

(3)水柱沖擊圓盤的作用力為若干？

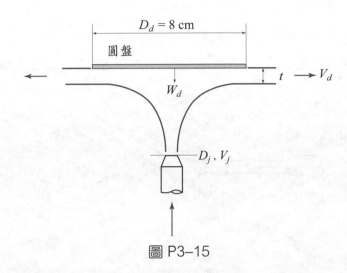

圖 P3–15

16. 一般氣墊船的底部具有 $4\,m \times 8\,m$ 矩形側緣，如圖 P3–16 所示。倘若氣墊船的荷重為 $8000\,kg$，航行時底部離地 $2\,cm$。假設空氣可視為不可壓縮流，試決定下列問題：

(1)維持航行之空氣流率。

(2)將空氣壓進入側緣內所需的功率。

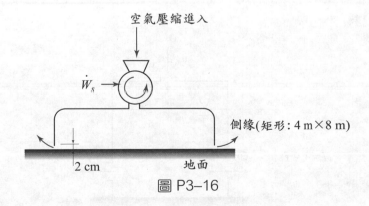

圖 P3–16

17. 如圖 P3-17 所示，假設無摩擦、穩定噴束氣流係由直徑 $D_j = 30$ mm 的噴嘴，以速度 $V_j = 40 \dfrac{\text{m}}{\text{s}}$ 沖擊傾斜平板，若分支氣流以相同的速度離開平板，空氣密度 $\rho = 1.2 \dfrac{\text{kg}}{\text{m}^3}$，試決定下列問題：

⑴支撐平板於圖示位置所需的作用力 F_N。

⑵分支氣流的上支流與下支流的質量流率比值為若干？

⑶假設平板以等速 $10 \dfrac{\text{m}}{\text{s}}$ 向右移動，則支撐平板所需的作用力 F_N 為何？

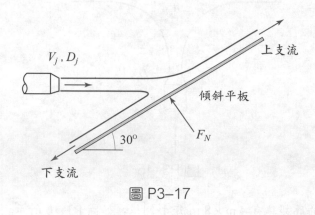

圖 P3-17

18. 一個金屬容器高度 2 ft、截面積 1 ft²、重量 5 lbf，若將容器置放在磅秤上，並將水由上方開口注入，水再由容器側面二相同面積之開口流出，如圖 P3-18 所示。在穩定狀態情況下已知條件為：容器水的高度 $H = 1.9$ ft、水注入容器速度 $V_1 = 20 \dfrac{\text{ft}}{\text{s}}$、水密度 $\rho = 1.2 \dfrac{\text{slug}}{\text{ft}^3}$、各開口面積 $A_1 = A_2 = A_3 = 0.1$ ft²，試決定在磅秤上的讀數。

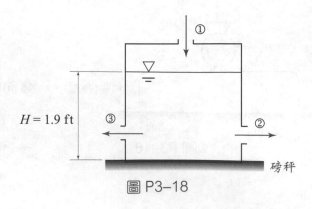

圖 P3-18

19. 如圖 P3–19 所示的水火箭，內灌裝加壓水並向上
　　發射而達到某高度，倘若水火箭最初質量為 50 g，
　　載運水的質量為 100 g，水火箭內部的錶示壓力為
　　100 kPa (gage)，箭身內部的直徑為 5 cm，箭尾的
　　噴嘴出口截面積為箭身的 $\frac{1}{10}$。假設水火箭內部的
　　壓力維持不變，柏努利方程式可運用於箭體內部的
　　水流，空氣的阻力可忽略不計，試求火箭的最大速
　　度。

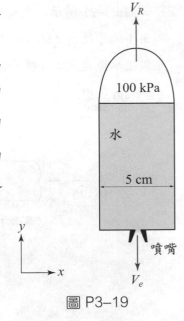

圖 P3–19

20. 如圖 P3–20 所示，水以 $\dot{Q} = 1$ gpm 的流率，穩定地由旋轉灑水器底座流入，倘
　　若灑水器的管徑為 0.354 in、旋轉臂半徑 $R = 4$ in，水的密度 $\rho = 1.94\ \dfrac{\text{slug}}{\text{ft}^3}$。假
　　設灑水器的摩擦扭矩為 0.05 ft·lbf，試求灑水器的旋轉速率 ω。

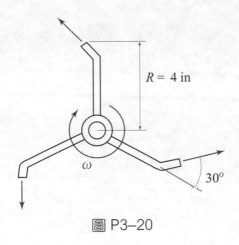

圖 P3–20

21. 如圖 P3–21 所示，泵穩定地以 $\dot{Q} = 200$ gpm 的流率輸送水，倘若在泵上游截面 1 的管徑為 2 in、壓力為 20 psi；下游截面 2 的管徑為 1 in、壓力為 60 psi。假設水流經泵的高度變化忽略不計，過程可視為絕熱狀態，內能增加 $\hat{u}_2 - \hat{u}_1 = 3000 \dfrac{\text{ft} \cdot \text{lb}}{\text{slug}}$，試求泵所需的功率值。

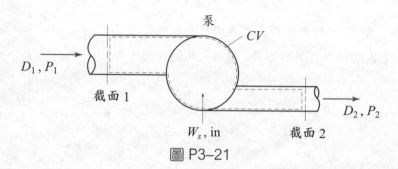

圖 P3–21

第4章　流體動力學
Fluid Dynamics

　　任何的流體必定具有黏滯性，但有時黏滯性在流體力學的問題研究中，所存在的影響力並不大，故在問題簡化的考量下，可將黏滯力予以忽略。因此理想流體的研究，即指不可壓縮且無黏滯性的流體運動分析。由於流體為無黏滯性，所以在解析過程中考慮之表面力僅為壓力。

4-1　流線座標之歐拉方程式

　　流線 (streamline) 乃是流場中，線上各點均能與速度向量相切的一條軌跡。在穩定流中，由於流線與徑線 (pathline) 重合，因此流體粒子必然沿著流線移動。在描述穩定流之流體粒子移動，利用沿著流線的距離作為運動方程式推導的座標系統，其實是相當的合理。流線座標亦可用以描述非穩定流場的運動情形，可做為瞬時速度場的說明。

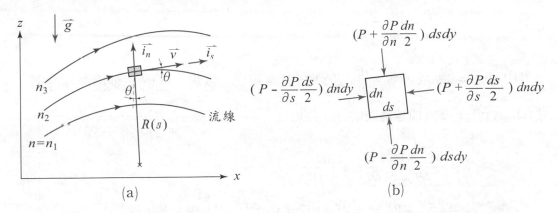

圖 4-1　xz 平面的流體流動：(a)流線與法線座標、(b)流體元素的壓力分布

　　二維 $x-z$ 平面的流動情形，如圖 4-1 所示。其中選取沿流線之方向為 $\vec{i}_s$，垂直於流線之方向為 $\vec{i}_n$，由於速度的方向正切於流線，速度場可表示為

$$\vec{V} = \vec{V}(s, n)$$

其中 s 為沿流線的距離，n 則為垂直流線的距離。若流體元素的中心點壓力為 P，假設黏滯力可予以忽略不考慮，則應用牛頓第二運動定律於流體元素，可分別列出 i_s 與 i_n 方向之力平衡方程式為

$$\left[P - \frac{\partial P}{\partial s}\frac{ds}{2} \right]dndy - \left[P + \frac{\partial P}{\partial s}\frac{ds}{2} \right]dndy - \rho g\sin\theta dsdndy$$

$$= \rho dsdndya_s \cdots\cdots \text{(a)}$$

$$\left[P - \frac{\partial P}{\partial n}\frac{dn}{2} \right]dsdy - \left[P + \frac{\partial P}{\partial n}\frac{dn}{2} \right]dsdy - \rho g\cos\theta dndsdy$$

$$= \rho dndsdya_n \cdots\cdots \text{(b)}$$

式中 θ 為流線之切線與水平方向（x 方向）間的夾角，a_s 和 a_n 分別為沿流線及法線方向的加速度。化簡(a)與(b)二式，結果可得

$$-\frac{1}{\rho}\frac{\partial P}{\partial s} - g\frac{\partial z}{\partial s} = a_s \cdots\cdots \text{(c)}$$

$$-\frac{1}{\rho}\frac{\partial P}{\partial n} - g\frac{\partial z}{\partial n} = a_n \cdots\cdots \text{(d)}$$

其中 $\sin\theta = \dfrac{\partial z}{\partial s}$ 且 $\cos\theta = \dfrac{\partial z}{\partial n}$。沿著任意流線之速度場 $\vec{V} = V\vec{i}_s$，使用連鎖定則 (chain rule) 可得加速度為

$$\vec{a} = \frac{D(V\vec{i}_s)}{Dt} = \frac{DV}{Dt}\vec{i}_s + V\frac{D\vec{i}_s}{Dt}$$

$$= \left[\frac{\partial V}{\partial t} + \frac{\partial V}{\partial s}\frac{ds}{dt} + \frac{\partial V}{\partial n}\frac{dn}{dt} \right]\vec{i}_s + V\left[\frac{\partial \vec{i}_s}{\partial t} + \frac{\partial \vec{i}_s}{\partial s}\frac{ds}{dt} + \frac{\partial \vec{i}_s}{\partial n}\frac{dn}{dt} \right]$$

若設流場為穩定流，則 $\dfrac{\partial V}{\partial t}$ 與 $\dfrac{\partial \vec{i}_s}{\partial t}$ 均為零。同時，沿流線方向的速度 $V = \dfrac{ds}{dt}$ 且流體元素沿著流線運動，因此 $\dfrac{dn}{dt} = 0$，由此可得

$$\vec{a} = \left[V\frac{\partial V}{\partial s} \right]\vec{i}_s + V\left[V\frac{\partial \vec{i}_s}{\partial s} \right] \cdots\cdots \text{(e)}$$

等號右邊第二項中，$\dfrac{\partial \vec{i}_s}{\partial s}$ 表示沿著流線距離改變 δs，致使流線方向單位向量 (unit vector) 的變化量。由圖 4–2 可得 $\dfrac{\partial \vec{i}_s}{\partial s} = \dfrac{-\vec{i}_n}{R}$【註】，代入(e)式可知加速度為

$$\vec{a} = V\frac{\partial V}{\partial s}\vec{i}_s - \frac{V^2}{R}\vec{i}_n = a_s\vec{i}_s + a_n\vec{i}_n \tag{4.1}$$

其中 $a_s = V(\dfrac{\partial V}{\partial s})$ 為沿流線的對流加速度 (convective acceleration)，$a_n = -\dfrac{V^2}{R}$ 為垂直流線的向心加速度 (centrifugal acceleration)。

方程式 (4.1) 中，R 為流線的曲率半徑 (radius of curvature)。將 a_s 與 a_n 分別代入(c)與(d)兩式，可得在穩定流的流線座標運動方程式為

【註】由圖 4–2 可知

　　　$\triangle\, AOB \sim \triangle\, A'O'B$（相似三角形）

其間必存在下列所示的關係式

$$\frac{\vec{\delta s}}{R} = \frac{|\delta\vec{i}_s|}{|i_s|} - |\delta\vec{i}_s| \quad (\vec{i}_s\,為單位向量，故絕對值大小為\,1)$$

$$\left| \frac{\delta\vec{i}_s}{\delta s} \right| = \frac{1}{R}$$

當 $\delta s \to 0$，則 $\dfrac{\partial i_s}{\partial s}$ 的方向指向曲率中心，即

$$\frac{\partial \vec{i}_s}{\partial s} = \lim_{\delta s \to 0} \frac{\delta\vec{i}_s}{\delta s} = -\frac{\vec{i}_n}{R}$$

$$\frac{1}{\rho}\frac{\partial P}{\partial s} - g\frac{\partial z}{\partial s} = V\frac{\partial V}{\partial s} = a_s \tag{4.2}$$

$$\frac{1}{\rho}\frac{\partial P}{\partial n} + g\frac{\partial z}{\partial n} = \frac{V^2}{R} = a_n \tag{4.3}$$

上二式為流線座標的歐拉方程式 (Euler equation)。

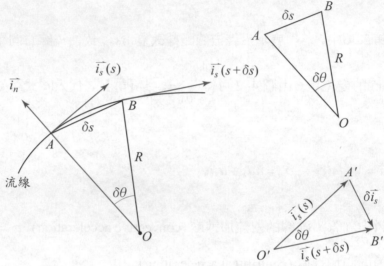

圖 4-2　單位向量 $\vec{i_s}$ 與曲率半徑 R 的關係圖

例題 4-1

如圖 E4-1 所示，若將湯匙靠近自來水流束，請問水接觸到湯匙時會將湯匙推向左方，亦或吸向右方？（考慮二維問題即可）

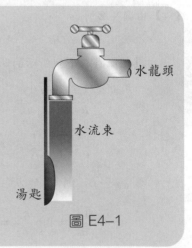

圖 E4-1

解 選取流線座標如下圖所示，假設水流動與湯匙間無黏滯力存在，若忽略重力效應，則考慮的動量方程式（流線座標的歐拉方程式）可簡化為

$$\frac{\partial P}{\partial n} = \frac{\rho V^2}{R} > 0$$

由此可看出，水柱的壓力沿著流線之曲率中心向外遞增，意即作用在湯匙的壓力作用力 (pressure force)F_{ws} 方向朝左；而湯匙作用在水柱之力 F_{sw} 恰為相反，即 F_{sw} 向右，故湯匙被向右吸入。

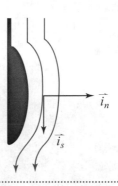

例題 4–2

水平面上二維流動的一流線，如圖 E4–2 所示，在 A 和 C 處的速度分別為 $6\vec{j}\ \dfrac{ft}{s}$ 和 $24\vec{i}\ \dfrac{ft}{s}$。速度沿弧線 ABC 呈線性遞增，試決定在 A、B、C 三點的壓力梯度。

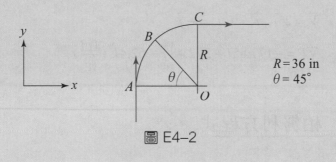

$R = 36$ in
$\theta = 45°$

圖 E4–2

解 選取流線座標如右下圖所示，若忽略黏滯力則

$$-\nabla P + \rho \vec{g} = \rho \left[V\frac{\partial V}{\partial s}\vec{i}_s - \frac{V^2}{R}\vec{i}_n \right]$$

式中

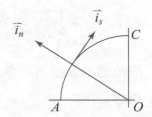

$$\frac{\partial V}{\partial s} = \frac{24 - 6(\frac{ft}{s})}{\frac{36 \times \pi (in)(\frac{ft}{in})}{(2 \times 12)}} = \frac{12}{\pi} \ (s^{-1})$$

(1)在 A 點

$$\vec{V} = 6\vec{i}_s, \ \vec{i}_s = \vec{j}, \ \vec{i}_n = -\vec{i}$$

$$\nabla P = \rho \vec{g} - \rho \left[V\frac{\partial V}{\partial s}\vec{i}_s - \frac{V^2}{R}\vec{i}_n \right]$$

$$= 1.94(-32.2\vec{k}) - 1.94[6(\frac{12}{\pi})\vec{j} + (\frac{6^2}{3})\vec{i}]$$

$$= -23.28\vec{i} - 44.46\vec{j} - 62.4\vec{k} \ (\frac{1bf}{ft^3})$$

(2)在 B 點

$$\vec{V} = 15\vec{i}_s, \ \vec{i}_s = \frac{(\vec{i} + \vec{j})}{\sqrt{2}}, \ \vec{i}_n = \frac{(-\vec{i} + \vec{j})}{\sqrt{2}}$$

$$\nabla P = -181.48\vec{i} + 24.29\vec{j} - 62.4\vec{k} \ (\frac{1bf}{ft^3})$$

(3)在 C 點

$$\vec{V} = 25\vec{i}_s, \ \vec{i}_s = \vec{i}, \ \vec{i}_n = -\vec{j}$$

$$\nabla P = -177.85\vec{i} + 372.48\vec{j} - 62.4\vec{k} \ (\frac{1bf}{ft^3})$$

4-2　柏努利方程式

穩定流場中，沿流線之歐拉方程式為

$$-\frac{1}{\rho}\frac{\partial P}{\partial s} - g\frac{\partial z}{\partial s} = V\frac{\partial V}{\partial s} \ \cdots\cdots \ (a)$$

設流體元素沿著任意流線移動 ds 的距離，亦即垂直流線方向的移動距離 dn 為零，則

$$dP = \frac{\partial P}{\partial s}ds + \frac{\partial P}{\partial n}dn = \frac{\partial P}{\partial s}ds \ （dn = 0，沿流線之壓力變化）$$

$$dz = \frac{\partial z}{\partial s}ds \ （dn = 0，沿流線之高度變化）$$

$$dV = \frac{\partial V}{\partial s}ds \ （dn = 0，沿流線之速度變化）$$

假若將(a)式乘以 ds 再沿流線積分，可得

$$\int \frac{dP}{\rho} + gz + \frac{V^2}{2} = B_1 \ （沿流線）\ \cdots\cdots \text{(b)}$$

上式 B_1 為積分常數。對不可壓縮流場而言，密度 ρ 為常定值，故(b)式可簡化為

$$\frac{P}{\rho} + gz + \frac{V^2}{2} = B_2$$

或　　　$$P + rz + \frac{\rho V^2}{2} = B_3 \ （沿流線） \tag{4.4}$$

使用方程式必須限定具有下列的條件，即：穩定流、無黏性、不可壓縮以及沿流線的流動方向。

　　任意流場中，直角座標的歐拉方程式為

$$-\frac{1}{\rho}\nabla P - g\nabla z = (\vec{V}\cdot\nabla)\vec{V} + \frac{\partial V}{\partial t}$$

或　　　$$-\frac{1}{\rho}\nabla P - g\nabla z = \frac{1}{2}\nabla(\vec{V}\cdot\vec{V}) - \vec{V}\times(\nabla\times\vec{V}) + \frac{\partial V}{\partial t} \cdots\cdots \text{(c)}$$

假設流體元素沿流線移動之距離為 ds，在此

$$d\vec{s} = ds\,\vec{i_s} = dx\,\vec{i} + dy\,\vec{j} + dz\,\vec{k}$$

沿流線方向(c)式與 ds 做點乘積 (dot product)，則每項之結果為

(1) $-\dfrac{1}{\rho}\nabla P \cdot d\vec{s} = -\dfrac{dP}{\rho}$ （沿流線）

(2) $-g\nabla z \cdot d\vec{s} = -g\,dz$ （沿流線）

(3) $\dfrac{1}{2}\nabla\,(\vec{V}\cdot\vec{V})\cdot d\vec{s} = d\left[\dfrac{V^2}{2}\right]$ （沿流線）

(4) $-\vec{V}\times(\nabla\times\vec{V})\cdot d\vec{s} = 0$ （V 平行於 ds）

(5) $\dfrac{\partial\vec{V}}{\partial t}\cdot d\vec{s} = \dfrac{\partial V}{\partial t}ds$ （沿流線）

將上列五項代入方程式(c)中並積分，可得

$$\int\dfrac{dP}{\rho} + gz + \dfrac{V^2}{2} + \int\dfrac{\partial V}{\partial t}ds = 0 \cdots\cdots \text{(d)}$$

假設不可壓縮流（ρ = 常數）且為穩定流（$\dfrac{\partial}{\partial t} = 0$），則得到柏努利方程式

$$\dfrac{P}{\rho} + gz + \dfrac{V^2}{2} = B_4 \text{（沿流線）} \tag{4.5}$$

　　上列方程式必須在流場滿足下列條件始可採用，即：穩定流、無黏性、不可壓縮以及沿著流線的流動方向。流場若為非穩定狀態，則沿著一流線由點 1 至 2 點之柏努利方程式，可將(d)式改寫成

$$\dfrac{P_1}{\rho} + gz_1 + \dfrac{V_1^2}{2} = \dfrac{P_2}{\rho} + gz + \dfrac{V_2^2}{2} + \int_1^2\dfrac{\partial V}{\partial t}ds \tag{4.6}$$

上式稱為不穩定柏努利方程式 (unsteady Bernoulli equation)，使用時仍受限於具有下列條件之流場，即：無黏性、不可壓縮以及沿著流線的流動方向。

例題 4-3

如圖 E4-3 所示，假設流體粒子沿著半徑為 R 之圓球前緣的水平流線 $A-B$ 流動，流場為無黏性、不可壓縮以及穩定的狀態。倘若沿著流經圓球之流線的速度為

$$V = V_0\left[1 + \frac{R^3}{x^3}\right]$$

試決定從遠在圓球前緣 A 點（$x_A = -\infty$ 且 $V_A = V_0$）至圓球前緣 B 點處（$x_B = -R$ 且 $V_B = 0$），沿著流線 $A-B$ 的壓力變化情況。

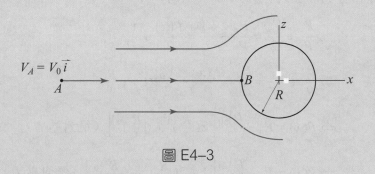

$V_A = V_0\vec{i}$

圖 E4-3

解 根據題意可知，流場具有穩定流、無黏性以及不可壓縮之條件，故在忽略重力效應的情況下，將可採用歐拉方程式並簡化如下

$$\frac{\partial P}{\partial s} = -\rho V \frac{\partial V}{\partial s}$$

$$\rightarrow \frac{\partial P}{\partial x} = -\rho V \frac{\partial V}{\partial x} = -\frac{3\rho R^3 V_0^2}{x^4}(1 + \frac{R^3}{x^3})$$

$$\Rightarrow \int_{P=0\,(\text{gage})}^{P} dP' = \int_{-\infty}^{x}\left[\frac{3\rho R^3 V_0}{x^4}(1 + \frac{R^3}{x^3})\right]dx$$

$$\Rightarrow P = -\frac{\rho V_0^2}{2}\left[2(\frac{R}{x})^3 + (\frac{R}{x})^6\right] \quad (\text{錶示壓力})$$

壓力分布如下圖所示，在趨近 A 點 $(x \to \infty)$ 的錶示壓力為零；在 B 點

$(x = -R)$ 的錶示壓力 $P_B = \dfrac{\rho\,(V_0)^2}{2}$。

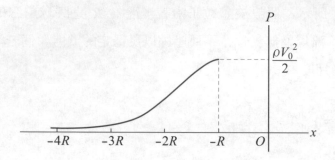

另解

利用柏努利方程式於 A 與 B 二點間，即

$$\frac{P_A}{\rho} + \frac{V_A^2}{2} = \frac{P_B}{\rho} + \frac{V_B^2}{2} = \frac{P(x)}{\rho} + \frac{V^2}{2}$$

$$\Rightarrow \frac{P_A}{\rho} + \frac{V_0^2}{2} = \frac{P_B}{\rho} = \frac{P(x)}{\rho} + \frac{V_0^2}{2}\Big[1 + (\frac{R}{x})^3\Big]^2$$

$$\Rightarrow P(x) = P_A - \frac{\rho V_0^2}{2}\Big[2(\frac{R}{x})^3 + (\frac{R}{x})^6\Big] \quad (\text{絕對壓力})$$

$$\Rightarrow P(x) = P_B - \frac{\rho V_0^2}{2}\Big[1 + 2(\frac{R}{x})^3 + (\frac{R}{x})^6\Big] \quad (\text{絕對壓力})$$

若以錶示壓力表示 $P(x)$，則結果與上一種解法相同。

例題 4–4

如圖 E4–4 所示，利用 U 型管的虹吸作用來抽取水槽中的儲水，假設水流經 U 型管並不考慮其摩擦性，且水從 U 型管口呈自由噴束 (free jet) 釋出，外界為大氣壓狀態。試決定自由流束的速度 ($\frac{m}{s}$) 及在 U 型管內 A 點的絕對壓力值 (Pa)，並請先列示求解過程中的假設條件。（假設水的密度 $\rho = 999 \frac{kg}{m^3}$）

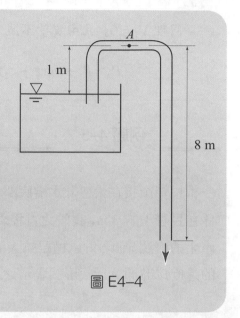

圖 E4–4

解　假設(a)無黏滯流

　　　　(b)穩定流

　　　　(c)不可壓縮流

　　　　(d)流動沿著一流線

　　　　(e)水槽截面與管子截面的比值相當大

利用柏努利方程式在管入口（1 點）與出口（2 點）間，即

$$\frac{P_1}{\rho} + gz_1 + \frac{V_1^2}{2} = \frac{P_2}{\rho} + gz_2 + \frac{V_2^2}{2}$$

由於 $A_{tank} \gg A_{pipe}$，即假設條件(e)，故 $V_1 \doteq 0$、$P_1 = P_2 = P_{atm}$

$$gz_1 = gz_2 + \frac{V_2^2}{2}$$

$$\Rightarrow V_2 = [2g(z_1 - z_2)]^{\frac{1}{2}}$$

$$= [2 \times 9.81 \times 7]^{\frac{1}{2}} = 11.72 \, (\frac{m}{s})$$

為決定 A 之壓力，可利用柏努利方程式在點 1 與 A 點間，意即

$$\frac{P_1}{\rho} + gz_1 + \frac{V_1^2}{2} = \frac{P_A}{\rho} + gz_A + \frac{V_A^2}{2}$$

同理 $V_1 \doteq 0$。且由質量不滅定律得知 $V_A = V_2$，故

$$P_A = P_1 + \rho g(z_1 - z_2) + \frac{\rho V_2^2}{2} = 22,590 \text{ (Pa，絕對壓力值)}$$

例題 4–5

一根長管銜接在大型貯水槽底部，如圖 E4–5 所示。假設最初的水位高度係在長管上方 $3\,m$，長管之直徑為 $150\,mm$、長度為 $6\,m$，可不考慮流動所產生的摩擦。倘若貯水槽足夠大而可忽略水位的變化率，試將水離開長管的速度以時間之函數形式表示之。

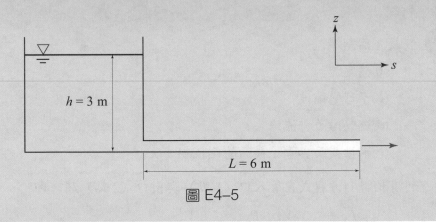

h = 3 m

L = 6 m

圖 E4–5

解 假設(a)無黏滯流

(b)不可壓縮流

(c)點 1 至點 2 沿一流線流動

(d)水池水位高 h 恆定

沿任一流線由點 1（貯水槽液面）至點 2（長管出口處），應用不穩定柏努利方程式，其中 $V_1 \doteq 0$、$P_1 = P_2 = P_{atm}$

$$gz_1 = gz_2 + \frac{V_2^2}{2} + \int_1^2 \frac{\partial V}{\partial t} ds$$

$$\Rightarrow gh = \frac{V_2^2}{2} + \int_1^2 \frac{\partial V}{\partial t} ds \ \cdots\cdots \ (a)$$

式中積分項內，由於 $V_1 \doteq 0$，故可忽略貯水槽內的流速變化。沿長管各處均為 V_2（管徑相同），因此

$$\int_1^2 \frac{\partial V}{\partial t} ds \doteq \int_0^L \frac{dV_2}{dt} ds = L\frac{dV_2}{dt} \ \cdots\cdots \ (b)$$

將(b)式代入(a)式且利用分離變數法，可得

$$\frac{dV_2}{2gh - V_2^2} = \frac{dt}{2L}$$

$$\Rightarrow \int_0^{V_2^2} \frac{dV_2}{2gh - V_2^2} = \int_0^t \frac{dt}{2L}$$

$$\Rightarrow V_2 = \sqrt{2gh}\ \tanh\left[\frac{\sqrt{2gh}\,t}{(2L)}\right] = 7.67\tanh(0.639t)$$

所得結果以圖形如下所示。

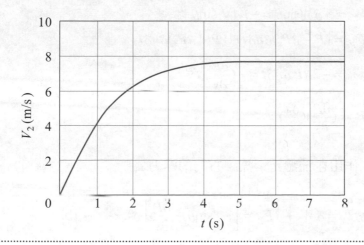

考慮一流體小元素如圖 4–3 所示，若為穩定流場則沿流線，依據牛頓第二運動定律可得

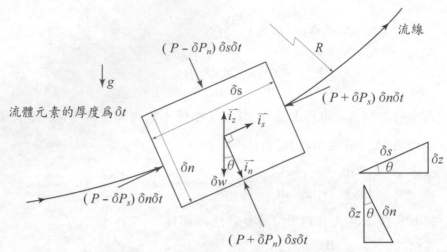

圖 4-3　作用於流體元素的所有力

$$\sum \delta F_s = \delta m a_s = \delta m V \frac{\partial V^2}{\partial s} = \rho \delta \forall \cdot V \frac{\partial V}{\partial s} \ \cdots\cdots \text{(a)}$$

式中 $\sum \delta F_s$ 表示在流線方向，作用在流體元素的所有力量總和，其中包括壓力及重力兩項分別為

$$\delta W_s = -\delta W \sin\theta = -\gamma \delta \forall \sin\theta$$

$$\delta F_{P_s} = (P - \delta P_s)\delta n \delta t - (P + \delta P_s)\delta n \delta t$$

$$= -2\delta P_s \delta n \delta t = -(\frac{\partial P}{\partial s})\delta \forall$$

上式　　$\delta P_s = (\frac{\partial P}{\partial s})(\frac{\delta s}{2})$

由此可知，作用在流體元素流線方向的淨力為

$$\sum \delta F_s = \delta W_s + \delta F_{P_s} = \left[-\gamma \sin\theta - \frac{\partial P}{\partial s} \right] \delta \forall \ \cdots\cdots \text{(b)}$$

合併(a)與(b)兩式，可得

$$-\gamma \sin\theta - \frac{\partial P}{\partial s} = \rho V \frac{\partial V}{\partial s} \ \cdots\cdots \text{(c)}$$

若沿一流線 ($dn = 0$)，因此(c)式中各項可化簡為

$$\sin\theta = \frac{dz}{ds}$$

$$V\frac{dV}{ds} = \frac{1}{2}\frac{d(V^2)}{ds}$$

$$dP = \frac{\partial P}{\partial s}ds + \frac{\partial P}{\partial n}dn = \frac{\partial P}{\partial s}ds$$

代入(c)式，重新整理可得

$$-\gamma\frac{dz}{ds} - \frac{dP}{ds} = \frac{\rho}{2}\frac{d(V^2)}{ds}$$

重新整理變成

$$dP + \frac{\rho}{2}d(V^2) + \gamma dz = 0 \quad （沿流線）$$

沿流線予以積分，可得

$$\int\frac{dP}{\rho} + \frac{V^2}{2} + gz = B_1 \quad （沿流線）$$

其中 B_1 為積分常數。對於不可壓縮流場（$\rho = $ 常數），則上式可簡化為

$$P + \frac{\rho V^2}{2} + \gamma z = B_2 \quad （沿流線） \tag{4.7}$$

式中 $B_2 = \rho B_1$。採用 (4.7) 式的流場須滿足下列條件：穩定流、無黏性、不可壓縮以及沿流線流動等。

同樣方式，考慮法線方向 (normal direction, $\vec{i}_n$) 的力平衡，由牛頓第二運動定律可得

$$\sum\delta F_n = \delta m \cdot a_n = \delta m\left[-\frac{V^2}{R}\right] = -\frac{\rho\delta\forall V^2}{R} \quad \cdots\cdots \text{(d)}$$

式中 $\sum \delta F_n$ 表示流體元素在法線方向的外力和，即

$$\delta W_n = \delta W \cos\theta = -\gamma \delta \forall \cos\theta$$

$$\delta F_{P_n} = (P - \delta P_n)\delta s \delta t - (P + \delta P_n)\delta s \delta t$$

$$= -2\delta P_n \delta s \delta t = -(\frac{\partial P}{\partial n})\delta \forall$$

上式 $\qquad \delta P_n = (\frac{\partial P}{\partial n})(\frac{\delta n}{2})$

由此可知，作用在流體元素法線方向的淨力為

$$\sum \delta F_n = \delta W_n + \delta F_{P_n} = \left[-\gamma\cos\theta - \frac{\partial P}{\partial n} \right]\delta \forall \ \cdots\cdots (e)$$

合併(d)與(e)兩式，可得

$$\gamma\cos\theta - \frac{\partial P}{\partial n} = -\frac{\rho V^2}{R} \ \cdots\cdots (f)$$

若沿著垂直於各流線的一條曲線 $(ds = 0)$，則

$$\cos\theta = -\frac{dz}{dn}$$

$$dP = \frac{\partial P}{\partial s}ds + \frac{\partial P}{\partial n}dn = \frac{\partial P}{\partial n}dn$$

代入(f)式，並重新整理，可得

$$-\gamma\frac{dz}{dn} - \frac{dP}{dn} = -\frac{\rho V^2}{R}$$

重新整理變成

$$dP - \frac{\rho V^2}{R}dn + \gamma dz = 0 \ （沿法線）$$

沿垂直於流線的曲線積分，可得

$$\int \frac{dP}{\rho} - \int \frac{V^2}{R} dn + gz = B_3 \text{（沿法線）}$$

式中 B_3 為任意積分常數。對於不可壓縮流場（$\rho = $ 常數），上式將可簡化為

$$P - \rho \int \frac{V^2}{R} dn + \gamma z = B_4 \text{（沿法線）} \tag{4.8}$$

其中 B_4 為任意常數（$B_4 = \rho B_3$）。

運用上式所須滿足的條件為：穩定流、無黏性以及不可壓縮。若流動呈水平狀態，則 (4.8) 式之曲率半徑 $R \to \infty$，由此可將方程式簡化成

$$P + \delta z = B_5 \text{（水平流動）} \tag{4.9}$$

式中 B_5 為任意積分常數。

例題 4–6

考慮穩定流、無黏性以及不可壓縮之流場，如圖 E4–6 所示。假設流線從 A 點到 B 點之段落呈直線狀，從 C 點至 D 點則呈圓形路徑，試描述在點 1、2、3 以及 4 之壓力變化情形。

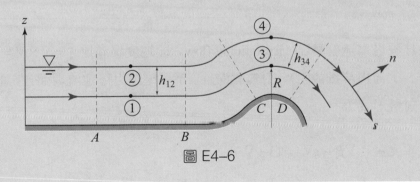

圖 E4–6

解 假設：(a)穩定流

(b)無黏性

(c)不可壓縮

由 A 到 B 為均勻流場，故速度為定值（即 $V =$ 常數），故柏努利方程式可寫成

$$P + \gamma z = B$$

上式中，常數 B 可由已知點決定。因 $P_2 = 0$（錶示值）、$z_2 - z_1 = h_{12}$，因此

$$P_1 = P_2 + \gamma(z_2 - z_1) = P_2 + \gamma h_{12}$$

流線由 C 到 D 為圓形流線，利用跨線流線的柏努利方程式，其中 $dn = dz$，故

$$P_3 = P_4 + \gamma (z_4 - z_3) - \int_{z_3}^{z_4} \frac{V^2}{R} dn$$

$$= P_4 + \gamma h_{34} - \int_{z_3}^{z_4} \frac{V^2}{R} dz$$

式中 $P_4 = 0$（錶示值），由此可知各點之錶示壓力為

$$P_1 = \gamma h_{12}$$
$$P_2 = 0$$

$$P_3 = \gamma h_{34} - \int_{z_3}^{z_4} \frac{V^2}{R} dz$$

$$P_4 = 0$$

假若流場為無旋轉流（irrotational flow，即速度場滿足 $\vec{\xi} = \nabla \times \vec{V} = 0$，在第五章 5–1 節再詳細說明），對無黏滯性、不可壓縮之穩定流場而言，歐拉方程式之向量形式為

$$-\frac{1}{\rho}\nabla P - g\nabla z = (\vec{V} \cdot \nabla)\vec{V}$$

$$\Rightarrow -\frac{1}{\rho}\nabla P - g\nabla z = \frac{1}{2}\nabla(\vec{V} \cdot \vec{V}) - \vec{V} \times (\nabla \times \vec{V}) \ \cdots\cdots \ (a)$$

對無旋轉流而言 $(\nabla \times \vec{V} = 0)$，(a)式可寫成

$$-\frac{1}{\rho}\nabla P - g\nabla z = \frac{1}{2}\nabla\,(V^2)\ \cdots\cdots \text{(b)}$$

若流體元素由位置向量 $\vec{r}$ 移動至 $\vec{r}+d\vec{r}$，$d\vec{r}$ 為任意方向之微小位移，即

$$d\vec{r} = dx\vec{i} + dy\vec{j} + dz\vec{k}$$

將(b)式與 $d\vec{r}$ 作點乘積，結果可得

$$-\frac{1}{\rho}\nabla P\cdot d\vec{r} - g\nabla z\cdot d\vec{r} = \frac{1}{2}\nabla\,(V^2)\cdot d\vec{r}$$

進行點乘積運算並重新整理，方程式會再變成

$$\frac{dP}{\rho} + \frac{1}{2}d(V^2) + g\,dz = 0$$

積分可得

$$\int\frac{dP}{\rho} + \frac{V^2}{2} + gz = B_1$$

對於不可壓縮流場（$\rho = $ 常數），上式將可簡化為

$$P + \frac{\rho V^2}{2} + \gamma z = B_2 \tag{4.10}$$

式中 B_2 為常數。由以上推導得知在無旋轉流場中，柏努利方程式可適用在流場的任意兩點，不像前述幾種柏努利方程式的運用，必須侷限於同一條流線上。(4.10) 式的應用條件為：流場必須為穩定流、無黏性、不可壓縮以及無旋轉等。

　　柏努利方程式的推導過程中並不考慮摩擦效應，所以在一個沒有熱及功轉換的流場中，方程式的型態如 (4.4)、(4.5)、(4.7) 及 (4.10) 式均屬一致。至於方程式中，壓力項 ($\frac{P}{\rho}$)、高度項 (gz) 以及速度項 ($\frac{V^2}{2}$) 的總和均為一固定常數，而此常數稱為柏努利常數 (Bernoulli constant)。各項之物理意義，由不

同的簡化方式，將可描述如下

(1) $\dfrac{P}{\rho} + \dfrac{V^2}{2} + gz = B_1 \ [L^2T^{-2}]$ (4.11)

式中 $\dfrac{P}{\rho}$：單位質量的流功 (flow work)

$\dfrac{V^2}{2}$：單位質量的動能 (kinetic energy)

gz：單位質量的位能 (potential energy)

(2) $\dfrac{P}{\gamma} + \dfrac{V^2}{2g} + z = B_2 \ [L]$ (4.12)

式中 $\dfrac{P}{\gamma}$：壓力頭 (pressure head)

$\dfrac{V^2}{2g}$：速度頭 (velocity head)

z：高度頭 (elevation head)

以上三項的總和稱為總水頭 (total head)；水頭 (head) 有時亦程揚程。

(3) $P + \dfrac{\rho V^2}{2} + \gamma z = B_3 \ [ML^{-1}T^{-2}]$ (4.13)

式中 P：靜壓 (static pressure)

$\rho \dfrac{V^2}{2}$：動壓 (dynamic pressure)

γz：靜液壓 (hydrostatic pressure)

以上三項之總和稱為全壓 (total pressure)。若忽略高度效應 (elevation effect)，
則剩下的靜壓力與動壓力之合稱停滯壓 P_s (stagnation pressure)，即

$$P_s = P + \dfrac{\rho V^2}{2}$$ (4.14)

停滯壓表示在同一條流線上的最大壓力，即速度為零之點或稱停滯點 (stagnation point) 的壓力值。

4-3　柏努利方程式與熱力學第一定律的關係

　　柏努利方程式係針對流體元素運動所推導的動量方程式，本節則將利用熱力學第一定律，推導出與柏努利方程式具有相似形式的能量方程式，主要的差異在於兩種方程式各有不同的使用限制。

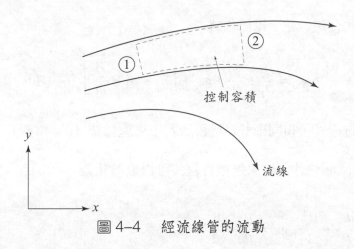

圖 4-4　經流線管的流動

　　考慮一個無黏滯性的穩定流場，在流線間取一控制容積而成一封閉流線區域，此即為流線管 (streamtube)，如圖 4-4 所示。透過熱力學可知，經第一定律所推導出的能量方程式為

$$\widehat{Q} - \widehat{W}_s - \widehat{W}_V = \frac{\partial}{\partial t}\int_{CV}\left[\widehat{u} + \frac{V^2}{2} + gz\right]\rho d\forall +$$

$$\int_{CS}\left[\widehat{h} + \frac{V^2}{2} + gz\right]\rho \vec{V}\cdot d\vec{A} \ \cdots\cdots \text{(a)}$$

假設系統之軸功為零 ($\widehat{W}_s = 0$)、無黏滯功率 ($\widehat{W}_V = 0$)、流動呈穩定狀態 ($\frac{\partial}{\partial t} = 0$) 以及在各截面之流動皆呈均勻（即 $V = $ 常數），據此可將(a)式簡化成

$$\widehat{Q} = \dot{m}_2 \left[\widehat{u} + \frac{P}{\rho} + \frac{V^2}{2} + gz \right]_2 - \dot{m}_1 \left[\widehat{u} + \frac{P}{\rho} + \frac{V^2}{2} + gz \right]_1 \cdots\cdots \text{(b)}$$

式中　　$\dot{m}_1 = \rho_1 V_1 A_1$

$\dot{m}_2 = \rho_2 V_2 A_2$

連續方程式為

$$\dot{m} = \rho_1 V_1 A_1 = \rho_2 V_2 A_2 \cdots\cdots \text{(c)}$$

將(b)式與(c)式合併，並予以簡化成

$$\frac{P_1}{\rho_1} + \frac{V_1^2}{2} + gz_1 = \frac{P_2}{\rho_2} + \frac{V_1^2}{2} + gz_2 + \left[\widehat{u}_2 - \widehat{u}_1 - \frac{\widehat{Q}}{\dot{m}} \right] \cdots\cdots \text{(d)}$$

欲得柏努利方程式的相同形式，可再加入不可壓縮流（ρ = 常數），且 $\widehat{u}_2 - \widehat{u}_1$ $- (\dfrac{\widehat{Q}}{\dot{m}}) = 0$ 的限制條件，結果能量方程式可再度簡化為

$$\frac{P_1}{\rho} + \frac{V_1^2}{2} + gz_1 = \frac{P_2}{\rho} + \frac{V_2^2}{2} + gz_2$$

$$\Rightarrow \frac{P}{\rho} + \frac{V^2}{2} + gz = 常數 \tag{4.15}$$

此式與柏努利方程式形式完全相同，但在推導過程所設定的限制條件卻不一樣。

例題 4–7

如圖 E4–7 所示，一部泵以 $320 \dfrac{\text{gal}}{\text{min}}$ 的穩定速率抽取水，假設在泵上游的管徑為 4 in、壓力為 16 psi；在泵下游的管徑為 2 in、壓力為 56 psi，流經泵的水位並無任何變化，而水的內能 $\widehat{u}$ 則增加 $3200 \dfrac{\text{ft}\cdot\text{lb}}{\text{slug}}$。倘若在泵吸過

程為絕熱狀態，試決定泵所需的功率。($1\ \text{ft}^3 = 7.48\ \text{gal}$)

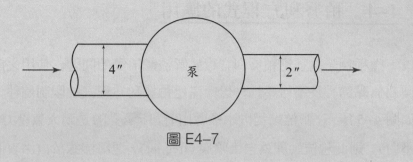

圖 E4-7

解　假設：(a)穩定流

　　　　(b)無黏滯流

　　　　(c)不可壓縮流

　　　　(d)無高度變化

　　　　(e)熱傳遞率為零（絕熱過程）

根據連續方程式，即

$$\dot{m} = \rho_1 V_1 A_1 = \rho_2 V_2 A_2 = \rho Q$$

$$= \frac{(1.94 \times 320)}{(7.48 \times 60)} = 1.38\ (\frac{\text{slug}}{\text{s}})$$

$$\Rightarrow V_1 = \frac{Q}{A_1} = 8.17\ (\frac{\text{ft}}{\text{s}})$$

$$\Rightarrow V_2 = \frac{Q}{A_2} = 32.68\ (\frac{\text{ft}}{\text{s}})$$

$$\widehat{W}_s = -\dot{m}\left[\widehat{u}_2 - \widehat{u}_1 + \frac{P_2}{\rho} - \frac{P_1}{\rho} + \frac{V_2^2 - V_1^2}{2}\right]$$

$$= -1.38\left[3200 + \frac{56 \times 144}{1.94} - \frac{16 \times 144}{1.94} + \frac{32.68^2 - 8.17^2}{2}\right]$$

$$= -9204.17\ (\text{ft} \cdot \text{lb})$$

$$= -16.73\ (\text{hp})$$

負值代表功輸入系統

4–4　柏努利方程式的應用

　　以下幾種例子為運用柏努利方程式解流體流動的問題，使用之前必須設定流體為無黏滯性及不可壓縮，以期滿足柏努利方程式的限制條件。

　　如圖 4–5 所示，當流體從貯水桶釋出時，所承受的是為大氣壓力 $(P_2 = 0$，錶示壓力$)$，則此種流動即為自由噴束 (free jet)。運用流線於自由表面與出口處，則柏努利方程式可寫成

$$\frac{P_1}{\rho} + \frac{V_1^2}{2} + gz_1 = \frac{P_2}{\rho} + \frac{V_2^2}{2} + gz_2 \ \cdots\cdots \ \text{(a)}$$

式中　　$z_1 - z_2 = h$

　　　　P_1（錶示壓示）$= 0$（貯水桶為開口）

　　　　P_2（錶示壓示）$= 0$（自由噴束）

由以上條件代入(a)式，可得

$$\frac{V_1^2}{2} + gz_1 = \frac{V_2^2}{2} + gz_2 \ \cdots\cdots \ \text{(b)}$$

由連續方程式可知，對不可壓縮流體 $A_1V_1 = A_2V_2$，即

$$V_1 = \left(\frac{d}{D}\right)^2 V_2 \ \cdots\cdots \ \text{(c)}$$

合併(b)與(c)兩式，可得

$$V_2 = \left[\frac{2gh}{1 - \left(\frac{d}{D}\right)^4}\right]^{\frac{1}{2}} \tag{4.16}$$

通常在此例子的求解，由於 $A_1 \gg A_2$，故常假設 $V_1 \doteqdot 0$。因而，代入(b)式求出

口處自由噴束的速度為

$$V_2 = \sqrt{2gh} \tag{4.17}$$

由此結果可知，由貯水桶的孔口流出之自由噴束速度大小，相當於一個剛性物體 (rigid body) 從高度 h 自由掉落的速度，此一陳述即為托里切利定理 (Torricelli's theorem)。

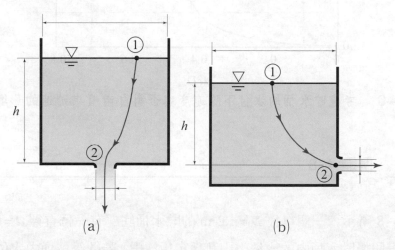

圖 4–5　　由貯水桶流出的自由噴流：(a)垂直流、(b)水平流

延續由貯水桶流出的自由噴流問題，如圖 4–5 所示。為了探討忽略 V_1 速度效應所得到的自由噴束速度，與考慮 V_1 速度值時之自由噴束的差異，將方程式 (4.17) 與 (4.16) 相除而得

$$\frac{[V_2]_{(4.17)式}}{[V_2]_{(4.16)式}} = \frac{1}{\sqrt{1 - (\frac{d}{D})^4}} = [V_2]_r \ \cdots\cdots \ (d)$$

將(d)式的結果以圖繪示如 4–6 圖。由圖明顯的看出，當 $0 < (\frac{d}{D}) < 0.4$ 時，所得自由噴束流速變化範圍為 $1 < [V_2]_r \le 1.01$，亦即誤差範圍在 1% 之內。

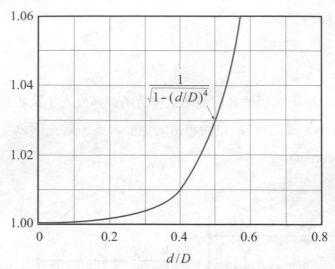

圖 4-6　考慮貯水桶的水位下降速度與否對自由噴束流速的影響

例題 4-8

如圖 E4-8 所示，一個直徑 $D = 1.2$ m 的貯水桶底部有一個直徑 $d = 0.2$ m 的小孔，假設貯水桶內的水經由小孔穩定地流出，若欲維持桶內水位高度保持在 $h = 2.4$ m，試決定由水龍頭注入的水流率 Q 應為若干？

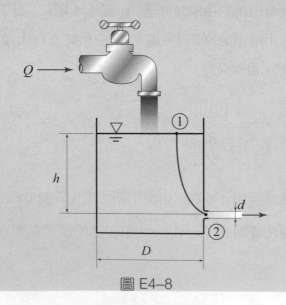

圖 E4-8

解　假設：(a)穩定流

(b)無黏性

(c)不可壓縮

(d)沿同一流線流動

運用柏努利方程式於自由表面（點 1）與自由噴束（點 2）間，可得

$$\frac{P_1}{\rho} + \frac{V_1^2}{2} + gz_1 = \frac{P_2}{\rho} + \frac{V_2^2}{2} + gz_2$$

式中　　(a) $z_1 - z_2 = h$

(b) $P_1 = P_2 = 0$（錶示壓力）

(c) $V_1 = (\frac{d}{D})^2 V_2$（連續方程式）

由以上條件代入柏努利方程式，可得

$$V_2 = \left[\frac{2gh}{1 - (\frac{d}{D})^4}\right]^{\frac{1}{2}} = 6.865 \,(\frac{\text{m}}{\text{s}})$$

對於不可壓縮流而言，連續方程式可寫成

$$Q = A_1 V_1 = A_2 V_2$$

$$= \frac{\pi (0.2)^2 6.865}{4} = 0.2156 \,(\frac{\text{m}^3}{\text{s}})$$

由於 $A_1 \gg A_2$ 故可忽略 V_1 的速度，如此可得簡化解析的程序，即可利用托里切利定理得

$$V_2 = \sqrt{2gh} = 6.862 \,(\frac{\text{m}}{\text{s}})$$

$$Q = A_2 V_2 = 0.2156 \,(\frac{\text{m}^3}{\text{s}})$$

簡化後所得之解幾乎沒有影響（至少 Q 值在小數點後四位不變）。

在圖 4–5 中，貯水桶若為密閉（即 $P_1 \neq 0$，錶示壓力）的形式，且流動之型態假設為

⑴貯水桶內密閉空間為高壓（$P_1 - P_2 \gg \rho gh$）；

(2)貯水桶面積大於自由噴束面積 ($A_1 \gg A_2$, $V_1 \doteqdot 0$)。

則柏努利方程式可簡化為

$$V_2 = \sqrt{\frac{2(P_1 - P_2)}{\rho}} \tag{4.18}$$

上式表示貯水桶內沒有液體 ($h = 0$),僅純為高壓氣體之流動,在孔口排出為氣體的自由噴束。

由實驗得知,自由噴束之流線自貯水桶各處向出口孔集中,經流出桶外後會繼續收縮,如圖 4–7 所示,在截面 $c-c$ 處的噴束面積達最小截面,此種效應稱為束縮 (vena contracta)。由於自由噴束的束縮效應存在,故在實驗中常定義束縮係數 (contraction coefficient) 為

$$C_c = \frac{A_c}{A_2} = \frac{束縮面積}{孔口面積} \tag{4.19}$$

因束縮效應之影響,實際之流量為

$$Q_a = A_c V_2 = C_c A_2 V_2 \tag{4.20}$$

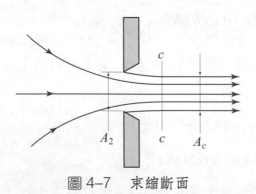

圖 4–7　束縮斷面

皮托管 (Pitot tube) 可用以測量流體中任何一點的全壓 (total pressure),即靜壓、動壓以及靜液壓的總和(參閱 4–2 節),並可求得該點的流體速度。如圖 4–8 所示,流體中任一點 1 至停滯點 2 (同一水平線),其柏努利方程式為

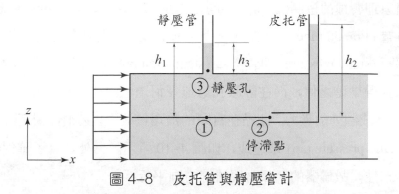

圖 4-8　皮托管與靜壓管計

$$P_2 = P_s = P_1 + \frac{\rho V_1^2}{2} = P_1 + \frac{\rho u_0^2}{2} \ \cdots\cdots \ \text{(a)}$$

對於流體測壓儀 (moanometer) 而言，處於靜壓孔（點 3）及停滯點（點 2）的壓力分別為

$$\left. \begin{array}{l} P_2 = \gamma h_2 \\ P_3 = \gamma h_3 \end{array} \right\} \ \cdots\cdots \ \text{(b)}$$

由於均勻流通過點 1 與點 3 的截面，故點 1 的壓力可利用垂直流線的柏努利方程式 (4.8) 求得（或利用無旋轉流場 $\vec{\xi} = 0$，亦可得點 1 與點 3 的關係式），即

$$P_1 = \gamma(z_3 - z_1) + P_3 = \gamma h_1 \ \cdots\cdots \ \text{(c)}$$

上列推導的結果，可推斷待測流速為

$$u_0 = \left[\frac{2(P_2 - P_1)}{\rho} \right]^{1/2} = \sqrt{2g(h_2 - h_1)} \tag{4.21}$$

　　利用皮托管與靜壓管計量測流速，在使用上有諸多的不便，一般在工程應用方面，均將兩種測壓管合併在一起，如圖 4-9 (a)所示，此種儀器稱為皮托一靜壓管 (Pitot-static tube)。皮托一靜壓管廣泛的使用於流速之量測，而另

一種相同原理製成的量測儀,唯一不同之處是具有鈍形鼻部 (blunt nose) 者稱為普朗特管 (Prandtl tube),如圖 4–9 (b)所示。皮托－靜壓管之速度量測主要能反應靜壓 (static pressure) 與停滯壓 (stagnation pressure) 的作用,故必須小心量測以獲得準確之值,而在靜壓孔應無任何流體運動能量 (fluid's kinetic energy) 轉換成額外的壓力。此點在實際的流場量測中,必須仰賴正確的靜壓分接頭 (static pressure tap) 來達成,如圖 4–10 所示。另外,為了確保停滯壓的量測準確性,故儀器的鼻部需與流線方向平行。

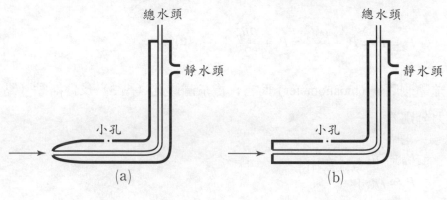

圖 4–9　(a)皮托－靜壓管、(b)普朗特管

在 (4.21) 式所得的流速為理想狀況下推導之值,但實際流體在量測時,因流體黏滯性存在而有所差異。通常,由量測所得到的真實平均速度 (actual average velocity, $\overline{V}$),較理想狀況下推導的理想速度 (ideal velocity, V_i) 小,二者比率稱為速度係數 (velocity coefficient, C_v),即

$$C_v = \frac{\overline{V}}{V_i} = \frac{真實平均速度}{理想速度} \tag{4.22}$$

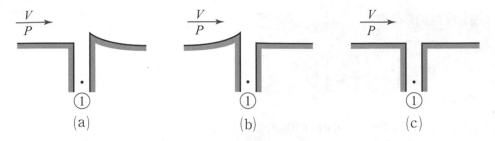

圖 4–10　靜壓分接頭裝置：(a)不正確、(b)不正確、(c)正確

在流動的管路中安裝收縮管 (converging tube)，其功能可將壓力頭轉換成速度頭；但若替換成擴散管 (diverging tube)，則可將速度頭轉化成壓力頭。此兩種構造合併，將會形成喉道 (throat)，可用以量測管路中流體流量之儀器，此種裝置稱為文氏管 (Venturi tube)。

圖 4–11 為典型的文氏管計，管計的前端為 20° 錐角之進口管，中間連接一短圓筒喉管，其直徑為主管直徑 d_1 的 0.25～0.75 倍，即 $0.25 < (\dfrac{d_2}{d_1}) < 0.75$，通常採用 0.5；後端接合 5°～7° 錐角的擴散管。此儀器的正確使用法，其上游端必須遠離其他的管配件，亦即上游至少有 $5d_1$～$10d_1$ 長之直管，若空間許可最好為 $30d_1$～$50d_1$。為使流速均勻，最好能在上游處裝置一整流片。

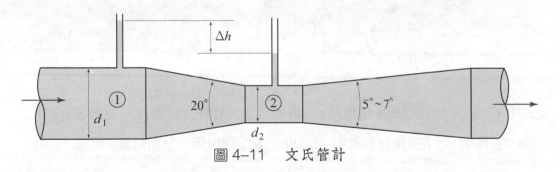

圖 4–11　文氏管計

在理想情況下，截面 1 與 2 間的柏努利方程式為

$$\frac{P_1}{\gamma} + \frac{V_1^2}{2g} + z_1 = \frac{P_2}{\gamma} + \frac{V_2^2}{2g} + z_2$$

而連續方程式為

$$V_1 = \frac{A_2}{A_1} V_2 = \left[\frac{d_2}{d_1}\right]^2 V_2$$

將上列二式予以合併，可得理想喉部速度為

$$V_{2_i} = \left[\frac{2g}{1 - (\frac{d_2}{d_1})^4}\right]^{\frac{1}{2}} \left[\left(\frac{P_1}{\gamma} + z_1\right) - \left(\frac{P_2}{\gamma} + z_2\right)\right]^{\frac{1}{2}}$$

實際流體量測中在截面 1 與 2 間會有摩擦損失，故真實速度會稍小於 V_{2_i}。因此，在此引入排量係數 (discharge coefficient, C_d)，

$$C_d = \frac{Q}{Q_i} = \frac{實際流量}{理想流量} \tag{4.23}$$

由此得知，實際流量為

$$Q = A_2 V_2$$

$$= C_{d_v} A_2 \left[\frac{2g}{1 - (\frac{d_2}{d_1})^4}\right]^{\frac{1}{2}} \left[\left(\frac{P_1}{\gamma} + z_1\right) - \left(\frac{P_2}{\gamma} + z_2\right)\right]^{\frac{1}{2}} \tag{4.24}$$

式中 C_{d_v} 表示文氏管的排量係數。一般對於較大管徑之管路，C_{d_v} 值約為 0.99；而小管徑的 C_{d_v} 值，則介於 0.97 與 0.98 之間。利用因次分析可知，係數 C_{d_v} 為雷諾數 (Re) 與管徑比 ($\frac{d_2}{d_1}$) 的函數。

例題 4-9

如圖 E4-9 所示，一傾斜文氏管銜接直徑 8 in 的水管，喉部的直徑為 4 in，水流由下方流往上方。假設流體測壓儀所量測的讀數為 10 in 水銀柱高，試決定在水管中的水流量為若干 $(\frac{ft^3}{s})$？（水銀比重為 13.6）

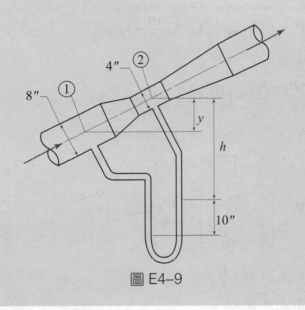

圖 E4-9

解　假設管內水流動為

    (a)穩定流

    (b)無黏滯性

    (c)不可壓縮

在截面 1 與 2 間的柏努利方程式為

$$\frac{P_1}{\gamma_w} + \frac{V_1^2}{2g} + z_1 = \frac{P_2}{\gamma_w} + \frac{V_2^2}{2g} + z_2$$

將連續方程式 $V_1 = (\frac{d_2}{d_1})^2 V_2$ 代入上式，整理可得

$$V_2 = \left[\frac{2g}{1 - (\frac{d_2}{d_1})^4}\right]^{\frac{1}{2}} \left[\left(\frac{P_1}{\gamma_w} + z_1\right) - \left(\frac{P_2}{\gamma_w} + z_2\right)\right]^{\frac{1}{2}} \quad \cdots\cdots \text{ (a)}$$

由差壓計可知

$$P_1 + \gamma_w(h - y + \frac{10}{12}) = P_2 + \gamma_w h + \gamma_{Hg}(\frac{10}{12})$$

經由整理，可得

$$P_1 - P_2 = \gamma_{Hg}(\frac{10}{12}) - \gamma_w(\frac{10}{12} - y)$$

再經簡化變成

$$\frac{(P_1 - P_2)}{\gamma_w} = (\frac{10}{12})SG_{Hg} - \frac{10}{12} + y \quad \cdots\cdots \text{ (b)}$$

又 $z_1 - z_2 = -y$ $\cdots\cdots$ (c)

將(b)和(c)代入(a)，可得水流速為

$$V_2 = \left[\frac{2g}{1 - (\frac{d_2}{d_1})^4}\right]^{\frac{1}{2}} \left[\frac{10}{12}(SG_{Hg} - 1)\right]^{\frac{1}{2}}$$

$$= 26.86 \, (\frac{\text{ft}}{\text{s}})$$

或可計算出水流量為

$$Q = A_2 V_2 = \frac{\pi}{4}\left[\frac{4}{12}\right]^2 (26.86) = 2.34 \, (\frac{\text{ft}^3}{\text{s}})$$

在流動管路中置放一同心圓孔口薄板，依連續方程式得知在該處的流速會增加，而由柏努利方程式可計算出該處壓力值會降低，由前後差可量測管路中的流量。孔口板 (orifice plate) 之構造及裝置如圖 4–12 所示，依據柏努利及連續方程式可得知，在孔口板處的理想速度值 (V_{2i}) 與文氏管相似

$$V_{2i} = \left[\frac{2g}{1 - (\frac{d_2}{d_1})^4} \right]^{\frac{1}{2}} \left[\left(\frac{P_1}{\gamma_w} + z_1 \right) - \left(\frac{P_2}{\gamma_w} + z_2 \right) \right]^{\frac{1}{2}}$$

由於使用孔口板測量時，流場會產生束縮效應以及流體黏滯性影響，在流量量測需乘以孔口板的排量係數 (C_{d_o})，以便考慮孔口板尺寸及流體黏滯對流動的影響

$$Q = A_2 V_2$$

$$= C_{d_o} A_2 \left[\frac{2g}{1 - (\frac{d_2}{d_1})^4} \right]^{\frac{1}{2}} \left[\left(\frac{P_1}{\gamma} + z_1 \right) - \left(\frac{P_2}{\gamma} + z_2 \right) \right]^{\frac{1}{2}} \tag{4.25}$$

由於

$$Q = C_{d_o} Q_i$$

其中

$$Q_i = A_2 V_{2_i}$$

因為在管路中加裝孔口板時，流動必定會產生束縮效應，故由 (4.20) 式得

$$Q = A_c V_2 = (C_c A_2) \cdot (C_v V_{2i}) = C_{d_o} Q_i$$

其中

$$C_{d_o} = C_c C_v = 脈縮係數 \times 速度係數 \tag{4.26}$$

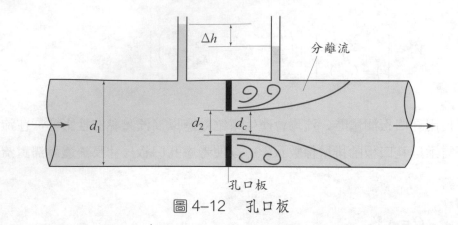

圖 4–12　孔口板

人工渠道或天然河川中，突起於河床而將部分水流阻擋之人工結構物，通常稱為堰 (weir)。在實驗室及工廠的廢水處理，堰常被用以測定水的流量。堰以堰頂的厚薄而予以歸類為銳口堰 (sharp-crested weir) 及寬頂堰 (broad-crested weir)，茲分別將兩種流量的測量原理，在接續的內容中予以說明。

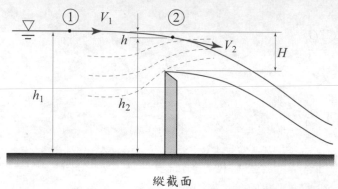

縱截面

圖 4–13　銳口堰縱截面面圖

如圖 4–13 所示的銳口堰在點 1 與 2 之間的流線，可運用柏努利方程式表示出其間的關係式，如下所列

$$\frac{P_1}{\gamma_w} + \frac{V_1}{2g} + z_1 = \frac{P_2}{\gamma_w} + \frac{V_2}{2g} + z_2 \ \cdots\cdots \ (a)$$

由於點 1 與點 2 均位於自由表面，即

$$P_1 = P_2 = P_{atm} \text{ 且 } h_1 - h_2 = h$$

因此(a)式可簡化為

$$V_2 = \sqrt{2gh + V_1^2} \ \cdots\cdots \ \text{(b)}$$

假設：(1)堰上游流動為等速均勻流（$V_1 =$ 常數）；

　　　(2)流體質點以水平均勻流向堰接近（$V_2 =$ 常數）；

　　　(3)忽略流體的黏滯性、紊流效應及表面張力等因素。

基於以上假設，可得通過堰的理想水流量

$$dQ = V_2 dA_2 \ \cdots\cdots \ \text{(c)}$$

　　銳口堰依據截面的形狀又區分成矩形堰及三角形堰等二種型式，如圖 4–14 所示，茲分別說明如後：

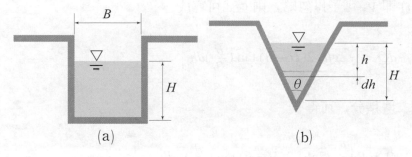

圖 4–14　橫截面圖：(a)矩形堰、(b)三角形堰

(1)矩形堰 (rectangular weir)：橫截面（垂直流動方向的截面）為矩形之銳口堰，如圖 4–14 (a)所示。

$$dQ_i = \sqrt{2gh + V_1^2} \ (Bdh)$$

將等號二邊積分，可得

$$Q_i = B \int_0^H \sqrt{2gh + V_1^2} \, dh$$

對 h 積分，結果可得理想的流量為

$$Q_i = \frac{B}{3g} [(2gH + V_1^2)^{\frac{3}{2}} - V_1^3]$$

實際流量需考量排量係數 (C_{d_w})，即

$$Q = C_{d_w} Q_i = \frac{B C_{d_w}}{3g} [(2gH + V_1^2)^{\frac{3}{2}} - V_1^3] \tag{4.27}$$

(2) 三角形堰 (triangular weir)：橫截面（垂直流動方向的截面）為三角形之銳口堰，如圖 4–14 (b) 所示。

三角形堰常用於測量小流量之水流，假設堰出口排放水量佔總水量之小部分，亦即 V_1 可予以忽略，則(c)式可寫成

$$dQ_i = \sqrt{2gh} \left[2(H - h) \tan\left(\frac{\theta}{2}\right) dh \right]$$

將等號二邊積分，可得

$$Q_i = B \int_0^H \sqrt{2gh} \left[2(H - h) \tan\left(\frac{\theta}{2}\right) \right] dh$$

對 h 積分，結果可得理想的流量為

$$Q_i = \frac{8\sqrt{2g}}{15} H^{\frac{5}{2}} \tan\left(\frac{\theta}{2}\right)$$

實際流量需考慮排量係數 (C_{d_w})，即

$$Q = C_{d_w} Q_i = \frac{8\sqrt{2g}}{15} C_{d_w} H^{\frac{5}{2}} \tan\left(\frac{\theta}{2}\right) \tag{4.28}$$

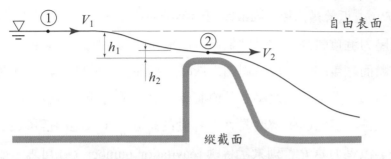

圖 4-15　寬頂堰縱斷側面圖

如圖 4-15 所示的寬頂堰，假設在點 2 處流場為均勻平行流且 $V_1 \ll V_2$，則運用柏努利方程式於點 1 與點 2 間

$$gh_1 = \frac{V_2^2}{2} + gh_2$$

$$\Rightarrow V_2 = \sqrt{2g(h_1 - h_2)}$$

假設橫斷面為矩形且寬度為 B，則

$$dQ_i = \sqrt{2gh + V_1^2}\,(Bdh)$$

$$\Rightarrow Q_i = B\sqrt{2g(h_1 - h_2)}\int_0^{h_2} dh$$

$$\Rightarrow Q_i = Bh_2\sqrt{2g(h_1 - h_2)}$$

$$\Rightarrow Q = C_{d_w}Q_i = C_{d_w}Bh_2\sqrt{2g(h_1 - h_2)} \tag{4.29}$$

4-5　管流的異常現象

　　較為常見的管流異常現象，在本節主要說明的為空蝕 (cavitation) 及水鎚 (water hammer) 等二種。空蝕亦稱穴蝕或漩渦真空，產生的原因可依據柏努利定理予以闡釋。對於定量之流體流動，在同一流線上的速度增加將會引致壓力降低，若液體在某一特定溫度下，任一點之壓力強度若降至蒸汽壓 (vapor pressure, P_v) 或低於蒸汽壓，則液體開始沸騰並產生大量的氣泡，而氣泡會隨流體流至壓力強度較高之處。當氣泡無法承受較高之壓力而破裂時，蒸汽亦濃縮成液體而產生凹坑，此時周圍之液體迅速的移入此凹坑，致使在該處的壓力快速增加，此種極高之壓力升值將會產生一極大的壓力波，從而衝擊流體機械的機件。若液體的密度為 ρ、流動的速度為 V、絕對靜壓為 P，在某一溫度之蒸汽壓力為 P_v，則穴蝕係數 (cavitation number, C_t) 可表示如下：

$$C_t = \frac{P - P_v}{\rho V^2/2} \tag{4.30}$$

穴蝕所產生的不良影響，一般可歸類為

　　⑴機件及管路的損壞

　　⑵噪音及震動的產生

　　⑶機械效率的降低

　　當導管或渠道中，若流體充滿整個內部的空間，當流體因閥門 (valve) 的動作致使流速驟降，此一現象稱為水鎚。水鎚現象在流體機械的使用受到廣泛的重視，主要是此異常現象的發生會使負載產生變化，並且使管路系統容易受到損壞。

━━━━ 習 題

1. 解釋名詞：

　　⑴柏努利方程式 (Bernoulli equation)　　⑵柏努利常數 (Bernoulli constant)

　　⑶流體靜壓 (hydrostatic pressure)　　⑷停滯點 (stagnation point)

　　⑸皮托管 (Pitot tube)　　⑹文氏管 (Venturi tube)

　　⑺孔口計 (orifice)　　⑻穴蝕 (cavitation)

　　⑼穴蝕係數 (cavitation number)　　⑽水鎚 (water hammer)

2. 試推導出柏努利方程式並說明其使用上的限制。

3. 有一灌溉的水道閘門 (sluice gate)，如圖 P4-3 所示，已知上游水深 $H_1 = 2$ m、下游水深 $H_2 = 0.3$ m。假設在穩定狀況下，請計算水流作用在閘門之力為若干？假使僅用靜水壓分布計算閘門之壓力，試比較二者之差異及探討其間差異之原因。（水之比重量 $\gamma = 9.81 \dfrac{kN}{m^3}$）

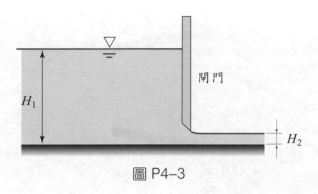

圖 P4-3

4. 如圖 P4-4 所示，假若渠道之水深 1.5 m，流動呈穩定狀態，試決定下列問題：

(1)渠道之水流量；

(2) AB 之深度；

(3)圖示 A 點的壓力值。

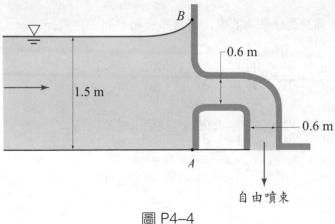

圖 P4-4

5. 如圖 P4–5 所示，假設穩定、不可壓縮流體流經一收斂噴嘴，已知在入口處的流速為 V_1、面積為 A_1、壓力為 P_1，倘若出口處的面積 A_2 為已知，試決定出口處的壓力 P_2 (psia) 及速度 V_2 ($\frac{\text{m}}{\text{s}}$)。(你可假設流動為無摩擦，空氣密度為 $0.0012\ \frac{\text{g}}{\text{cm}^3}$，1 psi = 6.9 kPa = 6900 $\frac{\text{N}}{\text{m}^2}$)

①
②
A_2=0.1 m²
A_1=1.0 m²
V_1=10 m/s
P_1=14.7 psia

圖 P4–5

6. ⑴如圖 P4–6 所示，依據下列二維不可壓縮流的那維爾－史托克斯方程式 (Navier-Stokes' equations)，試寫出沿著流線之速度 $V(s, t)$ 的運動統御方程式。

⑵試利用⑴部分的結果為基礎，請推導出柏努利方程式。

$$\rho\left[\frac{\partial u}{\partial t}+u\frac{\partial u}{\partial x}+v\frac{\partial u}{\partial y}\right]=-\frac{\partial P}{\partial x}+\mu\left[\frac{\partial^2 u}{\partial x^2}+\frac{\partial^2 u}{\partial y^2}\right]$$

$$\rho\left[\frac{\partial v}{\partial t}+u\frac{\partial v}{\partial x}+v\frac{\partial v}{\partial y}\right]=-\frac{\partial P}{\partial y}+\mu\left[\frac{\partial^2 v}{\partial x^2}+\frac{\partial^2 v}{\partial y^2}\right]-\rho g$$

v
V (s,t)
g
y
s
u
x
流線

圖 P4–6

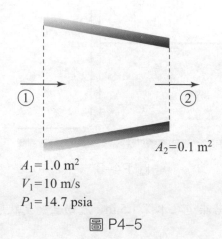

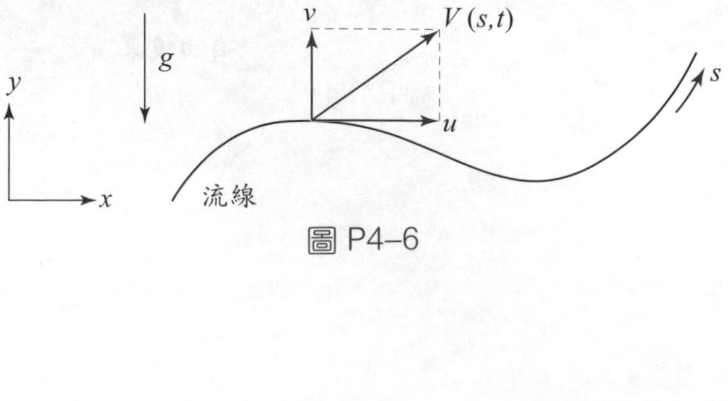

7. 對於穩定、二維流場的速度向量，可利用流線座標（如圖 P4-7）表示為

$$\vec{V} = V\vec{i}_s$$

(1)試證明加速度向量可表示成

$$\vec{a} = V\frac{\partial V}{\partial s}\vec{i}_s + \frac{V^2}{R}\vec{i}_n$$

其中 $\vec{i}_s$：在流線方向的單位向量

$\quad\quad\vec{i}_n$：在法線方向的單位向量

$\quad\quad R$：流線的曲率半徑

(2)考慮一微小流體粒子的尺寸為 $\delta s \times \delta n$，若採用牛頓第二運動定律於法線方向可得

$$\sum \delta F_n = (\delta m)a_n = (\rho \delta \forall)\left(\frac{V^2}{R}\right)$$

試證明在法線方向的運動方程式為

$$-\gamma\frac{dz}{dn} - \frac{\partial P}{\partial n} = \rho\frac{V^2}{R}$$

其中 $\gamma = \rho g$ 為比重量

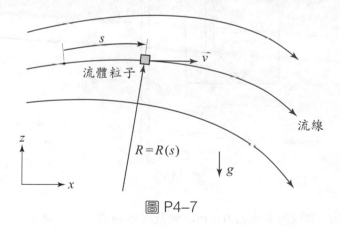

圖 P4-7

8. 如圖 P4-8 所示，假使一個貯水桶上方的通風口關閉並將壓力增大，如此將會使水流速增加。請問桶頂加壓至若干，將會使水流速增加至通風口打開時的二倍？

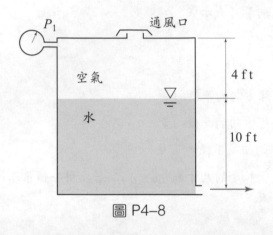

圖 P4-8

9. 如圖 P4-9 所示，採用 U 型管的虹吸作用抽取貯水桶內的水，假設水流動為無摩擦，水流出 U 型管口呈自由噴束且在大氣壓狀態，試決定自由噴束的速度 ($\frac{m}{s}$) 及在 A 點的絕對壓力 (kPa)。（水的密度 $\rho_w = 999 \frac{kg}{m^3}$）

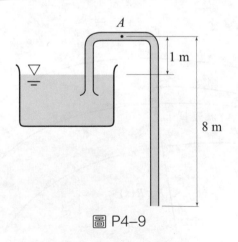

圖 P4-9

10. 如圖 P4-10，水桶的直徑為 0.5 m，假設在水桶右下方水自由流出，若桶內的水位高為 2.0 m，出口處水位高為 0.2 m，請問桶內的水位降至 0.3 m 時，共需多少時間？

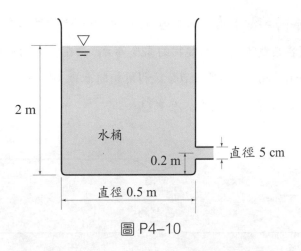

圖 P4-10

11. ⑴請由熱力學第一定律推導出穩定柏努利方程式；

　　⑵試敘明完成⑴部分所需設定的假設條件；

　　⑶請說明運用柏努利方程式的各種限制。

12. 若流場為二維的無旋轉流且為不可壓縮流體,試證明柏努利方程式可適用在全部流場。

13. 一般潛艇在水面下的潛航速度為 $30\dfrac{\text{ft}}{\text{s}}$,在潛艇鼻部上方 5 ft 的 A 點處,潛艇相對於水流的速度為 $50\dfrac{\text{ft}}{\text{s}}$,如圖 P4-13 所示。試決定在潛艇鼻部與 A 點之間的動壓差,並請計算二點之間的全壓差。

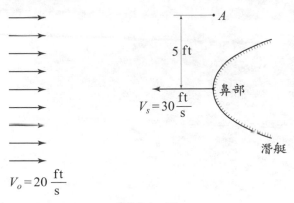

圖 P4-13

14. 如圖 P4-14 所示，一矩形渠道具有均勻的寬度 W，倘若忽略摩擦效應並視為一維流動，假設在某截面處一凸起物的高度為 δ，而在該截面處的自由表面相對產生凹陷 (dip)，下陷的高度為 d。試利用相關參數 W、δ、d 及 g，其中 g 為重力加速度，請推導出渠道的水流量 Q。

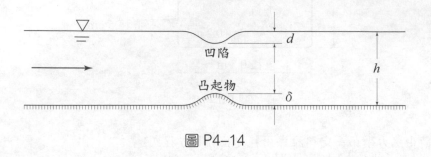

圖 P4-14

15. 總水頭 (total head) 是由那幾種「水頭」所組成？「水頭」的因次為何？

第 5 章　流動的微分解析
Differential Analysis of Flow

　　本章將以微分方程式描述流體的運動情況，優點在於毋須採用過多的假設，因此導致問題過度簡化而失真；缺點則在於問題解析須輔以實驗數據，唯數據獲得並不容易，或者更嚴謹的說是獲得「正確」之數據並非易事。無論如何，解析流體力學問題的任何方法，均會存在某種程度的困難性，至少本章可提供讀者多一種剖析問題的抉擇。

　　本章所將介紹的微分方程式，乃是針對流場中某一極微小的區域，導引出微分形式的統御方程式。微分方程式對解析層流問題相當的便利，對一些簡化問題更能獲致良好的解析結果，而所謂的簡化問題主要是指無黏性流 (inviscid flow)。

5-1　流體元素運動學

　　本節的介紹重點，旨在闡述流體元素 (fluid element) 運動的數學描述方式。首先，考慮一微小的正方形流體元素，在短暫時間 δt 的片刻間，元素由某一位置移動至另一處，如圖 5-1 所示。其中，實線表示在時間 t_0 的元素形狀，虛線則代表經過 δt 片刻後，即 $(t_0 + \delta t)$ 時的元素變化情況。由於複雜流場中的速度變化，除導致元素的位移之外，亦將會產生形狀改變的現象。

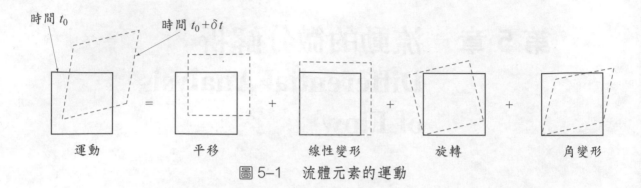

圖 5–1　流體元素的運動

最簡單的流體元素位移形式當屬平移 (translation)，如圖 5–2 所示。倘若流場在各軸向均具有相同的速度，如圖 5–2 (a)所示，意即沒有速度梯度 ($\frac{\partial u}{\partial x}$ 與 $\frac{\partial v}{\partial y}$) 存在，則流體元素將僅會產生平移作用，在 x 與 y 方向的位移量分別為 $u \cdot \delta t$ 及 $v \cdot \delta t$，如圖 5–2 (b)所示。

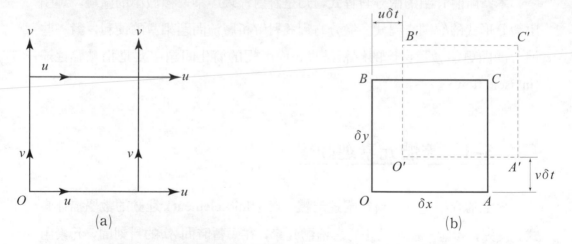

圖 5–2　流體元素的平移：(a)速度分布、(b)元素變化

假設流場存在速度梯度時，由於速度分布的差異，致使元素內各點的速度並不相同，結果將會產生伸展效應 (stretching effect) 而造成線性變形 (linear deformation)，如圖 5–3 所示。考慮一微小的立方體流體元素，相對於原體積 $\delta \forall = \delta x \delta y \delta z$ 而言，在 x 方向肇因於速度梯度 ($\frac{\partial u}{\partial x}$) 所導致的線性變形，

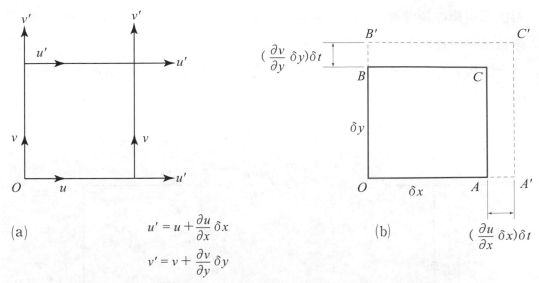

$$u' = u + \frac{\partial u}{\partial x}\delta x$$

$$v' = v + \frac{\partial v}{\partial y}\delta y$$

圖 5-3　流體元素的線性變形：(a)速度分布、(b)元素變化

將會使元素產生體積變形，變形量可表示如下

$$\delta\forall_x = \left(\frac{\partial u}{\partial x}\delta x\right)(\delta y\delta z)\,(\delta t) = \frac{\partial u}{\partial x}\delta\forall\delta t$$

在 x 方向的單位體積變形率，將可推導如後

$$\delta\dot{\forall}_x = \left(\frac{1}{\delta\forall}\frac{d(\delta\forall_x)}{dt}\right) = \lim_{\delta t\to 0}\left(\frac{(\frac{\partial u}{\partial x})\delta t}{\delta t}\right) = \frac{\partial u}{\partial x}$$

若速度梯度 $\left(\frac{\partial v}{\partial y} 與 \frac{\partial w}{\partial z}\right)$ 亦同時存在於流場的另二座標軸向，同理可得 y 與 z 方向的單位體積變形率，結果分別為 $\frac{\partial v}{\partial y}$ 與 $\frac{\partial w}{\partial z}$。由於立方體元素的三個方向同時伸展，引用上列推導所得的結果，在此定義流體元素的體積膨脹率 (volumetric dilatation rate) 或稱體積應變率 (rate of volumetric strain)

$$\frac{1}{\delta\forall}\frac{d(\delta\forall)}{dt} = \frac{\partial u}{\partial x} + \frac{\partial v}{\partial y} + \frac{\partial w}{\partial z} = \nabla\cdot\vec{V} \tag{5.1}$$

對於不可壓縮流體而言，由於流體密度保持定值（ρ = 常數），此正意味元素體積並不會產生變化，意即體積膨脹率值為零。

　　流場若存在速度差異，有時會使流體元素產生旋轉 (rotation)，如圖 5–4 所示。

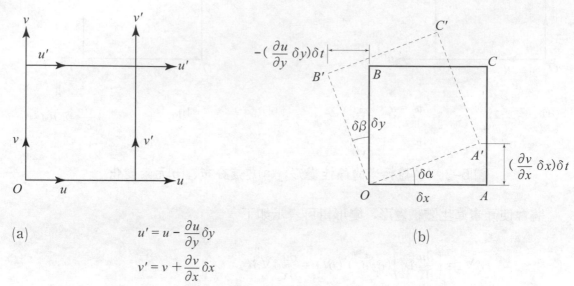

(a)　　$u' = u - \dfrac{\partial u}{\partial y} \delta y$

$v' = v + \dfrac{\partial v}{\partial x} \delta x$

(b)

圖 5–4　流體元素的旋轉：(a)速度分布、(b)元素變化

　　在片刻時段 δt 間，假設元素線段 $\overline{OA}$ 與 $\overline{OB}$ 分別轉動角度 $\delta\alpha$ 及 $\delta\beta$，由此達到另一位置 $\overline{OA'}$ 與 $\overline{OB'}$，則線段 $\overline{OA}$ 的轉動角速度可表示如下

$$\omega_{\overline{OA}} = \lim_{\delta t \to 0} \frac{\delta\alpha}{\delta t}$$

當角度變化極為微小時

$$\tan\delta\alpha \doteqdot \delta\alpha = \frac{\left(\dfrac{\partial v}{\partial x}\delta x\right)\delta t}{\delta x} = \frac{\partial v}{\partial x}\delta t$$

由此可得

$$\omega_{\overline{OA}} = \lim_{\delta t \to 0} \left(\frac{(\frac{\partial v}{\partial x})\delta t}{\delta t} \right) = \frac{\partial v}{\partial x}$$

同理，線段 $\overline{OB}$ 的轉動角速度為

$$\omega_{\overline{OB}} = \lim_{\delta t \to 0} \frac{\delta \beta}{\delta t}$$

而且

$$\tan\delta\beta \doteq \delta\beta = -\frac{\left(\frac{\partial u}{\partial y}\delta y\right)\delta t}{\delta y} = -\frac{\partial u}{\partial y}\delta t$$

結果可得

$$\omega_{\overline{OB}} = \lim_{\delta t \to 0} \left(\frac{-(\frac{\partial u}{\partial y})\delta t}{\delta t} \right) = -\frac{\partial u}{\partial y}$$

流體元素的平均旋轉量，相當於線段 $\overline{OA}$ 與 $\overline{OB}$ 對應之角速度 $\omega_{\overline{OA}}$ 與 $\omega_{\overline{OB}}$ 的平均值，意即流體元素對垂直於元素平面之 z 軸的旋轉量 ω_z。引用前列推導所得，可知對 z 軸的旋轉量 ω_z

$$\omega_z = \frac{\omega_{\overline{OA}} + \omega_{\overline{OB}}}{2} = \frac{1}{2}\left(\frac{\partial v}{\partial x} - \frac{\partial u}{\partial y}\right) \tag{5.2}$$

對其他二座標軸的旋轉量，可依同樣方法獲得如下

$$\omega_x = \frac{1}{2}\left(\frac{\partial w}{\partial y} - \frac{\partial v}{\partial z}\right) \tag{5.3}$$

且 $\quad\omega_y = \frac{1}{2}\left(\frac{\partial u}{\partial z} - \frac{\partial w}{\partial x}\right) \tag{5.4}$

將上列三個軸向的旋轉量予以組合，可得流場的旋轉向量如後

$$\vec{\omega} = \omega_x \vec{i} + \omega_y \vec{j} + \omega_z \vec{k} \tag{5.5}$$

由向量運算子的定義可知

$$\nabla \times \vec{V} = \begin{vmatrix} \vec{i} & \vec{j} & \vec{k} \\ \dfrac{\partial}{\partial x} & \dfrac{\partial}{\partial y} & \dfrac{\partial}{\partial z} \\ u & v & w \end{vmatrix}$$

$$= \left(\frac{\partial w}{\partial y} - \frac{\partial v}{\partial z} \right)\vec{i} + \left(\frac{\partial u}{\partial z} - \frac{\partial w}{\partial x} \right)\vec{j} + \left(\frac{\partial v}{\partial x} - \frac{\partial u}{\partial y} \right)\vec{k}$$

在此定義旋渦度 (vorticity) $\vec{\xi}$，主要可用以描述流場的旋轉特性，即

$$\vec{\xi} = \nabla \times \vec{V} = \text{curl}\vec{V} = 2\vec{\omega} \tag{5.6}$$

由上式定義顯而易見，旋渦度為旋轉向量的二倍。透過 (5.6) 式的計算結果，可判定流場的旋轉特性，倘若 $\vec{\xi} = 0$（或 $\vec{\omega} = 0$），流場屬於無旋轉流 (irrotational flow)；假使 $\vec{\xi} \neq 0$（或 $\vec{\omega} \neq 0$），則流場屬於旋轉流 (rotational flow)。

例題 5-1

已知流場的速度分布如下所列：

$$u = 4xy$$
$$v = 2(x^2 - y^2)$$
$$w = 0$$

試問此流場屬於旋轉流或無旋轉流？

解 欲判斷流動是為旋轉流或無旋轉流，可將速度分量代入旋渦度之定義公式，即 (5.6) 式，由計算值是否為零即可判定。將題意給定的速度分量分別代入 (5.2) 式～(5.4) 式，整理可得

$$\omega_z = \frac{1}{2}\left(\frac{\partial v}{\partial x} - \frac{\partial u}{\partial y}\right) = 0$$

$$\omega_x = \frac{1}{2}\left(\frac{\partial w}{\partial y} - \frac{\partial v}{\partial z}\right) = 0$$

$$\omega_y = \frac{1}{2}\left(\frac{\partial u}{\partial z} - \frac{\partial w}{\partial x}\right) = 0$$

計算結果得知 $\varpi = 0$，故流場屬於無旋轉流。

考慮 $x-y$ 平面的流場，如圖 5–5 所示，假設速度變化會使原元素線段 $\overline{OA}$ 與 $\overline{OB}$ 分別轉動角度 $\delta\alpha$ 及 $\delta\beta$，由此達到另一位置 $\overline{OA'}$ 與 $\overline{OB'}$，倘若流動導致流體元素產生角變形 (angular deformation)。圖示線段 $\overline{OA}$ 與 $\overline{OB}$ 構成的夾角縮減率，一般稱為剪應變率 (rate of shearing strain) 或稱角變形率 (rate of angular deformation)，符號表示為 $\dot{\gamma}$，數學表示法如下所列

$$\dot{\gamma} = \frac{d\gamma}{dt} = \frac{d\alpha}{dt} + \frac{d\beta}{dt} = \lim_{\delta t \to 0}\frac{\delta\alpha}{\delta t} + \lim_{\delta t \to 0}\frac{\delta\beta}{\delta t}$$

其中

$$\delta\alpha = \frac{\left(\frac{\partial v}{\partial x}\delta x\right)\delta t}{\delta x} = \frac{\partial v}{\partial x}\delta t$$

且

$$\delta\beta = \frac{\left(\frac{\partial u}{\partial y}\delta y\right)\delta t}{\delta y} = \frac{\partial u}{\partial y}\delta t$$

將 $\delta\alpha$ 與 $\delta\beta$ 代入 $\dot{\gamma}$ 的定義式，可得角變形率 $\dot{\gamma}$ 為

$$\dot{\gamma} = \frac{\partial v}{\partial x} + \frac{\partial u}{\partial y} \tag{5.7}$$

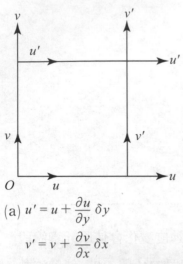

(a) $u' = u + \dfrac{\partial u}{\partial y}\,\delta y$

$v' = v + \dfrac{\partial v}{\partial x}\,\delta x$

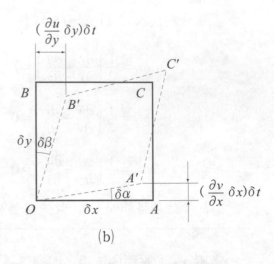

(b)

圖 5-5　流體元素的角變形：(a)速度分布、(b)元素變化

例題 5-2

在二維漸縮渠道之不可壓縮流（圖 E5-2），假設渠道半高度 $h(x)$ 與流速 $u(x, y)$ 分別如下所列

$$h = \frac{h_0}{1 + (x/L)} \text{ 且 } u = u_0\left(1 + \frac{x}{L}\right)\left[1 - \left(\frac{y}{h}\right)^2\right]$$

試計算下列問題：

(1)體積應變率；

(2)旋轉量 $\bar{\omega}$；

(3)旋渦度 $\vec{\xi}$；

(4)剪應變率 $\dot{\gamma}$。

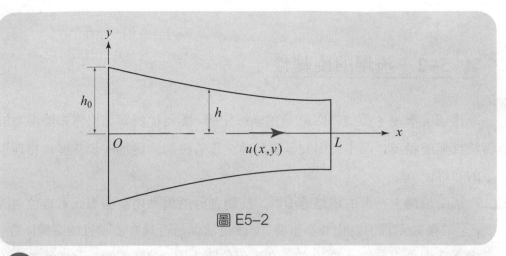

圖 E5-2

解　根據題意給定的條件予以整理，可得

$$u = u_0 \left(1 + \frac{x}{L} \right) \left[1 - \left(\frac{y}{h_0} \right)^2 \left(1 + \frac{x}{L} \right)^2 \right]$$

(1)體積應變率：在 $x-y$ 平面流場中

$$\nabla \cdot \vec{V} = \frac{1}{\delta \forall} \frac{d(\delta \forall)}{dt} = \frac{\partial u}{\partial x}$$

$$= \frac{u_0}{L} \left[1 - 3 \left(\frac{y}{h_0} \right)^2 \left(1 + \frac{x}{L} \right)^2 \right]$$

(2)旋轉量：在 $x-y$ 平面流場中

$$\vec{\omega} = \frac{1}{2} \mathrm{curl} \vec{V} = \frac{1}{2} \left(\frac{\partial v}{\partial x} - \frac{\partial u}{\partial y} \right) \vec{k} = -\frac{1}{2} \frac{\partial u}{\partial y} \vec{k}$$

$$= \frac{u_0 y}{h_0^2} \left(1 + \frac{x}{L} \right)^3 \vec{k}$$

(3)旋渦度 $\vec{\xi}$：根據定義得知

$$\vec{\xi} = 2 \vec{\omega} = \frac{2 u_0 y}{h_0^2} \left(1 + \frac{x}{L} \right)^3 \vec{k}$$

(4)剪應變率 $\dot{\gamma}$：在 $x-y$ 平面流場中

$$\dot{\gamma} = \frac{\partial u}{\partial y} = -\frac{2 u_0 y}{h_0^2} \left(1 + \frac{x}{L} \right)^3$$

5-2　流場的旋轉性

透過旋渦度 $\vec{\xi}$ 或旋轉向量 $\vec{\omega}$ 的數學定義，將可從計算結果獲知流場為旋轉流或無旋轉流，而本節則要延續此種流動的探討，更進一步掌握其物理現象的特性。

猶記透過上一節的描述應瞭解，旋轉運動的重點是在強調元素方位之改變，至於運動路徑的變化並不重要，這就是流場是否具有旋轉性的關鍵所在。考慮將二根小火柴棒 A 與 B 放置在流場位置 1 處，隨著流動逆時鐘移動至位置 2 時，圖 5-6 (a)與圖 5-6 (b)將具有不同的結果，其中 A 將會沿切線速度 v_θ 逆時鐘旋轉，B 則因 v_θ 之差異而有不同的變化。有關火柴棒 A 與 B 具體的變化結果，透過表 5-1 的比較會更為清楚，在表格中 CCW 代表逆時鐘轉動；CW 則表示順時鐘轉動。

表 5-1　在流場中火柴棒 A 與 B 的變化結果

流　場	火柴棒	位置 1	位置 2	變化量	二棒平均角速度
圖 5-6 (a) $v_\theta = c_1 r$	A	←	↓	CCW90°	$\omega \neq 0$
	B	↑	←	CCW90°	
圖 5-6 (b) $v_\theta = \dfrac{c_2}{r}$	A	←	↓	CCW90°	$\omega = 0$
	B	↑	→	CW90°	

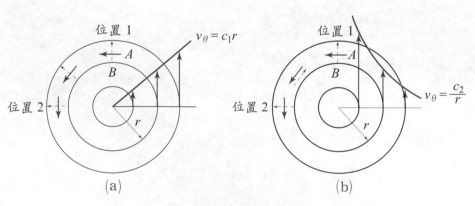

圖 5-6　流場的旋轉性：(a)旋轉流、(b)無旋轉流

由表列結果可知，在圖 5–6 (a)中，火柴棒 *B* 受線性切線速度的帶動，致使棒 *B* 離原點越遠則移動越快，由位置 1 移動至位置 2 時，整根火柴棒將逆時鐘轉動 90°（即 CCW90°）。在圖 5–6 (b)中，由於切線速度分布與原點距離成反比，以致棒 *B* 越接近原點則移動越快，由位置 1 移動至位置 2 時，整根火柴棒將順時鐘轉動 90°（即 CW90°）。雖然，兩種流場中的二根小火柴棒均在轉動，但在圖 5–6 (b)中的二根火柴棒平均角速度為零（$\omega = 0$），因而圖 5–6 (b)的流動屬於無旋轉流。

由上述說明得知，圖 5–6 (a)類似於剛體旋轉的流場屬於旋轉流，這種渦旋運動稱為強制渦流 (forced vortex)。圖 5–6 (b)則類似浴盆在拔出管塞後的排水流動，流場的性質屬於無旋轉流，而這種渦旋運動稱為自由渦流 (free vortex)。

例題 5–3

試決定下列流場的旋渦度，並判斷流動是為旋轉流或無旋轉流。
(1)強制渦流 (forced vortex)：$v_\theta = c_1 r$
(2)自由渦流 (free vortex)：$v_\theta = \dfrac{c_2}{r}$

 (1)強制渦流

將題意給定的速度代入 (5.6) 式，採用圓柱座標 (r, θ, z) 形式的向量運算子，可得

$$\vec{\xi} = \frac{1}{r} \begin{vmatrix} \vec{e}_r & r\vec{e}_\theta & \vec{e}_z \\ \dfrac{\partial}{\partial r} & \dfrac{\partial}{\partial \theta} & \dfrac{\partial}{\partial z} \\ v_r & rv_\theta & v_z \end{vmatrix} = \frac{1}{r} \begin{vmatrix} \vec{e}_r & r\vec{e}_\theta & \vec{e}_z \\ \dfrac{\partial}{\partial r} & \dfrac{\partial}{\partial \theta} & \dfrac{\partial}{\partial z} \\ 0 & c_1 r^2 & 0 \end{vmatrix}$$

$$= 2c_1 \vec{e}_z$$

$\vec{\xi} \neq 0$，流場屬於旋轉流。

(2)自由渦流

同樣採用圓柱座標 (r, θ, z) 形式的向量運算子，可得

$$\vec{\xi} = \frac{1}{r} \begin{vmatrix} \vec{e}_r & r\vec{e}_\theta & \vec{e}_z \\ \dfrac{\partial}{\partial r} & \dfrac{\partial}{\partial \theta} & \dfrac{\partial}{\partial z} \\ v_r & rv_\theta & v_z \end{vmatrix} = \frac{1}{r} \begin{vmatrix} \vec{e}_r & r\vec{e}_\theta & \vec{e}_z \\ \dfrac{\partial}{\partial r} & \dfrac{\partial}{\partial \theta} & \dfrac{\partial}{\partial z} \\ 0 & c_2 & 0 \end{vmatrix} = 0$$

$\vec{\xi} = 0$，流場屬於無旋轉流。

有關渦流運動的一個重要數學觀念，在此要詳加描述的是環流 (circulation)Γ，字面的敘述為：在流場中環繞任意封閉之曲線 C，其速度在切線分量的線積分。如圖 5–7 所示，環流的數學表示為

$$\Gamma = \oint_C \vec{V} \cdot d\vec{s} = \oint_C V \cos\theta \, ds \tag{5.8}$$

上式代表對封閉曲線 C 的線積分，$d\vec{s}$ 表示圖 5–7 中曲線 C 微分長度。在此必須強調，逆時鐘旋轉的環流為正值；反之，順時鐘旋轉的環流為負值。

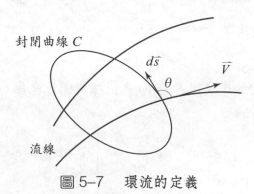

封閉曲線 C

$d\vec{s}$　$\vec{V}$

θ

流線

圖 5–7　環流的定義

例題 5-4

考慮自由渦流運動，流場的切線速度為

$$v_\theta = \frac{C}{r}$$

試決定環繞此渦流中心點的環流。

解　根據 (5.8) 式的定義，並配合圖 5-6 (b)可知

$$\Gamma = \oint_C \vec{V} \cdot d\vec{s} = \oint_C v_\theta \vec{e}_\theta \cdot rd\theta \vec{e}_\theta$$

將題意給定的切線速度代入，整理可得

$$\Gamma = \int_0^{2\pi} v_\theta rd\theta = \int_0^{2\pi} \left(\frac{C}{r}\right) rd\theta = C\theta \Big|_0^{2\pi} = 2\pi C$$

經由上一例題的結果亦知，在自由渦流中切線速度所出現的常數 $C = \frac{\Gamma}{2\pi}$。據此，將可明確的定義出自由渦流的切線速度為

$$v_\theta = \frac{\Gamma}{2\pi r} \tag{5.9}$$

5-3　質量守恆

考慮一微小的固定立方形流體元素，如圖 5-8 (a)所示，假設在元素中心點的流體密度為 ρ，速度分量分別為 u、v 以及 w。由於流體元素極小，故內部的質量變化率可表示如下

$$\dot{m}_\forall = \frac{\partial m_\forall}{\partial t} = \frac{\partial \rho}{\partial t} \delta x \delta y \delta z$$

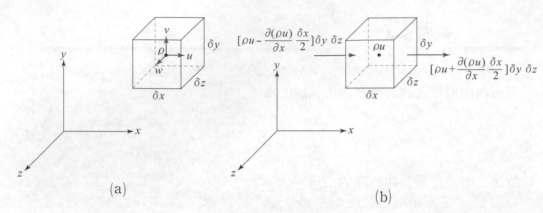

圖 5-8　推導質量守恆表示式：(a)流體元素、(b) x 方向的質量流率

對於流經元素表面而造成立方體內質量的變化情形，將可分別由每一座標方向的變化量予以考量。如圖 5-8 (b)所示，在立方體左、右表面的質量流率 m_L'' 與 m_R''，可分別表示成

$$m_L'' = \rho u_{x-(\frac{\delta x}{2})} = \rho u - \frac{\partial (\rho u)}{\partial x} \frac{\delta x}{2}$$

且　　$$m_R'' = \rho u_{x+(\frac{\delta x}{2})} = \rho u + \frac{\partial (\rho u)}{\partial x} \frac{\delta x}{2}$$

在 x 方向的質量淨流出率，相當於進出立方形流體元素之差值，即

$$\dot{m}_{s,x} = (m_R'' - m_L'')\delta y \delta z = \left[\rho u + \frac{\partial (\rho u)}{\partial x} \frac{\delta x}{2} \right] \delta y \delta z - \left[\rho u - \frac{\partial (\rho u)}{\partial x} \frac{\delta x}{2} \right] \delta y \delta z$$

經由進一步整理，可得

$$\dot{m}_{s,x} = \frac{\partial (\rho u)}{\partial x} \delta x \delta y \delta z$$

同理，y 及 z 方向的質量淨流出率，亦可比照上述方法推導如下

$$\dot{m}_{s,y} = \frac{\partial (\rho v)}{\partial y} \delta x \delta y \delta z$$

$$\dot{m}_{s,z} = \frac{\partial (\rho w)}{\partial z} \delta x \delta y \delta z$$

合併前列各式 ($\dot{m}_{s,x}$, $\dot{m}_{s,y}$, $\dot{m}_{s,z}$)，整理可得流經元素表面的質量淨流出率

$$\dot{m}_s = \left[\frac{\partial (\rho u)}{\partial x} + \frac{\partial (\rho v)}{\partial y} + \frac{\partial (\rho w)}{\partial z} \right] \delta x \delta y \delta z$$

　　當元素內的質量變化率與流經元素表面的質量淨流出率之和為零，意即立方體內的質量變化率為零，此正意味質量守恆 (conservation of mass) 必定成立。透過先前 $\dot{m}_\triangledown$ 與 $\dot{m}_s$ 的表示法，將二式予以組合而得

$$\dot{m} = \dot{m}_\triangledown + \dot{m}_s = \frac{\partial \rho}{\partial t} \delta x \delta y \delta z + \left[\frac{\partial (\rho u)}{\partial x} + \frac{\partial (\rho v)}{\partial y} + \frac{\partial (\rho w)}{\partial z} \right] \delta x \delta y \delta z = 0$$

進一步整理，可得質量守恆的表示式或稱為連續方程式 (continuity equation)

$$\frac{\partial \rho}{\partial t} + \frac{\partial (\rho u)}{\partial x} + \frac{\partial (\rho v)}{\partial y} + \frac{\partial (\rho w)}{\partial z} = 0 \tag{5.10}$$

或

$$\frac{\partial \rho}{\partial t} + \nabla \cdot \rho \vec{V} = 0 \tag{5.11}$$

　　對於穩定流而言，由於流場不隨時間而產生變化 ($\frac{\partial}{\partial t} = 0$)，故連續方程式可簡化成

$$\nabla \cdot \rho \vec{V} = 0 \tag{5.12}$$

若更進一步假設不可壓縮流，意即流體密度保持定值 ($\rho = $ 常數)，則連續方程式可再簡化而變成

$$\nabla \cdot \vec{V} = 0 \tag{5.13}$$

或利用直角座標 (x, y, z) 表示成

$$\frac{\partial u}{\partial x} + \frac{\partial v}{\partial y} + \frac{\partial w}{\partial z} = 0 \tag{5.14}$$

或可使用圓柱座標 (r, θ, z) 表示成

$$\frac{1}{r}\frac{\partial(rv_r)}{\partial r} + \frac{1}{r}\frac{\partial v_\theta}{\partial \theta} + \frac{\partial v_z}{\partial z} = 0 \tag{5.15}$$

例題 5–5

穩定流場的速度分量給定如下：

$$u = x^2 + y^2 + z^2$$
$$v = xy + yz + zx$$
$$w = w(x, y, z)$$

其中 u、v 以及 w 分別代表在 x、y 以及 z 軸向的速度分量，試求出滿足不可壓縮之連續方程式的速度分量 w。

解 滿足穩定、不可壓縮之連續方程式形式如下

$$\frac{\partial u}{\partial x} + \frac{\partial v}{\partial y} + \frac{\partial w}{\partial z} = 0 \cdots\cdots (a)$$

將給定的速度分量代入(a)式，可得

$$\frac{\partial u}{\partial x} = 2x$$

$$\frac{\partial v}{\partial y} = x + z$$

再將上二式代入(a)式，整理可得

$$\frac{\partial w}{\partial z} = -2x - (x + z) = -3x - z \ \cdots\cdots \text{(b)}$$

將(b)式對 z 積分，結果可得

$$w = -3xz - \frac{z^2}{2} + f(x, y)$$

其中 $f(x, y)$ 為任意函數

5–4　流線函數

考慮 $x - y$ 平面的穩定、不可壓縮流動，則連續方程式可再簡化變成

$$\frac{\partial u}{\partial x} + \frac{\partial v}{\partial y} = 0$$

若定義函數 $\psi(x, y)$ 滿足上式，則 $\psi(x, y)$ 稱為流線函數 (stream function)

$$u = \frac{\partial \psi}{\partial y}, \ \ v = -\frac{\partial \psi}{\partial x} \tag{5.16}$$

由此得知，速度分量若以流線函數予以定義，不但能滿足質量守恆，而且將原有二個未知函數 $u(x, y)$ 與 $v(x, y)$ 簡化成一個待定函數 $\psi(x, y)$。此外，流線函數具有一項極為重要的物理意義：沿著 $\psi(x, y)$ 為常數所形成之線段代表一條流線 (streamline)，如圖 5–9 所示。假設 $\psi(x, y)$ ＝常數，依據數學表示法可得下列關係式

$$d\psi = \frac{\partial \psi}{\partial x}dx + \frac{\partial \psi}{\partial y}dy = -vdx + udy = 0$$

此意味沿著一條 $\psi(x, y)$ 為常數之流線，在任意點的斜率為

$$\frac{dy}{dx} = \frac{v}{u}$$

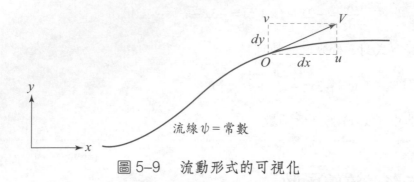

圖 5-9　流動形式的可視化

據此得知，令 $\psi(x, y)$ 為不同的常數，每一常數即可繪出一條流線，故在流場平面可描繪出流線族 (streamline family)，如此有助於流動形式的可視化 (visualization)。

　　其實，流線函數 $\psi(x, y)$ 的常數值設定並不重要，真正的重點是在 $\psi(x, y)$ 值改變 $d\psi$ 所具有的物理意義。考慮二條鄰近的流線 ψ 與 $\psi + d\psi$，如圖 5-10 (a)所示，令 $d\dot{q}$ 代表二條流線間單位深度的體積流率，假設流動絕不會跨越流線，由質量守恆原理可知：流入截面 $\overline{AB}$ 的體積流率 $d\dot{q}$，必定等於流出截面 $\overline{OA}$ 與截面 $\overline{OB}$ 之和，意即

$$d\dot{q} = u dy - v dx = \left(\frac{\partial \psi}{\partial y}\right) dy - \left(-\frac{\partial \psi}{\partial x}\right) dx = d\psi \tag{5.17}$$

由此得知，介於二流線 ψ_1 與 ψ_2 之間單位深度的體積流率 $\dot{q}$，如圖 5-10 (b)所示，經由 (5.17) 式積分而得

$$\dot{q} = \int_{\psi_1}^{\psi_2} d\psi = \psi_2 - \psi_1 \tag{5.18}$$

式中，若 $\psi_2 > \psi_1$ 則 $\dot{q}$ 為正值，表示圖示流動方向（朝右）正確；反之，若 $\psi_1 > \psi_2$ 則 $\dot{q}$ 為負值，代表流動方向應與圖示相反（朝左）。

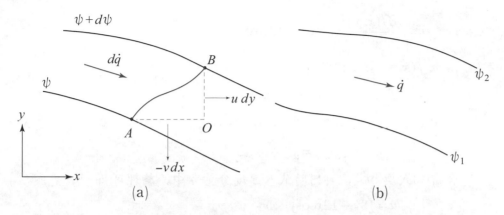

圖 5–10　二流線間的流動：(a)流線 ψ 與 $d\psi$、(b)流線 ψ_1 與 ψ_2

　　流線函數的觀念亦可擴展至圓柱座標，意即可運用於軸對稱流，至於二維的可壓縮流亦可適用，唯對三維流動並無法引用流線函數。對於二維、不可壓縮流而言，圓柱座標 (r, θ, z) 的流線函數 $\psi(r, \theta)$ 可寫成

$$v_r = \frac{1}{r}\frac{\partial \psi}{\partial \theta}, \quad v_\theta = -\frac{\partial \psi}{\partial r} \tag{5.19}$$

例題 5–6

穩定、不可壓縮流的速度分量給定如下：

$$u = 8x^2 + 17y + f(x, y) \text{ 且 } f(0, y) = y$$
$$v = 8 + 12\sin y$$

試求流場的流線函數。

解 穩定、不可壓縮流的流動，速度分量必定會滿足下列連續方程式

$$\frac{\partial u}{\partial x} + \frac{\partial v}{\partial y} = \frac{\partial(8x^2 + 17y + f)}{\partial x} + \frac{\partial(8 + 12\sin y)}{\partial y} = 0$$

整理可得

$$\frac{\partial f(x, y)}{\partial x} = -16x - 12\cos y$$

函數 $f(x, y)$ 對 x 積分可得

$$f(x, y) = -8x^2 - 12x\cos y + g(y) \quad \cdots\cdots \text{(a)}$$

其中 $g(y)$ 為任意函數。將已知條件 $f(0, y) = y$ 代入上式，結果變成

$$f(0, y) = g(y) = y \quad \cdots\cdots \text{(b)}$$

合併(a)式與(b)式，再同時代入速度分量 u 中，整理可得

$$u = 18y - 12x\cos y$$

引用流線函數的定義

$$\frac{\partial \psi}{\partial y} = u = 18y - 12x\cos y$$

積分可得

$$\psi = 9y^2 - 12x\sin y + h(x) \quad \cdots\cdots \text{(c)}$$

再引用流線函數的定義

$$\frac{\partial \psi}{\partial x} = -v = -8 - 12\sin y$$

積分可得

$$\psi = -8x - 12x\sin y + k(y) \quad \cdots\cdots \text{(d)}$$

合併(c)式與(d)式，結果變成

$$\psi = -8x - 12x\sin y + 9y^2 + C$$

式中 C 為任意常數。

例題 5–7

穩定、不可壓縮流的流線函數給定如下：

$$\psi = x^2 - y^2$$

試描繪出流線並指明流動方向。

解 根據流線函數的定義

$$u = \frac{\partial \psi}{\partial y} = -2y, \quad v = -\frac{\partial \psi}{\partial x} = -2x \ \cdots\cdots \text{(a)}$$

沿著一條流線函數為常數 $(\psi = x^2 - y^2 = C)$ 之流線，就數學表示式明顯可看出，流線乃為雙曲線形式 (hyperbolic form)，而在流線上任意點的斜率為

$$\frac{dy}{dx} = \frac{v}{u} = \frac{x}{y}$$

流線的形式如圖 E5–7 所示。流動方向可根據速度分量 u 和 v 決定，參考(a)式可得列表法所揭示的結果。

象 限	座標位置		速度分量		流動方向
	x	y	u	v	
第一象限	正值	正值	負值	負值	左下
第二象限	負值	正值	負值	正值	左上
第三象限	負值	負值	正值	正值	右上
第四象限	正值	負值	正值	負值	右下

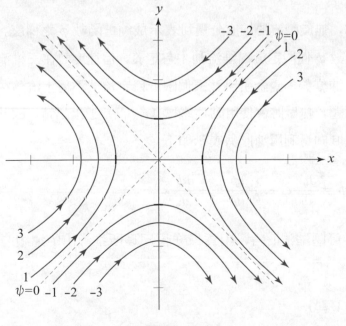

圖 E5–7

5-5　速度勢

先前曾提及，在無旋轉流場的旋渦度為零 $(\vec{\xi}=0)$，根據數學定義 (5.2) 式 ～ (5.4) 式亦可得知，流場的速度梯度必定存在下列的關聯性

$$\frac{\partial v}{\partial z}=\frac{\partial w}{\partial y},\ \ \frac{\partial w}{\partial x}=\frac{\partial u}{\partial z},\ \ \frac{\partial u}{\partial y}=\frac{\partial v}{\partial x}$$

在此利用一純量函數 $\phi(x, y, z, t)$ 予以完全滿足上列各等式，意即

$$u=\frac{\partial\phi}{\partial x},\ \ v=\frac{\partial\phi}{\partial y},\ \ w=\frac{\partial\phi}{\partial z} \tag{5.20}$$

式中 ϕ 稱為速度勢 (velocity potential)，而透過速度勢的定義，流場的速度向量可表示成

$$\vec{V}=\frac{\partial\phi}{\partial x}\vec{i}+\frac{\partial\phi}{\partial y}\vec{j}+\frac{\partial\phi}{\partial z}\vec{k}=\nabla\phi \tag{5.21}$$

由此可確定，無旋轉流的速度分量可表示成純量函數 ϕ 之梯度。在此亦將強調，流線函數 ψ 僅限定於二維流動才有定義，但速度勢在三維流場亦具有定義。此外，速度勢的觀念引用並未侷限於穩定流或不穩定流。在處理許多流體力學的問題，無疑將會使用圓柱座標 (r, θ, z) 予以描述。因此，將流場的圓柱座標速度向量利用速度勢表示如下

$$\nabla\phi\ =\frac{\partial\phi}{\partial r}\vec{e}_r+\frac{1}{r}\frac{\partial\phi}{\partial\theta}\vec{e}_\theta+\frac{\partial\phi}{\partial z}\vec{k} \tag{5.22}$$

對於不可壓縮流而言，由質量守恆原理所推導出的連續方程式，即為 (5.13) 式

$$\nabla\cdot\vec{V}=0$$

若為不可壓縮的無旋轉流，則速度分量可表示成純量函數 ϕ 的梯度，意即

$$\nabla \cdot \vec{V} = \nabla \cdot (\nabla \phi) = \nabla^2 \phi = 0 \tag{5.23}$$

其中 ∇^2 稱為拉普拉斯運算子 (Laplacian operator)，而 (5.21) 式之數學形式稱為拉普拉斯方程式 (Laplace's equation)，直角座標 (x, y, z) 的拉普拉斯方程式表示法為

$$\frac{\partial^2 \phi}{\partial x^2} + \frac{\partial^2 \phi}{\partial y^2} + \frac{\partial^2 \phi}{\partial z^2} = 0 \tag{5.24}$$

若改採用圓柱座標 (r, θ, z)，則拉普拉斯方程式可表示成

$$\frac{1}{r}\frac{\partial}{\partial r}\left(r\frac{\partial \phi}{\partial r} \right) + \frac{1}{r^2}\frac{\partial^2 \phi}{\partial \theta^2} + \frac{\partial^2 \phi}{\partial z^2} = 0 \tag{5.25}$$

　　據此可知，流場只要具有不可壓縮 ($\nabla \cdot \vec{V} = 0$) 及無旋轉 ($\nabla \times \vec{V} = 0$) 等二項條件，將可運用拉普拉斯方程式予以描述流動的特性，則此種流場稱勢流 (potential flow)。

　　先前曾提及，流線函數若為常數將可描繪出流線，速度勢亦具有類似的特性，若速度勢為常數將可繪出勢線 (potential line)。假設 $\phi(x, y) =$ 常數，由數學表示法可得下列關係式

$$d\phi = \frac{\partial \phi}{\partial x}dx + \frac{\partial \phi}{\partial y}dy = udx + vdy = 0$$

此意味沿著一條 $\phi(x, y)$ 為常數之勢線，在任意點的斜率為

$$\frac{dy}{dx} = -\frac{u}{v}$$

由此得知，令 $\phi(x, y)$ 若為不同的常數，每一常數即可繪出一條勢線，故在流場平面可描繪出等勢線 (equipotential line) 或稱勢線族。

例題 5-8

穩定、不可壓縮流的速度勢給定如下：

$$\phi = A(x^2 + y - z^2)$$

其中 A 為常數。

⑴請證明此流場滿足連續方程式。

⑵請證明此流場為無旋轉性。

⑶試求在 $z = 0$ 平面之流線函數。

解 根據速度勢的定義 (5.20) 式，可求得速度分量如下

$$u = \frac{\partial \phi}{\partial x} = 2Ax, \ v = \frac{\partial \phi}{\partial y} = A, \ w = \frac{\partial \phi}{\partial z} = -2Az$$

⑴將速度分量代入連續方程式得

$$\nabla \cdot \vec{V} = \frac{\partial u}{\partial x} + \frac{\partial v}{\partial y} + \frac{\partial w}{\partial z} = 2A + 0 - 2A = 0$$

流場滿足連續方程式。

⑵將速度分量代入旋渦度方程式得

$$\vec{\xi} = \begin{vmatrix} \vec{i} & \vec{j} & \vec{k} \\ \frac{\partial}{\partial x} & \frac{\partial}{\partial y} & \frac{\partial}{\partial z} \\ u & v & w \end{vmatrix} = \begin{vmatrix} \vec{i} & \vec{j} & \vec{k} \\ \frac{\partial}{\partial x} & \frac{\partial}{\partial y} & \frac{\partial}{\partial z} \\ 2Ax & A & -2Az \end{vmatrix} = 0$$

流場為無旋轉性。

⑶在 $z = 0$ 的平面上

$$\frac{\partial \psi}{\partial y} = u = 2Ax$$

$$\frac{\partial \psi}{\partial x} = -v = -A$$

上二式分別予以積分，可得

$$\psi = 2Axy + f(x)$$

$$\psi = -Ax + g(y)$$

據此可得流線函數為

$$\psi = Ax(2y - 1) + C$$

式中 C 為任意常數。

5-6　基本之平面勢流

本節旨在探討平面流動的特性，考慮穩定、不可壓縮的流動並採用直角座標 (x, y)，則可引用流線函數之定義式，即 (5.16) 式

$$u = \frac{\partial \psi}{\partial y}, \quad v = -\frac{\partial \psi}{\partial x}$$

假設流場具有無旋轉性的條件，則流場的速度梯度必定存在以下關聯性

$$\frac{\partial u}{\partial y} = \frac{\partial v}{\partial x}$$

將上列等式代入流線函數定義式時，結果可得

$$\frac{\partial}{\partial y}\left(\frac{\partial \psi}{\partial y}\right) = \frac{\partial}{\partial x}\left(-\frac{\partial \psi}{\partial x}\right)$$

整理可得

$$\frac{\partial^2 \psi}{\partial x^2} + \frac{\partial^2 \psi}{\partial y^2} = \nabla^2 \psi = 0 \tag{5.26}$$

顯而易見，平面無旋轉流的流線函數滿足拉普拉斯方程式。在上一節說明得知，若為無旋轉流則速度勢必然存在，而且速度勢亦滿足拉普拉斯方程式。由速度分量的數學定義，將可洞悉流線函數與速度勢存在某種關係，若採用直角座標 (x, y)，則

$$u = \frac{\partial \psi}{\partial y} = \frac{\partial \phi}{\partial x}, \ \ v = -\frac{\partial \psi}{\partial x} = \frac{\partial \phi}{\partial y} \tag{5.27}$$

又如極座標 (r, θ)

$$v_r = \frac{1}{r}\frac{\partial \psi}{\partial \theta} = \frac{\partial \phi}{\partial r}, \ \ v_\theta = -\frac{\partial \psi}{\partial r} = \frac{1}{r}\frac{\partial \phi}{\partial \theta} \tag{5.28}$$

據此可知，當流場的流線函數或速度勢為已知條件時，則另一個未知的待定函數，即可由上列的關係式求得，而 (5.27) 式與 (5.28) 式的形式屬於柯西—瑞曼方程式 (Cauchy-Riemann equation)。

圖 5–11 描繪在平面無旋轉流場的流線與勢線，假設流線 $\psi = s_1$ 與勢線 $\phi = n_1$ 相交於 P 點，則沿著 ψ 為常數的流線為

$$\frac{dy}{dx}\bigg|_{\psi = 常數} = \frac{v}{u} \tag{5.29}$$

另外，沿著 ϕ 為常數的勢線為

$$\frac{dy}{dx}\bigg|_{\phi = 常數} = -\frac{u}{v} \tag{5.30}$$

(5.29) 式與 (5.30) 式之乘積為

$$\left(\frac{dy}{dx}\bigg|_{\psi = 常數}\right) \cdot \left(\frac{dy}{dx}\bigg|_{\phi = 常數}\right) = \left(\frac{v}{u}\right) \cdot \left(-\frac{u}{v}\right) = -1 \tag{5.31}$$

　　根據上列方程式的結果得知，在平面無旋轉的流場中，流線與勢線在交點會呈現正交的情形，故流線族與勢線族在流場將會構成正交格子系統 (orthogonal grid system)，此種網狀的曲線族 (family of curves) 系統稱為流網 (flow net)。

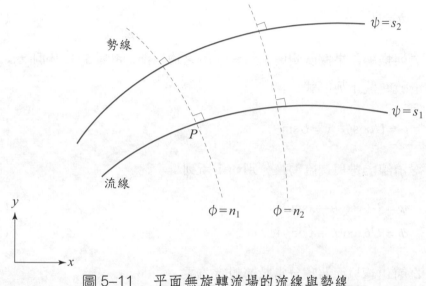

圖 5–11　平面無旋轉流場的流線與勢線

　　本節將針對一些簡單的平面勢流場，採用適當的座標予以推導速度勢與流線函數。透過重疊法的組合，將可獲致形式較為複雜的平面勢流，對於擴展流體力學研究的範疇，將具有莫大的助益！

◎ 5–6–1　均勻流

　　在流場中的流線係為平直且呈平行，同時具有定值速度之流動稱為均勻流 (uniform flow)。從圖 5–12 (a)可知，流場的速度分量分別為

$$u\frac{\partial\psi}{\partial y}=\frac{\partial\phi}{\partial x}=U, \quad v=-\frac{\partial\psi}{\partial x}=\frac{\partial\phi}{\partial y}=0$$

將二分量表示式予以積分，重新整理而得流線函數與速度勢，分別為

$$\psi = Uy + C$$

$$\phi = Ux + D$$

式中 C 與 D 均為任意常數，為簡化亦可都設定為零，結果可得

$$\psi = Uy \tag{5.32}$$

$$\phi = Ux \tag{5.33}$$

　　將上列推導結果擴展到與 x 軸呈 θ 角之均勻流，如圖 5–12 (b)所示，由於速度分量改變成下列形式

$$u = U\cos\theta, \quad v = U\sin\theta$$

同理可得流線函數與速度勢，分別如下所列

$$\psi = U(y\cos\theta - x\sin\theta) \tag{5.34}$$

$$\phi = U(x\cos\theta + y\sin\theta) \tag{5.35}$$

其中，為簡化起見而將積分常數都設定為零。

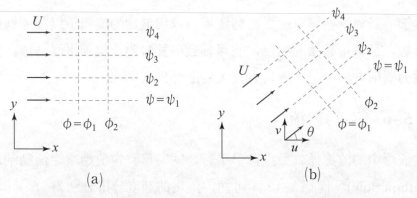

圖 5–12　均勻流：(a)與 x 軸平行、(b)與 x 軸呈 θ 角

◎ 5-6-2 源流與沉流

參考圖 5–13 (a)所示，考慮從平面原點以輻射狀朝外流動之流場，假設從原點釋放出每單位深度的體積流率為

$$\dot{q} = 2\pi r v_r$$

由於流動僅具徑向速度 v_r $(v_\theta = 0)$，引用 (5.28) 式並將上式代入可得

$$v_r = \frac{1}{r}\frac{\partial \psi}{\partial \theta} = \frac{\partial \phi}{\partial r} = \frac{\dot{q}}{2\pi r} \tag{5.36}$$

積分並整理可得流線函數與速度勢，分別如所列

$$\psi = \frac{\dot{q}}{2\pi}\theta$$

$$\phi = \frac{\dot{q}}{2\pi}\ln r \tag{5.37}$$

為簡化而將積分常數均設為零。值得一提的是，倘若 $\dot{q}$ 為正值表示流動朝外，此種流場稱為源流 (source)，如圖 5–13 (a)所示；假使 $\dot{q}$ 為負值表示流動朝內，此種流場稱為沉流 (sink)，如圖 5–13 (b)所示。

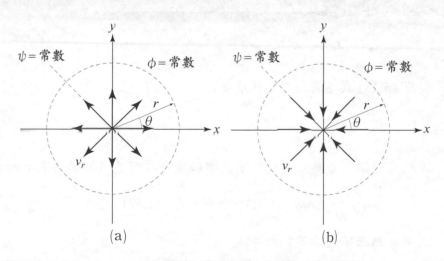

圖 5–13 (a)源流、(b)沉流

　　在此須強調，從 (5.36) 式可看出位於原點 ($r=0$) 處，在該點之速度值為無窮大 ($v_r \to \infty$)。就數學觀點而言，該點乃是一個奇異點 (singularity)，但這是不可能存在的物理現象！無論如何，只要避開奇異點的源流或沉流流場，對於許多流體力學問題的解析，仍然具有實質的效益。

例題 5-9

從扇形渠道的原點小洞冒出水流，如圖 E5-9 所示，倘若流場的速度勢 ($\frac{m^2}{s}$) 可由下列表示式描述：

$$\phi = 2 \ln r$$

試決定從小洞所冒出每單位深度的水流體積流率。

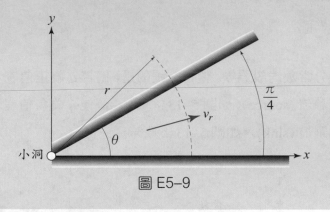

圖 E5-9

解 引用 (5.28) 式並將給定的速度勢代入，可得

$$v_r = \frac{\partial \phi}{\partial r} = \frac{2}{r}$$

流經扇形圓弧每單位深度的水流體積流率，可透過數學式表示如下

$$\dot{q} = \int_0^{\frac{\pi}{4}} v_r r d\theta = \int_0^{\frac{\pi}{4}} \left(\frac{2}{r} \right) r d\theta = \frac{\pi}{2} = 1.571 \ (\frac{m^3}{s})$$

式中 $\dot{q}$ 為正值表示流動朝外。

◎5-6-3 渦 流

假設流線族呈同心圓狀態的流動，如圖 5-14 所示，形式極為類似源流（或沉流）的流線及勢線互換，意即

$$\psi = -A \ln r$$
$$\phi = A\theta$$

其中 A 為常數。由於渦流僅具有切線速度 $v_\theta (v_r = 0)$，引用 (5.28) 式並將上式予以代入，結果可得

$$v_\theta = -\frac{\partial \psi}{\partial r} = \frac{1}{r}\frac{\partial \phi}{\partial \theta} = \frac{A}{r}$$

結果顯示切線速度與原點的距離成反比，而在 $r = 0$ 處形成奇異點 $(v_\theta \to \infty)$。此外，無論從數學定義與物理意義予以對照，則此處所指稱的渦流，其實就是先前所論述的自由渦流（亦即常數 $A = \dfrac{\Gamma}{2\pi}$），故自由渦流的切線速度（參考 5.9 式）為

$$v_\theta = \frac{\Gamma}{2\pi r}$$

渦流的流線函數與速度勢，將可利用環流 Γ 分別表示如下所列

$$\psi = -\frac{\Gamma}{2\pi}\ln r \tag{5.38}$$
$$\phi = \frac{\Gamma}{2\pi}\theta \tag{5.39}$$

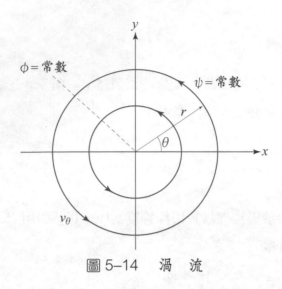

圖 5–14   渦　流

例題 5–10

拔出管塞後之浴盆的排水流動，如圖 E5–10 所示，倘若在遠離排水孔流場的速度勢，可透過自由渦流形式描述如下

$$\phi = \frac{\Gamma}{2\pi}\theta$$

試以環流 Γ 表示自由表面之關係式。

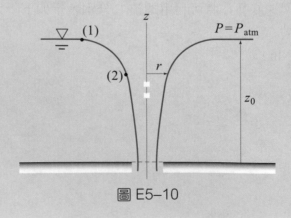

圖 E5–10

因為自由渦流是無旋轉流，故可運用柏努利方程式於流場中的任意二點，即

$$\frac{P_1}{\gamma} + \frac{V_1}{2g} + z_1 = \frac{P_2}{\gamma} + \frac{V_2^2}{2g} + z_2$$

由於二點間均具有自由表面，所以 $P_1 = P_2 = P_{atm}$、$z_1 = z_o$、$z_2 = z(r)$。此外，在位置 1 與位置 2 處的速度，分別為

$$V_1 = v_{\theta,1} \doteq 0$$

$$V_2 = v_{\theta,2} = \frac{1}{r}\frac{\partial \phi}{\partial \theta} = \frac{\Gamma}{2\pi r}$$

將上述獲得之結果全部代入柏努利方程式，經整理可得

$$z(r) = z_0 - \frac{\Gamma^2}{8\pi^2 r^2 g}$$

從結果可看出位於原點 $(r=0)$ 處，在該點之速值度為無窮大 $(v_r \to \infty)$，故此解答在原點附近並不成立。

5-7　重疊之平面勢流

對於平面勢流而言，流線函數與速度勢皆能滿足拉普拉斯方程式，即

$$\nabla^2 \psi = 0 \quad 且 \quad \nabla^2 \phi = 0$$

由於拉普拉斯運算子 ∇^2 為線性，依照數學的觀點可知，滿足拉普拉斯方程式解的線性組合亦為另一解，意即

$$\nabla^2 \psi_1 = 0 \quad 且 \quad \nabla^2 \psi_2 = 0$$

則　　　　$$\nabla^2 (A\psi_1 + B\psi_2) = 0$$

式中 A 和 B 為任意常數。同理，速度勢依然可存在相同的特性

$$\nabla^2 \phi_1 = 0 \quad 且 \quad \nabla^2 \phi_2 = 0$$

則　　　　$\nabla^2(A\phi_1 + B\phi_2) = 0$

以上結果意味，各種平面勢流的流線函數與速度勢均可重新組合，將可獲致另一種更為複雜的平面勢流，此種組合方式稱為重疊法 (superposition method)。

例題 5-11

假設 $\psi_1(x, y, z)$ 與 $\psi_2(x, y, z)$ 為拉普拉斯方程式的二個解，試證明 $\psi = \psi_1 + \psi_2$ 亦為方程式的另一個解。

證 假設流線 ψ_1 與 ψ_2 相交於 P 點，位在該點的切線速度向量分別為 $\vec{V}_1$ 與 $\vec{V}_2$，由合成速度向量（參閱圖 E5-11）可知

$$\vec{V} = \vec{V}_1 + \vec{V}_2$$

速度分量可分別表示如下

$$u = u_1 + u_2$$

且　　　　$v = v_1 + v_2$

引用流線函數 (5.16) 式之定義，將速度分量改寫成下列形式

$$u = \frac{\partial \psi}{\partial y} = \frac{\partial \psi_1}{\partial y} + \frac{\partial \psi_2}{\partial y} = \frac{\partial}{\partial y}(\psi_1 + \psi_2) \ \cdots\cdots \ (a)$$

$$v = -\frac{\partial \psi}{\partial x} = -\frac{\partial \psi_1}{\partial x} - \frac{\partial \psi_2}{\partial x} = -\frac{\partial}{\partial x}(\psi_1 + \psi_2) \ \cdots\cdots \ (b)$$

由(a)式與(b)式可同時看出 $\psi = \psi_1 + \psi_2$，據此亦可證明 $\phi = \phi_1 + \phi_2$。

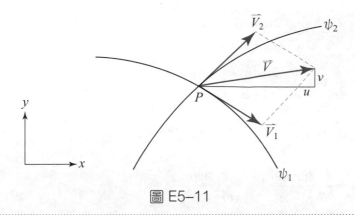

圖 E5-11

◎5-7-1 偶 流

首先，要運用重疊法將源流與沉流重新予以組合，如圖 5-15 (a)所示。考慮具有相同單位深度體積流率 $\dot{q}$ 的源流與沉流，採用重疊法可將流線函數合併成下列形式

$$\psi = \psi_1 + \psi_2 = \frac{\dot{q}}{2\pi}(\theta_1 - \theta_2)$$

此式亦可改寫成

$$\frac{2\pi\psi}{\dot{q}} = \theta_1 - \theta_2$$

或　　　$$\tan\left(\frac{2\pi\psi}{\dot{q}}\right) = \tan(\theta_1 - \theta_2) = \frac{\tan\theta_1 - \tan\theta_2}{1 + \tan\theta_1\tan\theta_2} \qquad (5.40)$$

根據圖 5-15 可知

$$\tan\theta_1 = \frac{r\sin\theta}{r\cos\theta + a}$$

而且　　　$$\tan\theta_2 = \frac{r\sin\theta}{r\cos\theta - a}$$

將 $\tan\theta_1$ 與 $\tan\theta_2$ 同時代入 (5.40) 式，整理可得

$$\tan\left(\frac{2\pi\psi}{\dot{q}}\right) = -\frac{2ra\sin\theta}{r^2 - a^2}$$

或　　　　$$\psi = \frac{\dot{q}}{2\pi}\tan^{-1}\left(-\frac{2ra\sin\theta}{r^2 - a^2}\right)$$ 　　　　　(5.41)

倘若 θ 值極小，則 $\tan^{-1}\theta \doteq \theta$，故流線函數可再整理而得

$$\psi = -\frac{\dot{q}}{2\pi}\frac{2ra\sin\theta}{r^2 - a^2} = -\frac{\dot{q}ar\sin\theta}{\pi(r^2 - a^2)}$$ 　　　　(5.42)

當二個流動與原點距離逐漸逼近並趨於偶合，則 $a \to 0$ 且 $\dot{q}$ 將會增加，然而 $\frac{\dot{q}a}{\pi}$ 的乘積值可視為常數 $(\frac{\dot{q}a}{\pi} = \lambda)$，此外 $\frac{r}{(r^2 - a^2)} \to \frac{1}{r}$，據此可將流線函數再簡化成

$$\psi = -\frac{\lambda\sin\theta}{r}$$ 　　　　　(5.43)

此種組合流場稱之為偶流 (doublet)，式中 λ 一般稱為偶流強度 (doublet strength)，而對應的速度勢則為

$$\phi = \frac{\lambda\cos\theta}{r}$$ 　　　　　(5.44)

欲瞭解偶流的流動型態，則須藉由 (5.43) 式展開變成

$$x^2 + y^2 = -\frac{\lambda y}{\psi}$$

或　　　　$$x^2 + \left(y + \frac{\lambda}{2\psi}\right)^2 = \left(\frac{\lambda}{2\psi}\right)^2$$ 　　　　(5.45)

由此可知，偶流的流線為圓形路徑，圓心位在 $(0, -\frac{\lambda}{2\psi})$、半徑為 $\frac{\lambda}{2\psi}$。同理，將 (5.43) 式展開變成

$$\left(x - \frac{\lambda}{2\phi}\right)^2 + y^2 = \left(\frac{\lambda}{2\phi}\right)^2 \tag{5.46}$$

由此亦知，偶流的勢線為圓形路徑，圓心位在 $(\frac{\lambda}{2\phi}, 0)$、半徑為 $\frac{\lambda}{2\phi}$。如圖 5–15 (b)所示，實線代表流線、虛線表示勢線，而流線與 x 軸相切於原點，勢線則與 y 軸相切於原點。

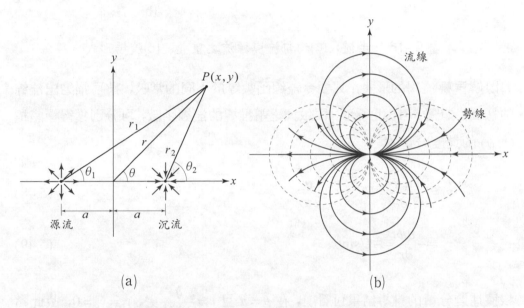

圖 5–15　偶流：(a) 源流與沉流之重疊、(b)流網

偶流在真實的狀況中並不存在，但透過重疊法之運用，偶流卻可與其他的平面勢流組合成許多形式之流場，對於實際流動之解析具有莫大的助益。

◎5–7–2　流經半體的流場

考慮將均勻流與源流予以重疊，如圖 5–16 (a)所示，透過流線函數的合併（即 5.32 式與 5.36 式），結果可得

$$\psi = \psi_{\text{uniform}} + \psi_{\text{source}} = Ur\sin\theta + \frac{\dot{q}}{2\pi}\theta \tag{5.47}$$

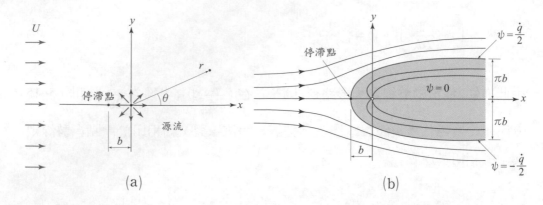

圖 5-16　半體：(a)均勻流與源流之重疊、(b)流場形式

為瞭解重疊流場的形式，只要令流線函數等於不同的常數，將可描繪出流線的樣式，如圖 5-16(b)所示。再依據之前推導的流線函數，可分別獲得極座標 (r, θ) 的速度分量為

$$v_r = \frac{1}{r}\frac{\partial \psi}{\partial \theta} = U\cos\theta + \frac{\dot{q}}{2\pi r} \tag{5.48}$$

$$v_\theta = -\frac{\partial \psi}{\partial r} = -U\sin\theta \tag{5.49}$$

根據速度分量的推導結果可看出，在 $\theta = \pi$ 且 $r = \dfrac{\dot{q}}{2\pi U}$ 處，$v_r = v_\theta = 0$，故此點在流場為一個停滯點 (stagnation point)。假設在停滯點 $\dfrac{\dot{q}}{2\pi U} = b$，則對應流線 $\psi_{\text{stag}} = \dfrac{\dot{q}}{2}$ 的極座標 (r, θ) 形式，可透過 (5.47) 式整理而得

$$r = \frac{b(\pi - \theta)}{\sin\theta} \tag{5.50}$$

若將 ψ_{stag} 視為固體邊界，則可清楚看出組合流場的形式，類似均勻流流經某一下游呈開口狀之物體，此種形狀之物體稱為半體 (half-body)。

　　均勻流與源流組合流場之對應的速度勢，由 (5.33) 式與 (5.37) 式予以合併，結果可得

$$\phi = \phi_{\text{uniform}} + \phi_{\text{source}} = Ur\cos\theta + \frac{\dot{q}}{2\pi} \ln r \tag{5.51}$$

例題 5-12

有一重疊的平面勢流，係由 $\vec{V} = 1\vec{i}\ \dfrac{\text{m}}{\text{s}}$ 的均勻流及每單位深度之體積流率 $\dot{q} = 2\pi\ \dfrac{\text{m}^2}{\text{s}}$ 的源流組合而成：

(1)試求此流場的流線函數與速度勢；

(2)請問流場的停滯點位在何處？

(3)試推導出流場的固體邊界方程式；

(4)試計算固體邊界輪廓之最大厚度及所在之位置；

(5)試求固體邊界輪廓與 y 軸交點所具有的厚度。

解　(1)透過流線函數的合併（即 5.47 式），結果可得

$$\psi = \psi_{\text{uniform}} + \psi_{\text{source}} = Ur\sin\theta + \frac{\dot{q}}{2\pi}\theta = r\sin\theta + \theta$$

對應的速度勢（即 5.51 式）為

$$\phi = \phi_{\text{uniform}} + \phi_{\text{source}} = Ur\cos\theta + \frac{\dot{q}}{2\pi}\ln r = r\cos\theta + \ln r$$

(2)依據推導的流線函數或速度勢，可分別獲得極座標 (r, θ) 的速度分量為

$$v_r = \frac{1}{r}\frac{\partial\psi}{\partial\theta} = U\cos\theta + \frac{\dot{q}}{2\pi r} = \cos\theta + \frac{1}{r}$$

$$v_\theta = -\frac{\partial\psi}{\partial r} = -U\sin\theta = -\sin\theta$$

根據速度分量的方程式可知，在 $\theta = \pi$ 且 $r = 1 = b$，或 $(x, y) = (-1, 0)$ 處 $v_r = v_\theta = 0$，故此點在流場為一個停滯點。

(3)停滯點位在 $(r, \theta) = (1, \pi)$ 處，將數據代入流線函數方程式，整理而

得

$$\psi_{\text{stag}} = r\sin\theta + \theta\Big|_{(r,\,\theta)=(1,\,\pi)} = \pi$$

在停滯點對應的固體邊界方程式，即可透過極座標 (r, θ) 形式的流線函數方程式而得

$$r_s = \frac{\psi_{\text{stag}} - \theta}{\sin\theta} = \frac{\pi - \theta}{\sin\theta} \ \cdots\cdots \ (a)$$

經由上列推導的方程式，可描繪出固體邊界輪廓線，如圖 E5–12 所示。

(4)假設半體的厚度為 h（參考圖 E5–12），依照幾何關係可知

$$h = r_s\sin\theta \ \cdots\cdots \ (b)$$

將(a)式代入(b)式，結果變成

$$h = \pi - \theta$$

由此可看出，θ 值愈小則半體的厚度愈大，而最大厚度係位在 $\theta = 0$ 處，即

$$h_{\max} = h\Big|_{\theta=0} = \pi$$

(5)固體邊界輪廓與 y 軸交點位於 $\theta = \dfrac{\pi}{2}$ 處，代入厚度方程式

$$h\Big|_{\theta=\frac{\pi}{2}} = \frac{\pi}{2} = \frac{h_{\max}}{2}$$

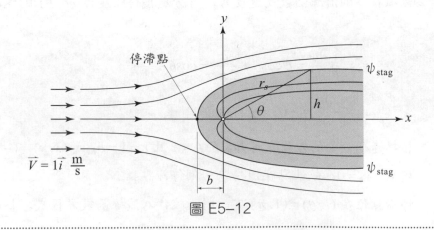

圖 E5–12

◎ 5-7-3　流經圓柱的流場

考慮將均勻流與偶流予以重疊，透過極座標流線函數的合併（參考 5.32 式與 5.43 式），結果可得

$$\psi = \psi_{\text{uniform}} + \psi_{\text{doublet}} = Ur\sin\theta - \frac{\lambda\sin\theta}{r} = r\left(U - \frac{\lambda}{r^2}\right)\sin\theta \tag{5.52}$$

為簡化起見，若設流線函數為常數且等於零（$\psi = 0$），則 (5.52) 式變成

$$r\left[U - \frac{\lambda}{r^2}\right]\sin\theta = 0$$

再令偶流強度 $\lambda = Ua^2$，依照等號左右的因次一致性而言，a 為具有長度因次的物理量。姑且不再深入探討 λ 與 a 的物理意義，偶流強度之所以如此設定的目的，僅在於簡化數學式的推導，也因此可將上式變成

$$r^2 = x^2 + y^2 = a^2$$

顯然組合流場形式呈現流經圓柱的流動，物理量 a 則是圓柱的半徑，如圖 5-17 所示。流經圓柱之流動的流線函數與速度勢，將可整理如下所列

$$\psi = Ur\left(1 - \frac{a^2}{r^2}\right)\sin\theta \tag{5.53}$$

$$\phi = Ur\left(1 + \frac{a^2}{r^2}\right)\cos\theta \tag{5.54}$$

採用上列方程式，可獲得極座標 (r, θ) 的速度分量為

$$v_r = \frac{1}{r}\frac{\partial\psi}{\partial\theta} = U\left(1 - \frac{a^2}{r^2}\right)\cos\theta \tag{5.55}$$

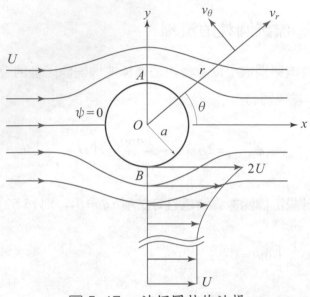

圖 5–17　流經圓柱的流場

$$v_\theta = -\frac{\partial \psi}{\partial r} = -U\left(1 + \frac{a^2}{r^2}\right)\sin\theta \tag{5.56}$$

在圓柱的表面 $(r = a)$，二速度分量將分別為

$$v_r = 0$$

$$v_\theta = -2U\sin\theta$$

據此得知，最大的速度產生在圓柱表面的頂點（A 點，$\theta = \dfrac{\pi}{2}$）與底點（B 點，$\theta = -\dfrac{\pi}{2}$），其速度值為自由流的二倍 $(2U)$，即

$$|v_{\theta, max}| = 2U$$

其中在頂點 $v_{\theta, A} = -2U$，負號表示 v_θ 與 U 的方向相反；在底點 $v_{\theta, B} = 2U$，正號表示 v_θ 與 U 的方向相同。

此外，根據速度分量方程式可看出，在 $\theta = 0$ 且 $\theta = \pi$ 的圓柱表面處 $(r = a)$，$v_r = v_\theta = 0$，意即在圓柱的前緣與後緣形成停滯點。

假設在平面勢流的重力可忽略不計，而圓柱表面僅承受壓力的作用，由
於流場為無旋轉流動，故可運用柏努利方程式於流場中的任意二點。如圖 5–18
所示，假使位置 1 在遠離圓柱的某點（壓力 P_∞、速度 U），另一點則位在圓
柱表面（壓力 P_s、速度 $v_{r_s} = 0$ 且 $v_{\theta_s} = -2U\sin\theta$），即

$$P_s = P_\infty + \frac{\rho U^2}{2}(1 - 4\sin^2\theta) \tag{5.57}$$

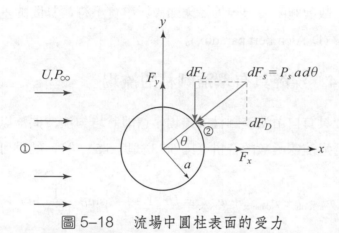

圖 5–18　流場中圓柱表面的受力

圓柱表面形成每單位長度的合力，可利用表面的壓力分布積分而得，由
圖 5–18 可知

$$F_x = -\int dF_D = -\int dF_s\cos\theta = -\int_0^{2\pi} P_s\cos\theta a d\theta$$

將 (5.57) 式代入可得

$$F_D = -a\int_0^{2\pi}\left[P_\infty + \frac{\rho U^2}{2}(1 - 4\sin^2\theta)\right]\cos\theta d\theta \tag{5.58}$$

同理可得

$$F_L = -a\int_0^{2\pi}\left[P_\infty + \frac{\rho U^2}{2}(1 - 4\sin^2\theta)\right]\sin\theta d\theta \tag{5.59}$$

其中 F_D 稱為阻力 (drag force)，係為平行於均勻流方向的合力；F_L 稱為升力 (lift force)，係為垂直於均勻流方向的合力。倘若將上列二式予以積分會得到 $F_D = 0$ 且 $F_L = 0$，此結果意味：在平面勢流場中，流經固定圓柱的阻力與升力均為零。其實，透過圖 5–17 的流線分布顯而易現，流場依 x 軸線呈上下對稱；依 y 軸線亦呈左右對稱，如此的零受力狀態實在不足為奇！然而從經驗獲知，任何物體在流動的流體中必定會形成阻力，只是會因物體形狀而具有程度不同的阻力值，故前述阻力為零的狀態顯然與事實不符，其間的差異性稱為達朗貝特矛盾論 (D'Alembert paradox)。

◐ 5–7–4　流經具有環流圓柱的流場

考慮流經具有自由渦流圓柱的流場，意即將均勻流、偶流以及自由渦流予以重疊，透過流線函數的合併（即 5.38 式與 5.53 式），結果可得

$$\psi = \psi_{\text{uniform}} + \psi_{\text{doublet}} + \psi_{\text{vortex}} = Ur\left(1 - \frac{a^2}{r^2}\right)\sin\theta - \frac{\Gamma}{2\pi}\ln r \tag{5.60}$$

式中環流 Γ 是以逆時鐘旋轉的環流為正值；反之，順時鐘旋轉的環流為負值。由於渦流的流線呈同心圓狀，此意味流動僅具有切線速度而無徑向速度分量，故圓柱的輪廓並不會改變。採用上列的方程式，可獲得極座標 (r, θ) 的速度分量為

$$v_r = \frac{1}{r}\frac{\partial\psi}{\partial\theta} = U\left(1 - \frac{a^2}{r^2}\right)\cos\theta \tag{5.61}$$

$$v_\theta = -\frac{\partial\psi}{\partial r} = -U\left(1 + \frac{a^2}{r^2}\right)\sin\theta + \frac{\Gamma}{2\pi r} \tag{5.62}$$

在圓柱的表面 $(r = a)$，二速度分量將分別為

$$v_r = 0$$

$$v_\theta = -2U\sin\theta + \frac{\Gamma}{2\pi a}$$

由推導結果得知，在圓柱表面並無徑向速度分量 $(v_r = 0)$，而僅有切線速度分量 (v_θ)。假設自由流速 U 及圓柱半徑 a 均為常數，則環流 Γ 成為唯一的變化參數，也將是左右流場形式的關鍵。為探討組合流場所呈現的流動形式，透過上列切線速度分量的定義，可得停滯點 $(v_r = 0 \cdot v_\theta = 0)$ 的位置，即

$$\sin\theta_s = \frac{\Gamma}{4\pi aU}$$

或　　　$$\theta_s = \sin^{-1}\left(\frac{\Gamma}{4\pi aU}\right) \tag{5.63}$$

針對環流 Γ 的變化，可能出現的流動狀況茲說明如下：

(1) $\Gamma = 0$

代入 (5.63) 式可得 $\theta_s = 0$ 或 π，意即停滯點在圓柱表面的前端及後端形成，如圖 5–19 (a)所示，此種流動正是上一節所介紹，即均勻流流經圓柱的流場。

(2) $-1 < \dfrac{\Gamma}{4\pi aU} < 1$

代入 (5.63) 式可知，停滯點將會產生在圓柱表面的任意處，如圖 5–19 (b) 所示。

(3) $\dfrac{\Gamma}{4\pi aU} = 1$

代入 (5.63) 式得 $\theta_s = \dfrac{\pi}{2}$，由此得知停滯點係位在圓柱表面的上端，如圖 5–19 (c)所示。

(4) $\dfrac{\Gamma}{4\pi aU} > 1$

此條件不能滿足 (5.63) 式，意味停滯點係位在圓柱表面外的某點，如圖 5–19 ⒟所示。

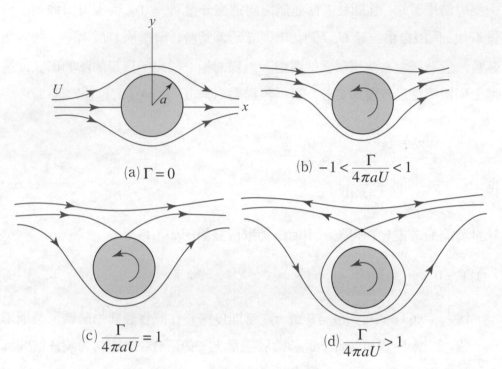

(a) $\Gamma = 0$

(b) $-1 < \dfrac{\Gamma}{4\pi aU} < 1$

(c) $\dfrac{\Gamma}{4\pi aU} = 1$

(d) $\dfrac{\Gamma}{4\pi aU} > 1$

圖 5–19　流經具有環流圓柱的流場

在單位長度之圓柱所受的作用力，可由圓柱上之壓力對整個表面積分而得。假使位置在遠離圓柱的某點（壓力 P_∞、速度 U），另一點位在圓柱表面（壓力 P_s、速度 v_θ），運用於流場中任意二點的柏努利方程式為

$$P_s = P_\infty + \frac{\rho U^2}{2}\left(1 - 4\sin^2\theta + \frac{2\Gamma\sin\theta}{\pi aU} - \frac{\Gamma^2}{4\pi^2 a^2 U^2}\right) \tag{5.64}$$

圓柱表面形成每單位長度的合力，可利用表面的壓力分布積分而得，由圖 5–18 可知

$$F_x = -\int dF_D = -\int dF_s\cos\theta = -\int_0^{2\pi} P_s\cos\theta a\,d\theta$$

將 (5.64) 式代入可得

$$F_D = 0 \tag{5.65}$$

且　　　$F_L = -\rho U\Gamma$ (5.66)

由推導結果得知，具有環流的圓柱在均勻流中會產生升力，倘若環流 Γ 為正值（自由渦流逆時鐘旋轉），則升力 F_L 呈負值（負 y 方向）；反之，環流 Γ 為負值（自由渦流順時鐘旋轉），則升力 F_L 呈正值（正 y 方向）。

　　經由上述的討論可知，在封閉的環流曲線中若存在任何物體，則流動會對物體產生升力，大小與流體密度 ρ、流動速度 U 以及環流量 Γ 有關聯性，此種關係稱為庫塔－賈寇斯基定律 (Kutta-Joukowski law)，乃是決定機翼升力的重要依據。再由上述推導結果可知，升力 F_L 的方向係垂直於自由流速，正如棒球、桌球、高爾夫球等在空氣中旋轉推進，由於升力促使球體之行徑呈曲線狀，類似此種物體旋轉而形成升力的現象，通常稱為馬格納斯效應 (Magnus effect)。

───────── 習 題

1. 試解釋下列名詞並說明物理意義：

　　(1)旋渦度 (vorticity)　　　　　　(2)旋轉流 (rotational flow)

　　(3)無旋轉流 (irrotational flow)　　(4)強制渦流 (forced vortex)

　　(5)自由渦流 (free vortex)　　　　　(6)均勻流 (uniform flow)

2. 試解釋下列名詞並說明存在的條件：

　　(1)流線函數 (stream function)　　(2)速度勢 (velocity potential)

　　(3)勢流 (potential flow)

3. 試解釋下列名詞並繪圖說明：

　　(1)阻力 (drag force)　　　　　　　(2)升力 (lift force)

4. 已知二維流場的速度分布為

$$\vec{V} = -2y\vec{i} + x\vec{j}$$

試問此流場屬於旋轉流或無旋轉流?

5. 請說明流體元素產生旋轉 (rotation) 與角變形 (angular deformation) 之間的差異。

6. 試以正方形流體元素為例，繪圖說明下列二式之物理意義:

(1) $\dfrac{1}{2}\left(\dfrac{\partial u_2}{\partial x_1} - \dfrac{\partial u_1}{\partial x_2}\right)$

(2) $\dfrac{1}{2}\left(\dfrac{\partial u_2}{\partial x_1} + \dfrac{\partial u_1}{\partial x_2}\right)$

7. 試說明下列數學定義的物理意義:

(1) $\nabla \cdot \vec{V} = 0$

(2) $\nabla \times \vec{V} = 0$

8. 質量守恆的表示式或稱為連續方程式:

$$\frac{\partial u}{\partial x} + \frac{\partial v}{\partial y} + \frac{\partial w}{\partial z} = 0$$

請問上式成立的條件為何?

9. 在下列二維流場中，試問屬於旋轉流或無旋轉流? 是否滿足不可壓縮流連續方程式?

(1) $\vec{V} = \vec{i} + \vec{j}$

(2) $\vec{V} = x\vec{i} + y\vec{j}$

(3) $\vec{V} = x\vec{i} - y\vec{j}$

(4) $\vec{V} = y\vec{i} - x\vec{j}$

(5) $\vec{V} = xy\left(\vec{i} + \vec{j}\right)$

10. 流場的速度分量給定如下：

$$u = 3t + x$$
$$v = v(x, y, z, t)$$
$$w = yz^2 + t$$

其中 u、v 以及 w 分別代表在 x、y 以及 z 軸向的速度分量，在下列流動狀況下，試求出 y 方向之速度分量 v 可能具有的形式：

⑴不可壓縮流；

⑵無旋轉流。

11. 在二維、穩定、不可壓縮的流動中，假設速度向量給定如下：

$$\vec{V} = u\vec{i} + v\vec{j} = (x^2 - y^2)\vec{i} + v(x, y)\vec{j}$$

⑴試求速度分量 $v(x, y)$；

⑵試求流線函數。

12. 假設水流場的速度向量給定如下：

$$\vec{V} = Ax^2y^2\vec{i} - Bxy^3\vec{j}$$

其中 $A = 3 \text{ m}^{-3}\text{s}^{-1}$ 且 $B = 2 \text{ m}^{-2}\text{s}^{-1}$。

⑴試求出流線函數；

⑵試問流場屬於旋轉流或無旋轉流？若為旋轉流，則請求出旋轉量。

13. 穩定、不可壓縮的流動中，假設速度向量給定如下：

$$\vec{V} = u\vec{i} + v\vec{j} = -2y\vec{i} + x\vec{j}$$

⑴試求流線函數；

⑵試求分別流經點 $(1, 1)$ 與 $(3, 2)$ 之二流線間單位深度的體積流率 $\dot{q}$。

14. 穩定、不可壓縮的二維流場中，假設在某處之流線最大間距為 10 cm，對應之流速為 $10 \dfrac{\text{m}}{\text{s}}$。倘若在另一處的流速為 $20 \dfrac{\text{m}}{\text{s}}$，試問二流線之間的距離為若干？

15. 穩定、不可壓縮的流動中，假設速度向量給定如下：

$$\vec{V} = 2y\vec{i} + 4x\vec{j}$$

(1)試求出流線函數；

(2)請畫出數條流線並繪示流動方向。

16. 穩定、不可壓縮流的流線函數給定如下：

$$\psi = 2xy$$

(1)試求速度向量；

(2)請問流場屬於旋轉流或無旋轉流？

(3)請問流動是否滿足質量守恆法則？

17. 穩定、不可壓縮流的流線函數給定如下：

$$\psi = a(3x^2 - y^3)$$

其中 $a = \dfrac{1}{m \cdot s}$。

(1)請問流場屬於旋轉流或無旋轉流？

(2)試證明在流場中，任意點的速度大小完全端視與原點之距離而定。

18. 如圖 P5-18 所示，具有自由流速 U 之均勻流，若流經環流量 $\Gamma = 18\pi \dfrac{m^2}{s}$ 之自由渦流，試求在流場 A 點處之合成速度值與方向。

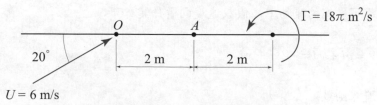

圖 P5-18　流體元素的運動

19. 在不可壓縮的平面勢流中，某合成流場的流線函數給定如下：

$$\psi = \psi_1 + \psi_2 = Ay - \frac{By}{x^2 + y^2}$$

其中 $A > 0$ 且 $B > 0$

⑴請問 A 與 B 的物理意義為何?

⑵試問組合之流場屬於何種流動形式，請繪圖說明之;

⑶試求流場停滯點所在的位置;

⑷試求該物體之表面速度及壓力。

20. 試以 [MLT] 系統表達下列物理量的因次:

⑴流線函數;

⑵速度勢。

21. 請應用流體力學之學理，試闡釋棒球會產生上飄球與下墜球之投擲原理。

第 6 章　因次分析與相似定律
Dimensional Analysis and Similarity Law

在許多流體力學領域所呈現的問題，透過理論計算與實驗方法大都能獲得某種合理程度的解釋。但對實際的流動而言，若欲單憑理論解析獲得正確的計算解，這將是一項具有較高難度的挑戰。如何獲致較佳的數學模式，用以描述真實的流動狀態，實有賴於利用實驗方法予以輔助分析。

其實，單憑理論計算而能準確解析的流動狀況極其有限，大多數的問題剖析仍需仰賴實驗方法較為可靠。然而，實驗方法既費時又耗財，若能以最短的實驗時間與最少的實驗數據，透過各種歸納分析而發展出可資描述真實流場狀態的經驗公式 (empirical formula)，亦或結合數學公式而能推導出半經驗公式 (semi-empirical formula)，對於流體力學所涉及之問題的解析，將具有莫大的助益。唯須先考量有那些物理量，對於問題解析具有實質的助益，各物理量之間的關聯性，以及經由實驗方法所擷取的數據範圍等，均攸關問題解析的可信度，而因次分析 (dimensional analysis) 在問題解析的過程中，將擁有舉足輕重的地位。

在實驗室中，因空間與成本的考量，對於探討實際的流動狀態，常藉由模型測試予以達成。然而，如何透過較佳的模型，俾能獲致較為真實的模擬流場，相似定理 (similarity law) 將扮演舉足輕重的角色。

6–1　因次與單位

在物理方程式中，使用數學符號串接各物理量時，因次均一性 (dimensional homogeneous) 必定要存在，否則方程式將不會成立。通常，流體力學所含括的物理量，大致可利用質量 (mass, M)、長度 (length, L) 以及時間 (time, T) 等三個基本因次予以表達，此種因次組合稱為 [MLT] 系統；或可採用力 (force, F)、長度 (length, L) 以及時間 (time, T) 等三個基本因次表示，而此種因次組合則稱 [FLT] 系統。[MLT] 系統與 [FLT] 系統之間，將可透過牛頓第二運動定律獲得其間的關聯性，即

$$F = ma$$

利用基本因次表達如下

$$[F] = [M][LT^{-2}] \tag{6.1}$$

或　　　$$[M] = [FL^{-1}T^{2}] \tag{6.2}$$

據此，以下將舉那維爾—史托克斯方程式 (Navier-Stokes equation) 為例說明

$$\rho\frac{d\vec{V}}{dt} = \rho\vec{g} - \nabla P + \mu\,\nabla^{2}\vec{V}$$

各項因次分析如下所列：

$\rho\dfrac{d\vec{V}}{dt}^{2}$ ：$[ML^{-2}][LT^{-1}][T]^{-1} \sim [ML^{-2}T^{-2}]$ 或 $[FL^{-3}]$

$\rho\vec{g}$ 　：$[ML^{-3}][LT^{-2}] \sim [ML^{-2}T^{-2}]$ 或 $[FL^{-3}]$

∇P 　：$[L^{-1}][ML^{-1}T^{-2}] \sim [ML^{-2}T^{-2}]$ 或 $[FL^{-3}]$

$\mu\nabla^{2}\vec{V}$ 　：$[ML^{-1}T^{-1}][L^{-1}]^{2}[LT^{-1}] \sim [ML^{-2}T^{-2}]$ 或 $[FL^{-3}]$

由此得知各項因次完全一致（均為單位體積之作用力），$[FL^{-3}]$，故方程式成立。

例題 6-1

試以 [MLT] 系統表達下列各物理量的因次：

(1)彈性係數 (modulus of elasticity)

(2)運動黏度 (kinematic viscosity)

(3)應力張量 (stress tensor)

(4)熱通量 (heat flux)

(5)質量流率 (mass flow rate)

解 (1)彈性係數 E：$[ML^{-1} T^{-2}]$

(2)運動黏度 ν：$[L^2 T^{-1}]$

(3)應力張量 τ_{ij}：$[ML^{-1} T^{-2}]$

(4)熱通量 q''：$[MT^{-3}]$

(5)質量流率 $\dot{m}$：$[MT^{-1}]$

描述物理量須具備二個要素：數值 (numerical value) 和單位 (unit)，其中單位可區分為基本單位 (fundamental unit) 和導出單位 (derived unit) 二種。基本單位為基本因次直接轉化的單位，譬如：公斤 (kg)、公克 (g)、磅 (lb)、斯辣 (slug)、公尺 (m)、公分 (cm)、呎 (ft)、秒 (s)……等；導出單位為二個或二個以上基本單位組成的單位，例如：牛頓 (N)、達因 (dyne)、巴斯噶 (Pa)、馬力 (hp)、焦耳 (J)……等。

單位系統的種類繁多，工程方面較常採用的有三種：國際系統 (international system, SI)、英國重力系統 (British gravitational system, BG) 以及英國工程系統 (English engineering system, EE)。茲將三種單位系統的基本單位，透

過表 6–1 予以列示，俾使讀者能清楚瞭解其間的差異。

表 6–1　工程常用單位系統的基本單位

單 位 系 統	質量 [M]	力 [F]	長度 [L]	時間 [T]	$g_s\ (F = \dfrac{ma}{g_s})$
國際系統 (SI)	公克 (g)	牛頓 (N)	公尺 (m)	秒 (s)	1.0
英國重力系統 (BG)	斯辣 (slug)	磅 (lb)	呎 (ft)	秒 (s)	1.0
英國工程系統 (EE)	磅 (lbm)	磅 (lbf)	呎 (ft)	秒 (s)	32.17

表中 g_s 表示標準重力加速度值。

　　欲透過實驗方法探討流體力學的問題時（例如管流分析），首要步驟應確定問題的焦點（譬如單位長度的壓降 ΔP_L），其次是決定所有相關的變數（管徑 D、流體密度 ρ、流體黏度 μ、平均流速 V），接著是以函數型態列出表示式（類似 $\Delta P_L = f(D,\ \rho,\ \mu,\ V)$，其中 f 為待定函數）。接續是針對相關變數進行重複的實驗程序，俾以擷取各物理量的實驗數據（$D,\ \rho,\ \mu,\ V$ 值）。最後，將各物理量構成無因次參數的組合，此種組合稱為無因次群 (dimensionless group) 或無因次積 (dimensionless products)（本例證將形成 $\dfrac{\Delta P_L D}{\rho V^2}$ 與 $\dfrac{\rho VD}{\mu}$），並且能獲致通用的數學表示式。

　　經由實驗方法所獲得的通用函數式，將可用以掌握在某些相關物理量變化情況下，流動對應變化的狀態，如此將可大幅簡化相似問題解析的冗長程序，唯須儘量確保通用函數式的可靠性。一種迅速檢驗通用函數式成立與否的方式，就是利用因次分析 (dimensional analysis) 先行確認無因次群的正確性，如下所示

$$\frac{\Delta P_L}{\rho\,V^2} \sim [\text{FL}^{-3}][\text{L}]\,[\text{FL}^{-4}\text{T}^2]^{-1}[\text{LT}^{-1}]^{-2} \sim [\text{F}^0\text{L}^0\text{T}^0]$$

$$\frac{\rho VD}{\mu} \sim [\text{FL}^{-4}\text{T}^2][\text{LT}^{-1}][\text{L}][\text{FL}^{-2}\text{T}]^{-1} \sim [\text{F}^0\text{L}^0\text{T}^0]$$

據此，不但將變數由五個轉化成二個，而且由變數組合而成的無因次群，將具有特殊的物理意義。

6–2　柏金漢 PI 理論

利用因次分析可將多個變數簡化成少量的無因次群，至於數量減少的主要依據為柏金漢 PI 理論 (Buckingham PI theorem)，此理論敘述：某一含有 k 個物理量的流體力學問題，若全部的物理量具有 r 個基本因次，則此問題將可轉化成 $k-r$ 個獨立的無因次群。習慣上，將每個無因次群稱為 PI 項（或表示成 Π）。

假設某流體力學的問題包含 k 個物理量（即 k 個變數），而其間關係得以下列函數形式表達

$$n_1 = f(n_2, n_3, \cdots, n_k)$$

依照柏金漢 PI 理論之因次分析方法，可將上列函數簡化成通用的數學表示式，即

$$\Pi_1 = F(\Pi_2, \Pi_3, \cdots, \Pi_{k-r})$$

在簡化後的 PI 項僅存 $k-r$ 個，其中 r 係為表示 k 個變數所需的最少基本因次數目。

在柏金漢 PI 理論之因次分析過程中，須在原先所列的 k 個變數，從中選擇 m 個重複變數 (repeating variable)。通常，m 值相當於表達問題所包含物理量的基本因次個數，即 $m=r$。各重複變數須具備因次獨立的關係，此正意味重複變數不可能組成無因次群。據此，可將其他 $k-r$ 個非重複變數組成無因次 PI 項。

在處理任何流體力學的問題時（再以管流分析為例），採用柏金漢 PI 理論之因次分析方法，將可依照下列步驟進行：

步驟一：列示問題所涉及的相關變數。

　　　　單位長度的壓降 ΔP_L、管徑 D、流體密度 ρ、流體黏度 μ、平均

流速 V, 物理量數目 $k = 5$。

步驟二： 將相關變數以基本因次表示（先採用 [FLT] 系統）。

$\Delta P_L \sim [FL^{-3}]$、$D \sim [L]$、$\rho \sim [FL^{-4}T^2]$、$\mu \sim [FL^{-2}T]$、$V \sim [LT^{-1}]$，

最少基本因次數目 $r = 3$。

步驟三： 選擇與基本因次個數相同的重複變數 ($m = r$)。

選取 D、ρ、μ 為重複變數，重複變數數目 $m = r = 3$。

步驟四： 決定 PI 項之數目。

$k - r = 2$

步驟五： 以指數形式將其他的非重複變數組成無因次群（2 個 PI 項）。

$\Pi_1 = \Delta P_L \rho^{a_1} V^{b_1} D^{c_1} \sim [FL^{-3}][FL^{-4}T^2]^{a_1}[LT^{-1}]^{b_1}[L]^{c_1} \sim [F^0L^0T^0]$

比較同底的指數，可得

F： $1 + a_1 = 0$

L： $-3 - 4a_1 + b_1 + c_1 = 0$

T： $2a_1 - b_1 = 0$

解上列三個聯立方程式，可得 $a1 = -1$、$b1 = -2$、$c1 = 1$，故第一個 PI 項（即 Π_1）為

$$\Pi_1 = \Delta P_L \rho^{-1} V^{-2} D = \frac{\Delta P_L}{\rho V^2}$$

同理

$\Pi_2 = \mu \rho^{a_2} V^{b_2} D^{c_2} \sim [FL^{-2}T][FL^{-4}T^2]^{a_2}[LT^{-1}]^{b_2}[L]^{c_2} \sim [F^0L^0T^0]$

比較同底的指數，可得

F： $1 + a_2 = 0$

L： $-2 - 4a_2 + b_2 + c_2 = 0$

T： $1 + 2a_2 - b_2 = 0$

解上列三個聯立方程式，可得 $a_2 = -1$、$b_2 = -1$、$c_2 = -1$，故第二個 PI 項（即 Π_2）為

$$\Pi_2 = \mu \rho^{-1} V^{-1} D^{-1} = \frac{\mu}{\rho V D}$$

步驟六：採用另一種基本因次（即 [MLT] 系統）檢驗 PI 項的正確性。

$$\Pi_1 = \frac{\Delta P_L}{\rho V^2} \sim [ML^{-2}T^{-2}][L][ML^{-3}]^{-1}[LT^{-1}]^{-2} \sim [M^0L^0T^0]$$

$$\Pi_2 = \frac{\mu}{\rho V D} \sim [ML^{-1}T^{-1}][ML^{-3}]^{-1}[LT^{-1}]^{-1}[L]^{-1} \sim [M^0L^0T^0]$$

經過以上六個步驟，最後可獲得通用的數學表示式

$$\Pi_1 = F(\Pi_2)$$

式中，函數 F 的形式需擷取實驗數據，再透過歸納分析發展而得。

=== 例題 6–2 ===

流體在直徑 D、長度 L、管內粗糙度 ε 的圓形導管以平均速度 V 流動，假設流體在管內流動的壓降為 ΔP，流體具有的物理性質：密度 ρ、黏度 μ，考慮重力加速度 g 的影響。試決定一組適常的 PI 項，俾可供實驗研究之用。

解 按照柏金漢 PI 理論之因次分析方法，本題的解析須遵循下列步驟進行：

(1)由題意得知相關變數有 8 個，即 $k = 8$。

$$\Delta P = f(D, L, \varepsilon, \rho, \mu, V, g)$$

(2)選擇 [MLT] 系統的基本因次，並將相關變數以基本因次表示。

$$\Delta P \sim [ML^{-1}T^{-2}]、\ D \sim [L]、\ L \sim [L]、\ \varepsilon \sim [L]、\ \rho \sim [ML^{-3}]，$$

$\mu \sim [\text{ML}^{-1}\text{T}^{-1}]$、$V \sim [\text{LT}^{-1}]$、$g \sim [\text{LT}^{-2}]$，表達問題所含括之物理量的基本因次 (M, L, T) 個數 $r = 5$。

(3)選取 D、ρ、μ 為重複變數，$m = r = 3$。

(4) PI 項之數目 $k - r = 5$。

$$\Pi_1 = \Delta P \rho^{a_1} V^{b_1} D^{c_1} \sim [\text{ML}^{-1}\text{T}^{-2}][\text{ML}^{-3}]^{a_1}[\text{LT}^{-1}]^{b_1}[\text{L}]^{c_1}$$
$$\sim [\text{M}^0\text{L}^0\text{T}^0]$$

$$\Pi_2 = L \rho^{a_2} V^{b_2} D^{c_2} \sim [\text{L}][\text{ML}^{-3}]^{a_2}[\text{LT}^{-1}]^{b_2}[\text{L}]^{c_2} \sim [\text{M}^0\text{L}^0\text{T}^0]$$

$$\Pi_3 = \varepsilon \rho^{a_3} V^{b_3} D^{c_3} \sim [\text{L}][\text{ML}^{-3}]^{a_3}[\text{LT}^{-1}]^{b_3}[\text{L}]^{c_3} \sim [\text{M}^0\text{L}^0\text{T}^0]$$

$$\Pi_4 = \mu \rho^{a_4} V^{b_4} D^{c_4} \sim [\text{ML}^{-1}\text{T}^{-1}][\text{ML}^{-3}]^{a_4}[\text{LT}^{-1}]^{b_4}[\text{L}]^{c_4}$$
$$\sim [\text{M}^0\text{L}^0\text{T}^0]$$

$$\Pi_5 = g \rho^{a_5} V^{b_5} D^{c_5} \sim [\text{LT}^{-2}][\text{ML}^{-3}]^{a_5}[\text{LT}^{-1}]^{b_5}[\text{L}]^{c_5} \sim [\text{M}^0\text{L}^0\text{T}^0]$$

(5)決定 Π_1、Π_2、$\cdots$、Π_5。

比較 Π_1 的同底指數，可得

M: $\quad 1 + a_1 = 0$

L: $\quad -1 - 3a_1 + b_1 + c_1 = 0$

T: $\quad -2 - b_1 = 0$

解上列三個聯立方程式，可得 $a_1 = -1$、$b_1 = -2$、$c_1 = 0$，即

$$\Pi_1 = \Delta P \rho^{-1} V^{-2} = \frac{\Delta P}{\rho V^2} \quad \cdots\cdots \text{ (a)}$$

比較 Π_2 的同底指數，可得

M: $\quad a_2 = 0$

L: $\quad 1 - 3a_2 + b_2 + c_2 = 0$

T: $\quad -b_2 = 0$

解上列三個聯立方程式，可得 $a_2 = 0$、$b_2 = 0$、$c_2 = -1$，即

$$\Pi_2 = L D^{-1} = \frac{L}{D} \quad \cdots\cdots \text{ (b)}$$

比較 Π_3 的同底指數，可得

M： $a_3 = 0$

L： $1 - 3a_3 + b_3 + c_3 = 0$

T： $-b_3 = 0$

解上列三個聯立方程式，可得 $a_3 = 0$、$b_3 = 0$、$c_3 = -1$，即

$$\Pi_3 = \varepsilon D^{-1} = \frac{\varepsilon}{D} \ \cdots\cdots \ (c)$$

比較 Π_4 的同底指數，可得

M： $1 + a_4 = 0$

L： $-1 - 3a_4 - b_4 + c_4 = 0$

T： $-1 - b_4 = 0$

解上列三個聯立方程式，可得 $a_4 = -1$、$b_4 = -1$、$c_4 = -1$，即

$$\Pi_4 = \mu \rho^{-1} V^{-1} D^{-1} = \frac{\mu}{\rho V D} \ \cdots\cdots \ (d)$$

比較 Π_5 的同底指數，可得

M： $a_5 = 0$

L： $1 - 3a_5 + b_5 + c_5 = 0$

T： $-2 - b_5 = 0$

解上列三個聯立方程式，可得 $a_5 = 0$、$b_5 = -2$、$c_5 = 1$，即

$$\Pi_5 = g V^{-2} D = \frac{gD}{V^2} \ \cdots\cdots \ (e)$$

(6)檢驗 PI 項的正確性。

採用 [FLT] 基本因次系統

$$\Pi_1 = \frac{\Delta P}{\rho V^2} \sim [FL^{-2}][FL^{-4}T^2]^{-1}[LT^{-1}]^{-2} \sim [F^0 L^0 T^0]$$

$$\Pi_2 = \frac{L}{D} \sim [L][L]^{-1} \sim [F^0 L^0 T^0]$$

$$\Pi_3 = \frac{\varepsilon}{D} \sim [L][L]^{-1} \sim [F^0 L^0 T^0]$$

$$\Pi_4 = \frac{\mu}{\rho V D} \sim [FL^{-2}T][FL^{-4}T^2]^{-1}[LT^{-1}]^{-1}[L]^{-1} \sim [F^0 L^0 T^0]$$

$$\Pi_5 = \frac{gD}{V^2} \sim [LT^{-2}][LT^{-1}]^{-2}[L] \sim [M^0L^0T^0]$$

確認 PI 項的正確性後，可獲得通用的數學表示式

$$\Pi_1 = F(\Pi_2, \Pi_3, \Pi_4, \Pi_5)$$

將各無因次群代入上式，可得最後的結果為

$$\frac{\Delta P}{\rho V^2} = F\left(\frac{L}{D}, \frac{\varepsilon}{D}, \frac{\mu}{\rho VD}, \frac{gD}{V^2}\right)$$

例題 6–3

流體在內徑 $D = 0.496$ in、長度 $L = 5$ ft、管壁光滑的水平圓形導管內流動，假設流體為 60°F 的水（密度 $\rho = 1.94 \dfrac{\text{slug}}{\text{ft}^3}$、黏度 $\mu = 2.34 \times 10^{-5} \dfrac{\text{lb}\cdot\text{s}}{\text{ft}^2}$）。經實驗量測，管內平均速度 V 與在 5 ft 長度之相對應的壓降 ΔP_L，如下表所列：

$V(\frac{\text{ft}}{\text{s}})$	1.17	1.95	2.91	5.84	11.13	16.92	23.34	28.73
$\Delta P_L(\frac{\text{lb}}{\text{ft}^2})$ (5 ft 長度)	6.26	15.6	30.9	106	329	681	1200	1730

試決定一組適當的 PI 項，並透過實驗數據之歸納分析，發展出單位長度的壓降 ΔP_L 及其他變數之間的關係式。

解 按照柏金漢 PI 理論之因次分析方法，遵循下列步驟進行

(1)由題意得知相關變數有 5 個，即 $k = 5$。

$$\Delta P_L = f(D, \rho, \mu, V)$$

(2)選擇 [MLT] 系統的基本因次，並將相關變數以基本因次表示。

$\Delta P_L \sim [ML^{-2}T^{-2}]$、 $D \sim [L]$、 $\rho \sim [ML^{-3}]$、 $\mu \sim [ML^{-1}T^{-1}]$、 $V \sim [LT^{-1}]$

表達問題所含括之物理量的基本因次 (M, L, T) 個數 $r = 3$。

(3)選取 D、ρ、μ 為重複變數，$m = r = 3$。

(4) PI 項之數目 $k - r = 2$。

$$\Pi_1 = \Delta P_L \rho^{a_1} V^{b_1} D^{c_1} \sim [ML^{-2}T^{-2}][ML^{-3}]^{a_1}[LT^{-1}]^{b_1}[L]^{c_1}$$
$$\sim [M^0 L^0 T^0]$$

$$\Pi_2 = \mu \rho^{a_2} V^{b_2} D^{c_2} \sim [ML^{-1}T^{-1}][ML^{-3}]^{a_2}[LT^{-1}]^{b_2}[L]^{c_2}$$
$$\sim [M^0 L^0 T^0]$$

(5)決定 Π_1 與 Π_2。

比較 Π_1 的同底指數，可得

M： $1 + a_1 = 0$

L： $-2 - 3a_1 + b_1 + c_1 = 0$

T： $-2 - b_1 = 0$

解上列三個聯立方程式，可得 $a_1 = -1$、$b_1 = -2$、$c_1 = 1$，即

$$\Pi_1 = \Delta P_L \rho^{-1} V^{-2} D^1 = \frac{\Delta P_L}{\rho V^2 / D} \ \cdots\cdots \ \text{(a)}$$

比較 Π_2 的同底指數，可得

M： $1 + a_2 = 0$

L： $-1 - 3a_2 - b_2 + c_2 = 0$

T： $-1 - b_2 = 0$

解上列三個聯立方程式，可得 $a_2 = -1$、$b_2 = -1$、$c_2 = -1$，即

$$\Pi_2 = \mu \rho^{-1} V^{-1} D^{-1} = \frac{\mu}{\rho V D} \ \cdots\cdots \ \text{(b)}$$

(6)檢驗 PI 項的正確性。

採用 [FLT] 基本因次系統

$$\Pi_1 = \frac{\Delta P_L}{\rho V^2 / D} \sim [FL^{-3}][FL^{-4}T^2]^{-1}[LT^{-1}]^{-2}[L]^1 \sim [F^0 L^0 T^0]$$

$$\Pi_2 = \frac{\mu}{\rho V D} \sim [FL^{-2}T][FL^{-4}T^2]^{-1}[LT^{-1}]^{-1}[L]^{-1} \sim [F^0 L^0 T^0]$$

(7) Π_2 項若能改變成倒數形式，將較為符合物理意義的期待，即

$$\Pi_2' = \frac{\rho V D}{\mu} \ \cdots\cdots (c)$$

實驗數據代入 Π_1 項與 Π_2' 項，結果可得

Π_1	0.0195	0.0175	0.0155	0.0132	0.0113	0.0101	0.00939	0.00893
Π_2'	4009	6682	9972	20012	38140	57981	79981	98451

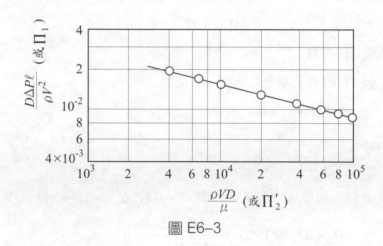

圖 E6–3

由圖 E6–3 明顯看出，Π_1 項與 Π_2' 項在雙對數圖係呈直線狀，而線性方程式之數學定義為

$$y = Ax + B$$

其中 y 代表垂直軸，即 $\log(\Pi_1)$；x 表示水平軸，即 $\log(\Pi_2')$。此外，A 與 B 為對應圖形的待定常數，即

$$\log(\Pi_1) = A\log(\Pi_2') + \log(C)，其中 B = \log(C) 或 C = 10^B$$

重新整理，可得

$$\log(\Pi_1) = \log(\Pi_2')^A + \log(C)$$

再經整理，可得

$$\log(\Pi_1) = \log C\,(\Pi_2')^A$$

據此，可推導出二個 PI 項的關係式為

$$\Pi_1 = C(\Pi_2')^A \ \cdots\cdots (d)$$

其中

$$A = \frac{y_8 - y_1}{x_8 - x_1} = \frac{\log(\Pi_1)_8 - \log(\Pi_1)_1}{\log(\Pi_2')_8 - \log(\Pi_2')_1}$$

$$= \frac{\log(0.00893) - \log(0.0195)}{\log(98451) - \log(4009)} = \frac{(-2.049) - (-1.710)}{4.993 - 3.603}$$

$$= -0.244$$

$$B = y - Ax = \log(\Pi_1) + 0.244\log(\Pi_2') \doteq -0.831$$

$$C = 10^B = 10^{-0.831} = 0.148$$

將計算數值代入(c)式，結果可得

$$\Pi_1 = 0.148(\Pi_2')^{-0.244}$$

在 1911 年，布拉休斯 (H. Blasius) 曾對雷諾數 (Reynolds number) 介於 4×10^3 至 10^5 範圍、光滑管內的水流壓降值，建立一套被廣泛採用的經驗方程式，如下所列

$$\frac{\Delta P_L}{\rho V^2 / D} = 0.1582 \left(\frac{\rho VD}{\mu} \right)^{-0.25} \tag{6.3}$$

此式乃為布拉休斯定則 (Blasius formula) [文獻 1, 2]。

6-3　無因次群的物理意義

依據柏金漢 PI 理論所轉化成的無因次群 （PI 項），基本上均存在特定的物理意義，對問題的剖析將具有莫大的助益。在流體力學問題中，常見的變數包括：密度 ρ 、黏度 μ 、特性長度 ℓ 、速度 V 、局部音速 (local sound speed) c 、重力加速度 g 、壓力 P （或壓降 ΔP）、表面張力 σ 、振盪頻率 (oscillating frequency) ω。上列變數雖不完全含括所有問題可能呈現的物理量，但這些變數組成的無因次群，卻可運用在絕大部分的問題解析。經由變數組合的無因次群，通常呈現各種作用力的比，而作用力的種類如表 6-2 所示。

表 6-2　流體力學中常見的作用力種類

作用力種類	表示式
慣性力 (inertia force)	$F_i = \rho V^2 \ell^2$
黏性力 (viscous force)	$F_v = \tau A = \mu V \ell$
重力 (gravitational force)	$F_g = mg = \rho \ell^3 g$
壓力 (pressure force)	$F_p = PA = P\ell^2$
壓縮力 (compressibility force)	$F_c = E_v A = E_v \ell^2$
表面張力 (surface tension force)	$F_t = \sigma A = \sigma \ell^2$
局部慣性力 (local inertia force)	$F_\omega = \rho V \ell^3 \omega$

各無因次群將可透過上列的作用力，簡扼的表示如下：

1. 雷諾數 (Reynolds number, Re)

$$Re = \frac{慣性力(F_i)}{黏性力(F_v)} = \frac{\rho V^2 \ell^2}{\mu V \ell} = \frac{\rho V \ell}{\mu} \tag{6.4}$$

雷諾數為判定流動型態的重要參數，依據數值的大小而可界定流場是為層流 (laminar flow)、過渡流 (transitional flow)、亦或紊流 (turbulent flow) 等類型。此外，當雷諾數非常小 ($Re \ll 1$) 時，流場可視為潛變流 (creeping flow) 型態；雷諾數很大 ($Re \gg 1$) 時，流場則可視為邊界流 (boundary-layer flow) 形式。

2. 福勞得數 (Froude number, Fr)

$$Fr = \frac{慣性力(F_i)}{重力(F_g)} = \frac{\rho V^2 \ell^2}{\rho \ell^3 g} = \frac{V^2}{g\ell} \tag{6.5}$$

此參數在具有自由表面 (free surface) 之流體，直接受到重力作用之流場顯得格外地重要，討論的範疇主要包括：河川、明渠流、水壩排放流動、環繞船舶之流場……等問題之解析。值得一提的是，福勞得數定義經常以下列的形式呈現

$$Fr = \frac{V}{\sqrt{g\ell}} \tag{6.6}$$

3. 歐拉數 (Euler number, *Eu*)

$$Eu = \frac{壓力(F_p)}{慣性力(F_i)} = \frac{P\ell^2}{\rho V^2 \ell^2} = \frac{P}{\rho V^2} \tag{6.7}$$

歐拉數在管流問題的研究中扮演舉足輕重的角色，此參數類似於壓力係數 (pressure coefficient, *Cp*)

$$Cp = \frac{\Delta P}{\rho V^2 / 2} \tag{6.8}$$

壓力係數亦可運用在管流的穴蝕 (cavitation) 效應研究中，其中壓差 $\Delta P = P - P_v$，其中 P_v 表示蒸汽壓力 (vapor pressure)，此類似的無因次參數表示法稱為穴蝕數 (cavitation number)，有關穴蝕現象在 4–5 節已做概略的說明。

4. 馬赫數 (Mach number, *Ma*)

$$Ma = \frac{慣性力(F_i)}{壓縮力(F_c)} = \frac{\rho V^2 \ell^2}{E_v \ell^2} = \frac{V}{E_v / \rho} = \frac{V}{c} \tag{6.9}$$

馬赫數是用以判斷在流動時，流體壓縮性重要與否的依據。當馬赫數很小時 ($Ma < 0.3$)，就定義而言表示慣性力遠小於壓縮力，此正意味著流動引致流體密度的變化相當微小，因而流體的壓縮性可予以忽略。縱使是為氣體，但在馬赫數小於 0.3 的情況下，亦可視為不可壓縮流。

除說明流體的壓縮性外，馬赫數又可作為氣體流動快慢之表徵。通常，依據馬赫數值的大小可將流場區分成：

⑴不可壓縮流 (incompressible flow)：$Ma < 0.3$

⑵次音速流 (subsonic flow)：$0.3 < Ma < 1$

⑶穿音速流 (transonic flow)：$Ma \doteqdot 1$

⑷超音速流 (supersonic flow)：$1 < Ma < 3$

⑸高倍音速流 (hypersonic flow)：$Ma > 3$

5. 科西數 (Cauchy number, Ca)

$$Ca = \frac{慣性力(F_i)}{壓縮力(F_c)} = \frac{\rho V^2 \ell^2}{E_v \ell^2} = \frac{\rho V^2}{E_v} \tag{6.10}$$

此無因次群為馬赫數的平方 $(Ca = Ma^2)$，運用在顯現流體壓縮性重要與否的流動中，物理意義類似於馬赫數。

6. 史特豪數 (Strouhal number, St)

$$St = \frac{(局部) \; 慣性力(F_\omega)}{(對流) \; 慣性力(F_i)} = \frac{\rho V \ell^3 \omega}{\rho V^2 \ell^2} = \frac{\omega \ell}{V} \tag{6.11}$$

在不穩定、振盪的流動中，將會引致局部慣性力的形成，而流場流速的改變，亦將引發對流慣性力的產生，兩種作用力的比值即為史特豪數。此無因次群，主要運用在流體流經某一固體（如纜線與繩索）的不穩定流場分析，吊橋因共振而過度變形導致破壞，即為最顯著的研討實例。

7. 韋伯數 (Weber number, We)

$$We = \frac{慣性力(F_i)}{表面張力(F_t)} = \frac{\rho V^2 \ell^2}{\sigma \ell^2} = \frac{\rho V^2 \ell}{\sigma} \tag{6.12}$$

此無因次群在表面張力顯著的問題中格外重要，例如在兩種流體間形成一特殊的界面，最常見的實例為液態薄膜、液滴、亦或氣泡形成等問題之研究。至於具有自由表面的河川與明渠水流問題，由於重力與慣性力是主要的影響參數，故韋伯數的重要性即顯得相當薄弱。

例題 6-4

假設牛頓不可壓縮流體的黏性係數 μ 為常數，則描述流場的那維爾－史托克斯方程式 (Navier-Stokes equation)，如下所列

$$\rho \frac{D\vec{V}}{Dt} = \rho\vec{g} - \nabla P + \mu\nabla^2\vec{V}$$

試問其中包含那幾項作用力? 又將方程式無因次化後，將會出現那些無因次群?

解 首先，定義無因次群參數

$$\vec{V}^* = \frac{\vec{V}}{V_\infty}, \quad g^* = \frac{\vec{g}}{g}, \quad P^* = \frac{P}{P_\infty}$$

$$t^* = \frac{t}{\dfrac{\ell}{V_\infty}}, \quad \nabla^* = \ell\nabla, \quad \nabla^{*2} = \ell^2\nabla^2$$

其中 V_∞、P_∞ 分別代表已知自由流的流速、壓力，ℓ 則是流場的特性長度。將上列的無因次群參數，悉數代入題目列示之那維爾－史托克斯方程式，整理可得

$$\rho V_\infty^2 \ell^2 \frac{D\vec{V}^*}{Dt^*} = \rho g\ell^3\vec{g}^* - P\ell^2\nabla^* P^* + \mu V_\infty\ell\nabla^*\vec{V}$$

對照表 6-2 可得

$$F_i \frac{D\vec{V}^*}{Dt^*} = F_g\vec{g}^* - F_p\nabla^* P^* + F_v\nabla^{*2}\vec{V}^*$$

顯而易見，上式中的作用力包含: 慣性力 F_i、重力 F_g、壓力 F_p 以及黏性力 F_v。

再將上式每項除以 $F_i = \rho V^2\ell^2$，結果變成

$$\frac{D\vec{V}^*}{Dt^*} = \frac{F_g}{F_i}\vec{g}^* - \frac{F_p}{F_i}\nabla^* P^* + \frac{F_v}{F_i}\nabla^{*2}\vec{V}^*$$

或可依據無因次群的定義而改寫成

$$\frac{D\vec{V}^*}{Dt^*} = \frac{1}{Fr}\vec{g}^* - Eu\nabla^*P^* + \frac{1}{Re}\nabla^{*2}\vec{V}^*$$

由此可見，式中的無因次群包括：福勞得數 Fr、歐拉數 Eu、雷諾數 Re。

6-4 模型製作與相似性

雖然，理論計算可用以預測流場的某方面的特性，但對於複雜的流動型態而言，若欲仰賴數學模式與數值方法準確解析問題的困難度較高，故採用實驗方法將是另類的抉擇。在流體力學的問題研究中，廣泛地運用模型 (model) 可用以預估物理系統某方面的特性，而被預估的物理系統稱為原型 (prototype)。

模型與原型相似但具有不同的尺寸，通常模型的尺寸遠小於原型，例如：船舶建造、水利工程、超高建築……等巨觀尺寸的問題，俾便於在實驗室進行流場分析；若原型尺寸過小，譬如：液滴蒸發、燃燒、電子元件熱傳……等微觀尺寸的問題，則模型的尺寸將遠大於原型。無論如何，若能有效的完成模型製作，即可在某些條件下準確的預估原型所具備之特性。

模型理論可藉由因次分析原理發展而成，假設一已知問題可透過一組無因次 PI 項予以描述，即

$$\Pi_1 = F(\Pi_2, \Pi_3, \cdots, \Pi_n)$$

若欲採用替代之模型描述此問題的特性，則上列的關係式必定可運用於模型，意即

$$\Pi_{1m} = F(\Pi_{2m}, \Pi_{3m}, \cdots, \Pi_{nm})$$

具有下標 "m" 為模型的 PI 項。模型的設計必須在滿足下列條件下進行，即

$$\Pi_{2m} = \Pi_2$$

$$\Pi_{3m} = \Pi_3$$

$$\Pi_{4m} = \Pi_4$$

$$\vdots$$

$$\Pi_{nm} = \Pi_n \tag{6.13}$$

上式提供模型設計的條件，因此稱為相似需求 (similarity requirement) 或模型製作定律 (modeling law)。欲使模型與原型達到完全相似，則函數 *F* 的形式必須相同，據此可得

$$\Pi_{1m} = \Pi_1 \tag{6.14}$$

上式稱為預估方程式 (prediction equation)，主要用以表示模型獲得之 Π_{1m} 值若等於原型對應之 Π_1 值，則其他 PI 項亦將相同。

依照模型製作定律中 PI 項的物理性質，可將模型相似區分成幾何相似 (geometric similarity)、運動相似 (kinematic similarity) 以及動力相似 (dynamic similarity) 等三種，茲說明如下：

(1)幾何相似

若模型與原型之所有長度物理量 (*L*) 均具有相同的線性比例，即

$$\frac{L_m(\text{模型長度})}{L_p(\text{原型長度})} = L_r \tag{6.15}$$

$$\frac{A_m(\text{模型面積})}{A_p(\text{原型面積})} \rightarrow \frac{L_m^2}{L_p^2} = L_r^2 \tag{6.16}$$

$$\frac{\forall_m(\text{模型體積})}{\forall_p(\text{原型體積})} \rightarrow \frac{L_m^3}{L_p^3} = L_r^3 \tag{6.17}$$

若滿足上列條件，則模型與原型存在幾何相似性質。

(2)運動相似

若模型與原型之間具有相同的長度及時間比值，則二者存在運動相似性質。意即，模型與原型間之速度與加速度的比值相同，意即

$$\frac{V_m(模型速度)}{V_p(原型速度)} \rightarrow \frac{L_m/t_m}{L_p/t_p} = \frac{L_m/L_p}{t_m/t_p} = \frac{L_r}{t_r} \qquad (6.18)$$

$$\frac{a_m(模型加速度)}{a_p(原型加速度)} \rightarrow \frac{L_m/t_m^2}{L_p/t_p^2} = \frac{L_m/L_p}{t_m^2/t_p^2} = \frac{L_r}{t_r^2} \qquad (6.19)$$

⑶動力相似

當模型與原型之間，假設具有相同的長度、時間以及作用力（或質量）的比值，則二者之間具有動力相似的條件。由此可見，動力相似同時滿足幾何相似與運動相似。模型與原型間之作用力比值，相同的表達方式如下

$$\frac{\sum F_m(模型作用力總和)}{\sum F_p(原型作用力總和)} = \frac{m_m a_m}{m_p a_p} = \left(\frac{m_m}{m_p}\right)\left(\frac{a_m}{a_p}\right) = m_r \left(\frac{L_r}{t_r^2}\right) \qquad (6.20)$$

由上列說明得知，二個流動若欲達到完全的動力相似，則二者之間呈現的所有無因次 PI 項均須相同，但在實際的情況下，完全的動力相似極難達成。舉船舶航行的模型實驗為例，考慮作用在船身的阻力有表面摩擦力（黏性力）與水面波浪阻力（重力），相關的無因次群將包括雷諾數與福勞得數。意即，二無因次群必須相同才能滿足動力相似要件。據此，首先假設福勞得數相同 $(Fr)_m = (Fr)_p$，則可展開成

$$\frac{V_m}{\sqrt{gL_m}} = \frac{V_p}{\sqrt{gL_p}}$$

整理可得

$$\frac{V_m}{V_p} = \frac{\sqrt{L_m}}{\sqrt{L_p}} = \sqrt{L_r} = (L_r)^{\frac{1}{2}}$$

其次，再假設雷諾數相等 $(Re)_m = (Re)_p$

$$\frac{\rho_m V_m L_m}{\mu_m} = \frac{\rho_p V_p L_p}{\mu_p}$$

化簡可得

$$\frac{\rho_m / \mu_m}{\rho_p / \mu_p} = \frac{\nu_m}{\nu_p} = \frac{L_m}{L} \frac{V_m}{V_p} = (L_r)^{\frac{3}{2}}$$

若採用縮小尺寸 100 倍之模型，假設在船舶原型是在常溫的水中 ($\nu_p = 1.17 \times 10^{-6} \frac{m^2}{s}$) 航行，欲決定模型之相關資料，首先考量長度比例

$$L_r = \frac{L_m}{L_p} = \frac{1}{100} = 0.01$$

代入前列推導的結果，可得

$$\nu_m = \nu_p (L_r)^{\frac{3}{2}} = (1.17 \times 10^{-6} \frac{m^2}{s})(0.01)^{\frac{3}{2}} = 1.17 \times 10^{-9} \frac{m^2}{s}$$

常見流體之中，水銀的運動黏度是比水小的一種 ($\nu_{Hg} = 1.15 \times 10^{-7} \frac{m^2}{s}$)，但亦只有水的十分之一左右。由此看來，將無適當流體可供實驗使用，故雷諾數相等勢必無法滿足。相形之下，若採用水進行實驗雖較為簡便 ($\frac{\nu_m}{\nu_p} = 1$)，但欲獲得動力相似，則須採用與原尺寸相同之模型進行實驗，這將使問題又回歸到原點。

模型若有一個或多個相似需求無法滿足 ($\Pi_{im} \neq \Pi_i$)，則預估方程式 $\Pi_{1m} = \Pi_1$ 並不會成立，此種模型稱之為失真模型 (distorted model)。上列所舉的實例僅出現雷諾數與福勞得數，然僅二個無因次群就無法滿足相似需求，這正意味著若再考慮較為複雜的流動狀況，則涉及的無因次群將會更多，若要達成動力相似乎更不可能！既然真實模型 (true model) 在實際狀況中不易求得，故模型製作只能儘量掌握較為重要的流動特性，是否能從模型實驗中，充分的反映所欲探討問題之物理現象，至少從本章內容的闡釋已達提綱挈領之功效。

例題 6–5

採用一個 $1:49$ 縮小比例的水壩模型，用以預測水壩原型的流動狀況。假設水壩下游疏洪道的設計排水量為 $15000 \frac{\text{m}^3}{\text{s}}$，試計算下列問題：

⑴在模型中某點之量測流速值為 $1.2 \frac{\text{m}}{\text{s}}$，在原型相對應點之流速為若干？

⑵模型的設計排水量為多少？

⑶相對於在原型進行 24 小時之量測時間，請問模型測試時間須若干？

解 ⑴本問題的最大特徵是具有自由表面，流體運動假設只受重力及慣性力的影響，故模型與原型間必須滿足福勞得數相似 $(Fr)_m = (Fr)_p$ 的條件，意即

$$\frac{V_m}{\sqrt{gL_m}} = \frac{V_p}{\sqrt{gL_p}}$$

重新整理，上式可改寫成流速比 (V_r)

$$V_r = \frac{V_m}{V_p} = \left(\frac{\sqrt{L_m}}{\sqrt{L_p}} \right) = \sqrt{L_r} \quad \cdots\cdots \text{(a)}$$

代入已知值 $(L_r = \frac{1}{49}$、$V_m = 1.2 \frac{\text{m}}{\text{s}})$，結果可得

$$V_p = \frac{V_m}{\sqrt{L_r}} = \frac{1.2 \left(\frac{\text{m}}{\text{s}} \right)}{\sqrt{\frac{1}{49}}} = 8.4 \left(\frac{\text{m}}{\text{s}} \right)$$

⑵模型與原型之排水量 (Q)，相當於流速 (V) 與截面積 (L^2) 的乘積，故排水量的比值可推導如下

$$\frac{Q_m}{Q_p} = \frac{V_m L_m^2}{V_p L_p^2}$$

重新整理並運用(a)式簡化的結果，上式可改寫成排水量比 (Q_r)

$$Q_r = \frac{Q_m}{Q_p} = \left(\frac{V_m}{V_p}\right)(L_r)^2 = \sqrt{L_r}\,(L_r)^2 = (L_r)^{\frac{5}{2}} \quad \cdots\cdots \text{ (b)}$$

將已知值 $(L_r = \dfrac{1}{49}$、$Q_p = 15000\,\dfrac{\text{m}^3}{\text{s}})$ 代入(b)式，結果可得

$$Q_m = (L_r)^{\frac{5}{2}} Q_p = \left(\frac{1}{49}\right)^{\frac{5}{2}}(15000\,\frac{\text{m}^3}{\text{s}}) = 0.892\,(\frac{\text{m}^3}{\text{s}})$$

⑶根據流速的因次定義，是為長度除以時間 $(\dfrac{L}{t})$，故流速的比值可推

導如下

$$\frac{V_m}{V_p} = \frac{L_m/t_m}{L_p/t_p}$$

重新整理並運用(a)式化簡結果，上式可改寫成時間比 (t_r)

$$t_r = \frac{t_m}{t_p} = \left(\frac{1}{V_r}\right)(L_r) = \frac{L_r}{\sqrt{L_r}} = \sqrt{L_r} \quad \cdots\cdots \text{ (c)}$$

將已知值 $(L_r = \dfrac{1}{49})$ 代入(c)式，結果可得

$$t_m = \sqrt{L_r}\,t_p = \sqrt{\frac{1}{49}}\,(24\ \text{hr}) = 3.429\,(\text{hr})$$

參考文獻

1. Young, D. F., Munson, B. R., and Okiishi, T. H., *A Brief Introduction to Fluid Mechanics, 2nd Ed.*, John Wiley & Sons, New York, 2001.

2. Schlichting, H., *Boundary-Layer Theory, 7th Ed.*, McGraw-Hill, New York, 1979.

習題

1. 試解釋下列名詞及說明物理意義:

　　(1)雷諾數 (Reynolds number, Re)　　　(2)福勞得數 (Froude number, Fr)

　　(3)歐拉數 (Euler number, Eu)　　　　(4)馬赫數 (Mach number, Ma)

　　(5)科西數 (Cauchy number, Ca)　　　(6)史特豪數 (Strouhal number, St)

　　(7)韋伯數 (Weber number, We)　　　(8)穴蝕數 (cavitation number)

2. 試解釋下列名詞:

　　(1)幾何相似 (geometric similarity)　　(2)運動相似 (kinematic similarity)

　　(3)動力相似 (dynamic similarity)

3. 若驅動風扇所須的功率 P 為風扇直徑 D、流體密度 ρ、旋轉速率 ω 以及體積流率 Q 的函數,試採用因次分析決定一組適當的無因次 PI 項。

4. 一塊具有寬度 W、高度 H 之矩形平板放置在移動的流體中,倘若平板之阻力 (drag force) F_D 為寬度 W、高度 H、流體密度 ρ、流體黏度 μ 以及流體移進之速度 V 的函數,試採用因次分析決定一組適當的無因次 PI 項。

5. 倘若機翼具有的升力 (lift force) F_L 為攻角 (angle of attack) α、弦長 (chord length) L、空氣密度 ρ、空氣黏度 μ、飛機航行速度 V 以及音速 c 的函數,試採用因次分析決定一組適當的無因次 PI 項。

6. 高爾夫球、棒球以及網球球體的旋轉運動,對於飛行軌跡的變化扮演著相當重要之角色;因此,如何掌握球體飛行中的旋轉遞減率,將是不可或缺的研究要件。倘若球體在被擊出後的飛行期間,作用在球體的氣動力扭矩 T 為球直徑 D、球面凹洞直徑 d、旋轉率 (角速率) ω、飛行速度 V、空氣密度 ρ 以及空氣黏度 μ 的函數,試採用因次分析決定一組適當的無因次 PI 項。

7. 由實驗得知,在光滑圓管內的紊流 (turbulent flow) 流動中,假使單位長度之損耗 Δh 為管徑 D、管長 L、平均流速 V、流體密度 ρ、流體黏度 μ 以及重力加速度 g 的函數,試採用因次分析決定一組適當的無因次 PI 項。

8. 在流體流經圓形突擴 (sudden expansion) 管的壓降量測中，如圖 P6–8 所示，假設下列函數式存在：

$$\Delta P = P_1 - P_2 = f(D_1, D_2, \rho, \mu, V)$$

其中，P_1 與 P_2 分別代表在截面 1 與 2 的壓力、D_1 與 D_2 分別表示截面 1 與 2 的直徑、ρ 為流體密度、μ 為流體黏度、V 則是平均速度。請採用 ρ、V、D_1 為重複變數，試以因次分析決定一組適當的無因次 PI 項。

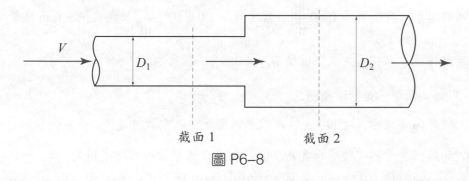

截面 1　　　截面 2

圖 P6–8

9. 若模型與原型間只受重力及慣性力的影響，試問：

⑴速度比 (V_r) 與長度比 (L_r) 之關聯性為何？

⑵排水量比 (Q_r) 與長度比 (L_r) 之關聯性為何？

10. 欲利用一個直徑 0.4 m、具有幾何相似的模型碟，用以在風洞中預估一個直徑為 2 m 的衛星碟的受力情況。假設模型碟係與衛星碟在相同的標準空氣中進行測試，試計算在風洞中的空氣速度設定值為多少？

11. 一個直徑 6 cm 的圓球在水中（密度 $\rho_w = 1000\ \dfrac{\text{kg}}{\text{m}^3}$、黏度 $\mu_w = 1.0 \times 10^{-3}\ \dfrac{\text{N} \cdot \text{s}}{\text{m}^2}$）以 $3\ \dfrac{\text{m}}{\text{s}}$ 的速度移動，經量測圓球之阻力為 6 N；有一個氣象球 (weather balloon) 的直徑為 2 m，若在相似的狀況下於空氣中（密度 $\rho_a = 1\ \dfrac{\text{kg}}{\text{m}^3}$、黏度 $\mu_a = 1.0 \times 10^{-5}\ \dfrac{\text{N} \cdot \text{s}}{\text{m}^2}$）運動，試計算有關氣象球的問題：

⑴移動速度為若干？

⑵阻力為多少？

12. 在風洞 (wind tunnel) 中採用一個 1:10 縮小比例的汽車模型，用以模擬汽車在 $80 \frac{km}{hr}$ 於空氣中（密度 $\rho_a = 1.2 \frac{kg}{m^3}$、黏度 $\mu_a = 1.8 \times 10^{-5} \frac{N \cdot s}{m^2}$）行進。

   (1)試問在風洞須要的風速為若干？

   (2)倘若模型阻力為 10 N，試計算對應的原型阻力值為何？

   (3)假使測試流體改採用水（密度 $\rho_w = 1000 \frac{kg}{m^3}$、黏度 $\mu_w = 1.0 \times 10^{-3} \frac{N \cdot s}{m^2}$），請重新計算上述問題。

13. 為瞭解水（密度 $\rho_w = 1000 \frac{kg}{m^3}$、黏度 $\mu_w = 1.0 \times 10^{-3} \frac{N \cdot s}{m^2}$）在直徑 30 cm 圓管之流動特性，擬採用空氣（密度 $\rho_a = 1.2 \frac{kg}{m^3}$、黏度 $\mu_a = 1.8 \times 10^{-5} \frac{N \cdot s}{m^2}$）在直徑 15 cm 之模型管進行模擬測試。

   (1)倘若圓管之水流速為 $1.5 \frac{m}{s}$，試求模型管內之空氣流速值。

   (2)如果模型管內之功率損失為 7 hp，試求在原型管內之功率損失。

14. 採用模型模擬在光滑圓管內的紊流流動，假設原型管的直徑 $D_p = 0.04$ m、長度 $L_p = 1000$ m、流速 $V_p = 1 \frac{m}{s}$，在模型中仍使用水進行測試，而水的密度 ρ_w 與黏度 μ_w 分別為 $\rho_w = 10 \frac{kg}{m^3}$、$\mu_w = 10 \frac{kg}{m \cdot s}$，試計算下列問題：

   (1)倘若模型管的直徑 $D_m = 20$mm，則長度 L_m 應為若干？

   (2)模型流速 V_m 應為何值？

   (3)在原型管中之壓降值 ΔP_p 為何？

   (4)在模型管中之壓降值 ΔP_m 為何？

15. 在模型實驗中，若採用與原型相同的流體進行測試，假設模型與原型之雷諾數與福勞得數均可同時滿足，試計算二者之間的長度比例 L_r 為若干？

16. 汽車模型在風洞中進行測試，風洞中的風速愈大，甚至於達到音速，請問對於實驗有何助益？

17. 欲利用模型測試決定原型飛航器的飛行特色，倘若作用在原型飛航器的阻力 F_D 與升力 F_L，主要為原型的直徑 D、粗糙度 ε、角速度 ω、飛航速度 V、空氣密度 ρ 以及空氣黏度 μ 的函數：

    (1)試採用因次分析決定一組適當的無因次 PI 項；

    (2)採用 1:4 縮小比例的模型，假設模型與原型之間達到幾何相似、運動相似以及動力相似，而原型的角速度 $\omega_p = 100$ rpm、飛航速度 $V_p = 20\ \dfrac{\text{ft}}{\text{s}}$，試計算模型的角速度 ω_m 與飛航速度 V_m。

18. 用以量測液體黏度 μ 的同心圓筒裝置如圖 P6–18 所示，若內圓筒扭轉角 θ 為液體黏度 μ、外圓筒角速度 ω、內與外圓筒之直徑 D_1 與 D_2、液體高度 H 以及常數 K（視吊線性質而定，具有 $[FL]$ 基本因次）的函數，意即：

$$\theta = f(H, D_1, D_2, \mu, \omega, K)$$

經由一連串實驗所擷取的數據，如下表所列：

θ (rad)	0.89	1.50	2.51	3.05	4.28	5.52	6.40
$\omega\ (\dfrac{\text{rad}}{\text{s}})$	0.30	0.50	0.82	1.05	1.43	1.86	2.14

假設 $\mu = 0.01\ \dfrac{\text{lb} \cdot \text{s}}{\text{ft}}$、$D_1$ 與 D_2 均為常數、$H = 1.0$ ft、$K = 10$ lb·ft。

(1)試決定一組適當的 PI 項；

(2)透過實驗數據之歸納分析，試發展出扭轉角 θ 及其他變數之間的關係式。

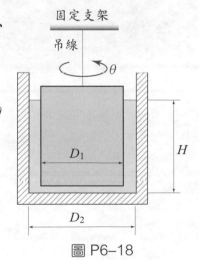

圖 P6–18

第 7 章　黏性內流
Viscous Internal Flow

　　在完全充滿流體的封閉導管或空間內流動之實例，在工程實務與日常生活中舉目可見，舉凡：產油國家透過綿延數百或數千公里之油管輸送原油，自來水公司仰賴管路將水由淨水廠輸送至各用戶，天然氣公司依賴管路將瓦斯由分裝廠輸送到每一用戶，採用中央系統空調設施的建築物運用導管將冷暖氣輸送到各空間，甚至人或動物的血液藉由遍布體內錯綜複雜之血管輸送身體各處；其他相關的實例包括：軸承與轉軸間機油的流動⋯⋯等不勝枚舉。雖然，上述實例的性質具有天壤之別，但統御流動的流體力學原理卻是相當一致。

　　雖然，輸送流體的導管並非全然具有圓形截面，但這不會對問題剖析造成太大的困擾。對於黏性流體的流動範圍之界定，應該是比較值得強調的重點，因為流體若充滿整個導管，則流體侷限於固體邊界內流動，故流動型態屬於內流 (internal flow)。倘若流體僅與部分固體邊界相鄰接，部分區域則暴露於黏度極小之另一種流體中，則此種流動型態屬於外流 (external flow)。內流與外流的最大差異，可從沿流動方向任意二截面的壓力予以判別，內流必然會具有壓差，外流的壓差則為零。

　　本章將針對在二維封閉空間的簡單流動形式，透過最基本的流體力學原理，對於黏性、不可壓縮流體的穩定流動，盼能充分地予以分析與探討，俾以瞭解此類流體流動的基本原理。

⬚ 7-1　管流的特性

　　根據英國科學家雷諾 (Osborne Reynolds) 利用簡單的設備進行實驗，如圖 7-1 ⒜所示。直徑為 D 的圓管中，倘若利用控制閥調整水流的速度 V，將染料注入圓管中，藉由目視法將可觀測到如圖 7-1 ⒝之流動特性。當水的流率 ($\dot{Q} = AV$) 很小時，由於圓管截面積 (A) 固定，故意味水的流速 (V) 很慢，此種情況下注入的染料，將隨著水流保持明顯的跡線。當水的流率增大至中度流率時，由於水的流速變快，導致染料會隨著時間與位置而振動。倘若水的流率增加到足夠大，由於水的流速太快，造成染料劇烈振動而擴散。上述的三種流動特性依序屬於層流 (laminar flow)、過渡流 (transitional flow) 以及紊流 (turbulent flow)。

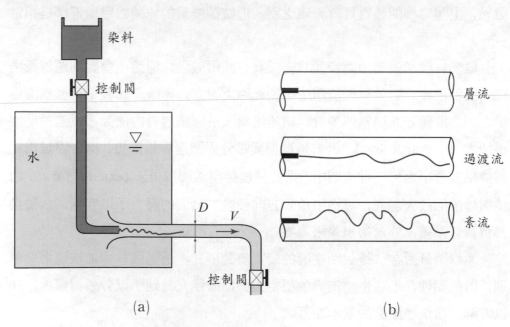

圖 7-1　流動特性的判別：⒜雷諾實驗設備、⒝種類區分

　　對於管流流動特性的區分，較為科學的界定方式大都仰賴雷諾數（$Re=$

$\dfrac{\rho VD}{\mu}$，參考 6–3 節），一般作為判定的數值 [文獻 1]，如下所列：

層　流：$Re < 2100$

過渡流：$2100 < Re < 4000$

紊　流：$Re > 4000$

有關層流的雷諾數界定，各種流動狀態均會有所差異，甚至針對非圓形截面的導管，雷諾數定義中的直徑亦須特別處理。例如，對於平面普休葉流 (plane Poiseuille flow) 而言，劃定為層流的雷諾數約為 2300 [文獻 2]。雷諾設備採用玻璃管進行實驗，所獲得維持層流之雷諾數 $Re \doteqdot 2100$，此實驗值慣稱為雷諾下臨界值 (Reynolds lower critical value)；對於開始呈現紊流之雷諾數 $Re \doteqdot 4000$，此實驗值慣稱為雷諾上臨界值 (Reynolds upper critical value)。通常，雷諾上臨界值僅具參考價值，因為導管、管路配件以及管路安裝存在許多不規則性，導致管內流動極易形成紊流。

　　通常，對於不可壓縮的黏性流動而言，在緊鄰固體邊界會形成具有剪應力的薄層，亦即慣稱的邊界層 (boundary layer)，如圖 7–2 所示。邊界層隨著流動將會逐漸的成長，且會持續到充滿整個導管為止（在圖示截面 2 處）；在邊界層內的黏性效應相當重要，邊界層外的黏性效應則可忽略不計。在邊界層尚未充滿整個導管（截面 2）之前，環繞中心線之錐形區域稱為無黏性錐 (inviscid core)。

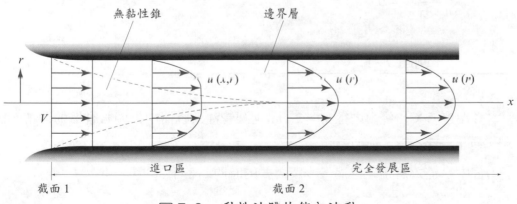

圖 7–2　黏性流體的管內流動

考慮流體的黏性效應，故在固體邊界會具有無滑動邊界條件 (no-slip condition)，即鄰接固體之流動速度為零，連帶亦將影響到流動的速度分布。由於軸向速度不再呈現均勻的分布，因而有必要定義平均速度 (average velocity)，如下所列

$$\overline{V} = \frac{1}{A} \int_A u \, dA \tag{7.1}$$

其中 $u(x, r)$ 為軸向速度。

在距離導管入口處足夠長之處，邊界層已成長到充滿整個導管，則此距離稱之為入口長度 (entrance length) L_e，典型的長度值亦須仰賴經驗公式予以判定 [文獻 1]，如下所列

$$\text{層流：} \quad \frac{L_e}{D} = 0.06 Re \tag{7.2}$$

$$\text{紊流：} \quad \frac{L_e}{D} = 4.4 (Re)^{\frac{1}{6}} \tag{7.3}$$

在入口區尾端（即截面 2）下游，速度分布曲線沿軸向將不再改變，從截面 2 下游的區域通常稱為完全發展區 (fully-developed region)。當導管內的流體流動已達完全發展的情況，則速度分布僅為半徑的函數，即 $u = u(r)$ only，因此

$$\frac{\partial u(x, r)}{\partial x} = 0$$

例題 7-1

水（溫度 5°C）經由內徑 $D = 2$ cm 之圓管注入容器中，倘若容器的體積 $\forall = 1 \, \ell$，試決定下列的問題：

⑴管中水流為層流，盛滿最少所需要的時間為若干？

⑵管中水流為紊流，盛滿最長所需要的時間為若干？

解 ⑴管中水流為層流，則盛滿容器所需要最少的時間，應維持在層流允許的最大雷諾數（雷諾下臨界值）情況下進行，即 $Re = \dfrac{\rho V D}{\mu} = 2100$，經查表得知水溫 5°C 的相關資料：$\rho = 1000\ \dfrac{kg}{m^3}$、$\mu = 1.519 \times 10^{-3}\ \dfrac{N \cdot s}{m^2}$。

據此，可求出在圓管中的最大平均速度

$$V = \frac{2100\mu}{\rho D} = \frac{2100(1.519 \times 10^{-3}\ \dfrac{N \cdot s}{m^2})}{(1000\ \dfrac{kg}{m^3})(0.02\ m)} = 0.159\ \frac{m}{s}$$

根據定義可知，體積流率 $\dot{Q} = \dfrac{\forall}{t}$，因此盛滿容器所需要的時間為

$$t = \frac{\forall}{\dot{Q}} = \frac{\forall}{\dfrac{\pi D^2 V}{4}} = \frac{4(1\ \ell)(10^{-3}\ \dfrac{m^3}{\ell})}{\pi (0.02\ m)^2 (0.159\ \dfrac{m}{s})} = 20\ s$$

⑵管中水流若為紊流，則盛滿容器所需要最長的時間，應維持在紊流允許的最小雷諾數（雷諾上臨界值）情況下進行，即 $Re = \dfrac{\rho V D}{\mu} = 4000$，援例可求出在圓管中的最大平均速度

$$V = \frac{4000\mu}{\rho D} = \frac{4000(1.519 \times 10^{-3}\ \dfrac{N \cdot s}{m^2})}{(1000\ \dfrac{kg}{m^3})(0.02\ m)} = 0.304\ \frac{m}{s}$$

盛滿容器所需要的時間為

$$t = \frac{\forall}{\dot{Q}} = \frac{\forall}{\dfrac{\pi D^2 V}{4}} = \frac{4(1\ \ell)(10^{-3}\ \dfrac{m^3}{\ell})}{\pi (0.02\ m)^2 (0.304\ \dfrac{m}{s})} = 10.5\ s$$

7-2 封閉導管內之完全發展層流

在上一節已指出，完全發展區的速度分布曲線，並不會隨著流動而改變，但速度分布呈現曲線狀態，卻對壓降、剪力、流率……等流動特性均會造成某種程度的影響，這是相當值得重視的課題，故在本節將會充分的予以探討。

考慮黏性、不可壓縮流體在非水平圓管的穩定流動，假設圓管具有軸對稱性 ($\frac{\partial}{\partial \theta} = 0$)，流動僅具軸向分量 ($v_r \ll v_z, v_r \doteq 0$)，故應用牛頓第二運動定律 ($\sum F_z = ma_z$) 於流體自由體，如圖 7-3 所示。

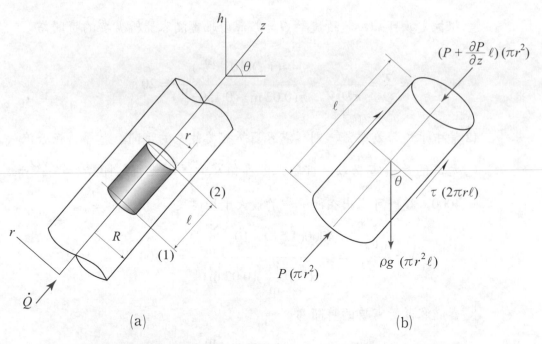

圖 7-3　非水平圓管中流體流動：(a)座標定義、(b)自由體圖

由於完全發展流並無加速度 ($a_z = 0$) 存在，因此作用力包括：施加在圓柱自由體二端面積 (πr^2) 的壓力、作用在圓柱自由體側面面積 ($2\pi r \ell$) 的剪應力、以及自由體體積 ($\pi r^2 \ell$) 所具有的重力。因此，軸向作用力的數學描述式

可歸納成

$$\sum F_z = P(\pi r^2) - \left(P + \frac{\partial P}{\partial z} \ell \right)(\pi r^2) + \tau(2\pi r \ell) - \rho g(\pi r^2 \ell)\sin\theta = 0$$

其中 τ 為剪應力。在完全發展區內的速度僅為半徑的函數，即 $u = u(r)$，故剪應力可表示如下

$$\tau = \mu \frac{dv_z}{dr}$$

將上列二式合併且重新整理，結果可得

$$\frac{dv_z}{dr} = \frac{r}{2\mu} \frac{\partial (P + \rho gh)}{\partial z}$$

其中 $h = z\sin\theta$。經由積分可得軸向速度為

$$v_z = \frac{r^2}{4\mu} \frac{\partial (P + \rho gh)}{\partial z} + C$$

式中 C 為積分常數，可藉由邊界條件 $r = R$ 且 $v_z = 0$，代入而得

$$C = -\frac{R^2}{4\mu} \frac{\partial (P + \rho gh)}{\partial z}$$

將上列的積分常數代回，整理得軸向的速度曲線

$$v_z = \frac{(R^2 - r^2)}{4\mu} \left[-\frac{\partial (P + \rho gh)}{\partial z} \right] \tag{7.4}$$

顯而易見，此式為拋物線形式之方程式，最大速度係位於中心處 $(r = 0)$，即

$$v_{z,\,max} = v_z \Big|_{r=0} = \frac{R^2}{4\mu} \left[-\frac{\partial (P + \rho gh)}{\partial z} \right] \tag{7.5}$$

既已導出軸向速度 (v_z)，故可引用 (7.1) 式推導在管內的平均速度 $(\overline{V})$，如下所示

$$\overline{V} = \frac{1}{A} \int_A v_z dA = \frac{1}{A} \int_0^R v_z \cdot 2\pi r dr$$

將 (7.4) 式代入上式，並予以積分而得平均速度為

$$\overline{V} = \frac{R^2}{8\mu} \left[-\frac{\partial (P + \rho gh)}{\partial z} \right] \tag{7.6}$$

經由推導所得的平均速度，可再進一步求得體積流率為

$$\dot{Q} = \overline{V}A = \frac{\pi R^4}{8\mu} \left[-\frac{\partial (P + \rho gh)}{\partial z} \right] \tag{7.7}$$

對於水平圓管 $(\theta = 0)$ 而言，由於沒有高度差 $(h = 0)$ 而不考慮重力的效應，故在管內之流動乃為壓力與黏性力作用的結果。在完全發展區內的速度曲線不會變化，假設在每一截面的壓力相同，故在截面 1 與 2 之間的軸向壓力變化，將可表示如下

$$-\frac{\partial P}{\partial z} \doteqdot \frac{P_1 - P_2}{\ell} = \frac{\Delta P}{\ell}$$

由於流體在封閉導管內流動，主要的驅動力為壓力，而壓力將會遭逢黏性阻力損耗呈遞減的趨勢，即 $P_2 = P_1 - \Delta P$。將上述結果代入 (7.7) 式，將可推導出體積流率為

$$\dot{Q} = \frac{\pi R^4 \Delta P}{8\mu \ell} = \frac{\pi D^4 \Delta P}{128\mu \ell} \tag{7.8}$$

其中 D 表示圓管的直徑 $(D = 2R)$，而上式稱為普休葉定律 (Poiseuill's law)。在此必須強調，普休葉定律僅適用在水平導管的層流流動。

例題 7-2

水(溫度 5°C)在內徑 $D = 2$ cm 之水平圓管內流動,倘若水流率 $\dot{Q} = 0.03\ \dfrac{\ell}{s}$,試決定在相距 $\ell = 10$ m 兩截面之間的壓降。

解　經查表得知水溫 5°C 的相關資料: $\rho = 1000\ \dfrac{kg}{m^3}$、$\mu = 1.519 \times 10^{-3}\ \dfrac{N \cdot s}{m^2}$。

據此, 可求出在圓管中的平均速度

$$\overline{V} = \frac{\dot{Q}}{A} = \frac{(0.03\ \frac{\ell}{s})(10^{-3}\ \frac{m^3}{\ell})}{\dfrac{\pi(0.02\ m)^2}{4}} = 0.0955\ \frac{m}{s}$$

在水平圓管內流動的雷諾數為

$$Re = \frac{\rho \overline{V} D}{\mu} = \frac{(1000\ \frac{kg}{m^3})(0.0955\ \frac{m}{s})(0.02\ m)}{(1.519 \times 10^{-3}\ \frac{N \cdot s}{m^2})} = 1257 < 2100$$

由此可知,此例的流動狀況屬於層流型態,故可引用 (7.8) 式計算壓差,即

$$\Delta P = P_1 - P_2 = \frac{128 \mu\, \ell \dot{Q}}{\pi D^4}$$

將已知數據代入, 結果可得

$$P_1 - P_2 = \frac{128(1.519 \times 10^{-3}\ \frac{N \cdot s}{m^2})(10\ m)(3 \times 10^{-5}\ \frac{m^3}{s})}{\pi(0.02\ m)^4}$$

$$= 116\ \frac{N}{m^2} = 116\ Pa$$

另一種在封閉導管內的流動形式，如圖 7–4 所示。考慮在水平同心圓管間之環狀區域 (annular region) 內，假設流體為黏性、不可壓縮，故可引用那維爾─史托克斯方程式 (Navier-Stokes equation)

$$\rho\frac{d\vec{V}}{dt} = \rho\vec{g} - \nabla P + \mu\nabla^2\vec{V}$$

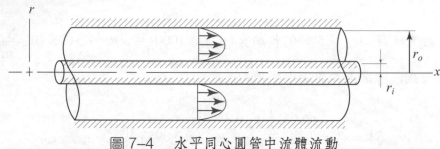

圖 7–4　水平同心圓管中流體流動

由於完全發展流並無加速度 ($a_x = 0$) 存在，因此等號左邊為零。對於水平圓管而言，並沒有高度差而不考慮重力的效應，故等號右邊第一項為零。據上述分析結果，那維爾─史托克斯方程式可利用圓柱座標形式，而將軸向分量表示成

$$\mu\frac{1}{r}\frac{\partial}{\partial r}\left(r\frac{\partial u}{\partial r}\right) = \frac{\partial P}{\partial x}$$

經由積分可得

$$u(r) = \frac{r^2}{4\mu}\frac{\partial P}{\partial x} + A\ln r + B \tag{7.9}$$

其中 A 與 B 均為積分常數，欲解二個未知常數須設定二個邊界條件，根據題意可取二個無滑動邊界條件 (no-slip boundary condition) 為

　⑴在 $r = r_i$ 處，$u = 0$；

　⑵在 $r = r_o$ 處，$u = 0$。

代入通解 (7.9) 式中，可解出積分常數分別如下

$$A = \frac{1}{4\mu}\left(-\frac{\partial P}{\partial x}\right)\left(\frac{r_o^2 - r_i^2}{\ln(\frac{r_o}{r_i})}\right)$$

$$B = \frac{1}{4\mu}\left(-\frac{\partial P}{\partial x}\right)\left(r_o^2 - \frac{r_o^2 - r_i^2}{\ln(\frac{r_o}{r_i})}\ln r_o\right)$$

再將 A 與 B 積分常數同時代回 (7.9) 式，可得水平同心圓管間之環狀區域的速度為

$$u(r) = \frac{1}{4\mu}\left(-\frac{\partial P}{\partial x}\right)\left[(r_o^2 - r^2) - \frac{\ln(\frac{r_o}{r})}{\ln(\frac{r_o}{r_i})}(r_o^2 - r_i^2)\right] \tag{7.10}$$

在環狀區域的體積流率則為

$$\dot{Q} = \overline{V}A = \int_A u\,dA = \int_{r_i}^{r_o} u(r)\cdot 2\pi r\,dr$$

將 (7.10) 式代入，並予以積分而得體積流率為

$$\dot{Q} = \frac{\pi(r_o^2 - r_i^2)}{8\mu}\left(-\frac{\partial P}{\partial x}\right)\left[1 - \frac{(r_o^2 - r_i^2)}{\ln(\frac{r_o}{r_i})}\right] \tag{7.11}$$

　　第三種在封閉導管內的流動形式，如圖 7-5 所示，考慮在同心旋轉圓柱間的流體流動，假設流體為黏性、不可壓縮，內管與外管的半徑分別為 r_i 與 r_o、角速度分別為 ω_i 與 ω_o，由於統御流動現象僅具黏性力，故那維爾─史托克斯方程式可簡化為

$$\mu\frac{\partial}{\partial r}\left(\frac{1}{r}\frac{\partial(rv_\theta)}{\partial r}\right) = 0$$

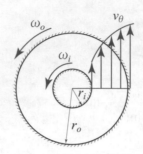

圖 7-5　同心旋轉圓柱間的流體流動

經由積分可得

$$v_\theta(r) = \frac{Ar}{2} + \frac{B}{r} \tag{7.12}$$

其中 A 與 B 均為積分常數，欲解二個未知常數須設定二個邊界條件，根據題意可知

(1)在 $r = r_i$ 處，$v_\theta = r_i \omega_i$；

(2)在 $r = r_o$ 處，$v_\theta = r_o \omega_o$。

代入通解 (7.12) 式中，可解出積分常數分別如下

$$A = \frac{2(r_o^2 \omega_o - r_i^2 \omega_i)}{r_o^2 - r_i^2}$$

$$B = -\frac{r_o^2 r_i^2 (\omega_o - \omega_i)}{r_o^2 - r_i^2}$$

再將 A 與 B 積分常數同時代回 (7.12) 式，可得同心圓管間的速度為

$$v_\theta = \frac{(r_o^2 \omega_o - r_i^2 \omega_i)r}{r_o^2 - r_i^2} - \frac{r_o^2 r_i^2 (\omega_o - \omega_i)}{(r_o^2 - r_i^2)r} \tag{7.13}$$

7-3　無限平板間之完全發展層流

考慮黏性、不可壓縮流體在無限平板間的穩定流動，倘若水平的上、下

固定平板相距為 H，如圖 7-6 所示。由於流動僅具軸向分量 $(v \ll u, v \doteq 0)$，故二維座標的那維爾─史托克斯方程式可分別寫成

$$\rho\left(\frac{\partial u}{\partial t} + u\frac{\partial u}{\partial x} + v\frac{\partial u}{\partial y}\right) = \rho g_x - \frac{\partial P}{\partial x} + \mu\left(\frac{\partial^2 u}{\partial x^2} + \frac{\partial^2 u}{\partial y^2}\right)$$

$$\rho\left(\frac{\partial v}{\partial t} + u\frac{\partial v}{\partial x} + v\frac{\partial v}{\partial y}\right) = \rho g_y - \frac{\partial P}{\partial y} + \mu\left(\frac{\partial^2 v}{\partial x^2} + \frac{\partial^2 v}{\partial y^2}\right)$$

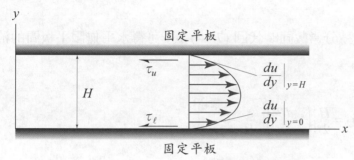

圖 7-6　固定無限平板間的流體流動

根據流動狀況設定可知：穩定流動 $\frac{\partial}{\partial t}=0$、僅具軸向分量 $u=u(y)$ 且 $v\doteq 0$、忽略重力效應 $g_x=g_y=0$，據此可將第二式簡化成

$$\frac{\partial P}{\partial y}=0$$

此結果意味著壓力僅為 x 的函數，即 $P=P(x)$，由此可將第一式簡化成

$$\mu\frac{d^2 u}{dy^2}=\frac{dP}{dx}$$

積分可得

$$u(y)=-\frac{y^2}{2\mu}\left(-\frac{dP}{dx}\right)+Ay+B \tag{7.14}$$

其中 A 與 B 均為積分常數，欲解二個未知常數須設定二個邊界條件，根據題

意可知

(1)在 $y = 0$ 處，$u = 0$；

(2)在 $y = H$ 處，$u = 0$。

代入通解 (7.14) 式中，可解出積分常數分別如下

$$A = \frac{H}{2\mu}\left(-\frac{dP}{dx}\right)$$

$$B = 0$$

再將 A 與 B 積分常數同時代回 (7.14) 式，可得水平無限平板間的流體流動速度為

$$u(y) = \frac{H^2}{2\mu}\left(-\frac{dP}{dx}\right)\left(\frac{y}{H} - \frac{y^2}{H^2}\right) \tag{7.15}$$

此式表示速度曲線係呈現拋物線狀，如圖 7–6 所示。

例題 7–3

水（溫度 5°C：$\mu = 1.519 \times 10^{-3}\,\dfrac{N \cdot s}{m^2}$）在間距 $h = 2\,cm$ 之水平無限平板間流動，倘若單位深度的水流率 $\dot{q} = 10\,\dfrac{\ell}{s}$，試決定下列問題：

(1)最大流速之表示式；

(2)軸向相距 $\ell = 10\,m$ 之二截面間的壓降；

(3)板面之剪應力。

解　(1)水平無限平板間的流體流動速度，可引用 (7.15) 式

$$u(y) = \frac{H^2}{2\mu}\left(-\frac{dP}{dx}\right)\left(\frac{y}{H} - \frac{y^2}{H^2}\right)$$

欲求得極限值，應先將上式予以微分並設定為零，即

$$\frac{du}{dy} = \frac{H}{2\mu}\left(-\frac{dP}{dx}\right)\left(1 - \frac{2y}{H}\right) = 0$$

由此可得 $y = \dfrac{H}{2}$，再由速度 $u(y)$ 的二次微分並予以判別，可知

$$\left.\frac{d^2u}{dy^2}\right|_{y=\frac{H}{2}} = -\frac{1}{\mu}\left(-\frac{dP}{dx}\right) < 0$$

據此得知，在 $y = \dfrac{H}{2}$ 處之速度 $u(y)$ 具有最大值，而將 $y = \dfrac{H}{2}$ 代入速度的通解，可得

$$u_{\max} = u\big|_{y=\frac{H}{2}} = \frac{H}{8\mu}\left(-\frac{dP}{dx}\right)$$

將已知數據代入，可得最大流速為

$$u_{\max} = u\big|_{y=\frac{H}{2}} = \frac{H}{8\mu}\left(-\frac{dP}{dx}\right)$$

(2)單位深度的水流率定義為

$$\dot{q} = \int_0^H u(y)\,dy$$

$$= \int_0^H \frac{H^2}{2\mu}\left(-\frac{dP}{dx}\right)\left(\frac{y}{H} - \frac{y^2}{H^2}\right)dy = \frac{H^3}{12\mu}\left(-\frac{dP}{dx}\right)$$

重新整理變成

$$-\frac{dP}{dx} = \frac{P_1 - P_2}{\ell} = \frac{12\mu\dot{q}}{H^3}$$

二截面間的壓降可表示成

$$P_1 - P_2 = \frac{12\mu\dot{q}\ell}{H^3}$$

將已知數據代入，可得

$$P_1 - P_2 = \frac{12(1.519\times10^{-3}\,\frac{\text{N}\cdot\text{s}}{\text{m}^2})(10\times10^{-3}\,\frac{\text{m}^3}{\text{s}})(10\,\text{m})}{(0.02\,\text{m})^3}$$

$$= 228\,\text{Pa}$$

(3)根據剪應力的定義，可將上、下固定平板的剪應力數學式表示如下

$$\tau_u = \mu \frac{du}{dy}\bigg|_{y=H} = -\frac{H}{2}\left(-\frac{dP}{dx}\right) = -\frac{H(P_1 - P_2)}{2\ell}$$

$$\tau_l = \mu \frac{du}{dy}\bigg|_{y=0} = \frac{H}{2}\left(-\frac{dP}{dx}\right) = \frac{H(P_1 - P_2)}{2\ell}$$

將已知數據代入，可得

$$\tau_u = -\frac{(0.02 \text{ m})(228 \frac{\text{N}}{\text{m}^2})}{2(10 \text{ m})} = -0.228 \frac{\text{N}}{\text{m}^2}$$

同理可得

$$\tau_l = 0.228 \frac{\text{N}}{\text{m}^2}$$

據此可知上、下固定平板的剪應力值相同 $(0.228 \frac{\text{N}}{\text{m}^2})$，但因速度梯度斜率相反，在上固定平板處呈遞減趨勢；在下固定平板處呈遞增趨勢，故正負號不同。

另一種在水平無限平板間的流動形式，除流場具有軸向壓力梯度的驅動機構外，另外有一平板具有移動速度，因而同時會牽引流體流動，此種流動形式稱之為寇提流 (Couette flow)，如圖 7-7 所示。

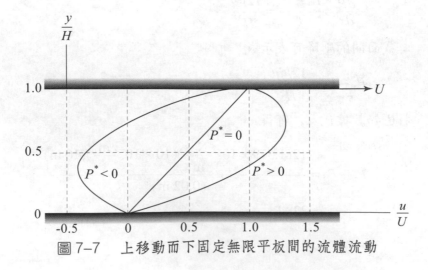

圖 7-7　上移動而下固定無限平板間的流體流動

考慮黏性、不可壓縮流體在無限平板間的穩定流動，倘若水平的上、下平板相距為 H，上平板以等速 U 向右移動、下平板固定不動，則統御流動之方程式與在無限固定平板間的穩定流動相同，僅邊界條件的設定稍有差異，應修改為

⑴在 $y = 0$ 處，$u = 0$；

⑵在 $y = H$ 處，$u = U$。

代入通解 (7.14) 式中，可解出積分常數分別如下

$$A = \frac{U}{H} + \frac{H}{2\mu}\left(-\frac{dP}{dx}\right)$$

$$B = 0$$

再將 A 與 B 積分常數同時代回 (7.14) 式，可得上平板移動、下平板固定的水平無限空間，流體流動的速度為

$$u(y) = \frac{Uy}{H} + \frac{H^2}{2\mu}\left(-\frac{dP}{dx}\right)\left(\frac{y}{H} - \frac{y^2}{H^2}\right) \tag{7.16}$$

在此種流動的狀況下，壓力梯度與上平板移動的二個流體驅動機構，將共同主宰整個流場的型態。為便於說明，故將 (7.16) 式予以無因次化處理，如下所示

$$\frac{u}{U} = \frac{y}{H} + \frac{H^2}{2\mu U}\left(-\frac{dP}{dx}\right)\left(\frac{y}{H} - \frac{y^2}{H^2}\right) = \frac{y}{H} + P^*\left(\frac{y}{H} - \frac{y^2}{H^2}\right) \tag{7.17}$$

其中，無因次化參數 P^* 定義如下

$$P^* = \frac{H^2}{2\mu U}\left(-\frac{dP}{dx}\right) \tag{7.18}$$

無因次化參數 P^* 實已蘊涵二個驅動機構的關聯性，由壓力梯度及上平板移動速度的比值判定，流場可能產生下列的情形（參見圖 7-7）：

(1)當 $P^* = 0$ 時

此正意味流場並不存在壓力梯度 ($\frac{-dP}{dx} = 0$)，故上平板移動成為唯一的流體驅動機構，由無滑動邊界條件可知速度呈直線分布。

(2)當 $P^* > 0$ 時

此種類流動狀況，代表軸向壓力梯度為正值 ($\frac{-dP}{dx} > 0$)，意即壓力呈現遞增的趨勢；伴隨著上平板移動助長鄰近流體移動，故最大速度將會出現在接近上移動平板附近。

(3)當 $P^* < 0$ 時

此種類流動狀況，表示軸向壓力梯度為負值 ($\frac{-dP}{dx} < 0$)，意即壓力呈現遞減的趨勢。在鄰近下固定平板處，由於逆向壓力將會迫使流體朝後倒流，此種現象稱之為逆流 (back flow) 或回流。

例題 7-4

如圖 E7-4 所示，一部汽車引擎的軸頸軸承採用 SAE30 機油 ($\mu = 0.38 \frac{\text{N} \cdot \text{s}}{\text{m}^2}$) 作為潤滑劑，倘若軸承的直徑 $D = 75$ mm、徑向間隙 $H = 0.05$ mm、軸承轉速 $\omega = 3000$ rpm、軸承寬度 $W = 30$ mm。假設此軸承並無負載且間隙呈對稱，試決定驅動轉軸所需的轉矩與功率。

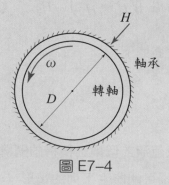

圖 E7-4

解　由於間隙甚小 ($H \ll D$)、軸向寬度夠大 ($W \gg H$)，故可視為無限板間的流動形式。考慮黏性、不可壓縮流體在無限平板間的穩定流動，倘若水平的上、下固定平板相距為 H，上平板以等速 U 向右移動、下平板固定不動，則其間之速度分布可直接引用 (7.16) 式，即

$$u(y) = \frac{Uy}{H} + \frac{H^2}{2\mu}\left(-\frac{dP}{dx}\right)\left(\frac{y}{H} - \frac{y^2}{H^2}\right)$$

由於在封閉的同心圓內呈軸對稱流動，故並未考慮壓力梯度的影響 ($-\frac{dP}{dx} = 0$)。驅動轉軸所需的轉矩乃為抵抗機油油膜之黏性剪力，故先求剪應力如下

$$\tau = \mu\frac{du}{dy} = \frac{\mu U}{H} = \frac{\mu\omega D}{2H}$$

轉矩乃為剪力與半徑的乘積，意即

$$T = F_s\left(\frac{D}{2}\right) = (\tau\pi DW)\left(\frac{D}{2}\right) = \frac{\mu\pi D^3 W\omega}{4H}$$

將已知數據代入，可得

$$T = \frac{(0.38\,\frac{\text{N}\cdot\text{s}}{\text{m}^2})\pi(75\times10^{-3}\,\text{m})^3(30\times10^{-3}\,\text{m})(3000\,\frac{\text{rev}}{\text{min}})(2\pi\,\frac{\text{rad}}{\text{rev}})}{4(0.05\times10^{-3}\,\text{m})(60\,\frac{\text{s}}{\text{min}})}$$

計算結果可得轉矩值為

$$T = 23.73\,\text{N}\cdot\text{m}$$

所需的功率為剪力與切線速度的乘積，意即

$$\dot{W} = F_s U = T\omega$$

將已知數據代入，可得

$$T = \frac{(23.733\,\text{N}\cdot\text{m})(3000\,\frac{\text{rev}}{\text{min}})(2\pi\,\frac{\text{rad}}{\text{rev}})}{(60\,\frac{\text{s}}{\text{min}})} = 7455.94\,\text{W} = 10\,\text{hp}$$

7-4　管流之能量探討

　　透過能量方程式的運用，可對黏性、不可壓縮流體在封閉空間流動的壓降特性有所瞭解。考慮呈穩定狀態的流動 ($\frac{\partial}{\partial t} = 0$)、忽略黏滯功率 ($\dot{W}_v = 0$)，則能量方程式如下所列

$$\int_{CS} \left(\hat{u} + \frac{P}{\rho} + \frac{V^2}{2} + gz \right) \rho \vec{V} \cdot \vec{n} dA = \dot{W}_s + \dot{Q}_{CV}$$

或可展開為

$$\dot{m} \left(\hat{u}_{\text{out}} - \hat{u}_{\text{in}} + \frac{P_{\text{out}}}{\rho} - \frac{P_{\text{in}}}{\rho} + g(z_{\text{out}} - z_{\text{in}}) \right) + \int_{CS} \left(\frac{V^2}{2} \right) \rho \vec{V} \cdot d\vec{A} = \dot{W}_s + \dot{Q}_{CS}$$

$$(7.19)$$

由於封閉空間之黏性流的速度分布呈拋物線狀，故等號左邊第二項係以積分型態表示。對於僅有單一進出口的控制容積而言，積分項可改寫成

$$\int_{CS} \left(\frac{V^2}{2} \right) \rho \vec{V} \cdot d\vec{A} = \dot{m} \left(\frac{\alpha_{\text{out}} \overline{V}_{\text{out}}^2}{2} - \frac{\alpha_{\text{in}} \overline{V}_{\text{in}}^2}{2} \right) \qquad (7.20)$$

式中 α 為動能係數 (kinetic energy coefficient)，$\overline{V}$ 為類似 (7.1) 式所定義的平均速度，倘若控制表面的面積為 A，則動能係數可表示成

$$\alpha = \frac{\int_A (\frac{V^2}{2}) \rho \vec{V} \cdot d\vec{A}}{\frac{\dot{m} \overline{V}^2}{2}} \qquad (7.21)$$

從 α 所呈現的數值，將可判定封閉區間的流動狀況，可能出現的情況主要有下列二類：

⑴ $\alpha \geq 1$：非均勻流；

⑵ $\alpha = 1$：均勻流。

在管流的問題中，倘若雷諾數相當大則 α 值通常假設為 1；當雷諾數不大且為完全發展流的情況，則 α 值的變化極為顯著。

假設流經控制容積僅具有單一的進出口，則對於黏性、不可壓縮流體在封閉空間的流動若呈穩定狀態，在忽略黏滯功率的情況下，單位質量流率之能量方程式可表示如下

$$\widehat{u}_{\text{out}} + \frac{P_{\text{out}}}{\rho} + gz_{\text{out}} + \frac{\alpha_{\text{out}}\overline{V}_{\text{out}}^2}{2} = \widehat{u}_{\text{in}} + \frac{P_{\text{in}}}{\rho} + gz_{\text{in}} + \frac{\alpha_{\text{in}}\overline{V}_{\text{in}}^2}{2} + w_s + q_{CS} \qquad (7.22)$$

或

$$\frac{P_{\text{out}}}{\rho} + gz_{\text{out}} + \frac{\alpha_{\text{out}}\overline{V}_{\text{out}}^2}{2} = \frac{P_{\text{in}}}{\rho} + gz_{\text{in}} + \frac{\alpha_{\text{in}}\overline{V}_{\text{in}}^2}{2} + w_s - (\widehat{u}_{\text{out}} - \widehat{u}_{\text{in}} - q_{CS}) \qquad (7.23)$$

式中，壓力項 ($\frac{P}{\rho}$)、高度項 (gz) 以及速度項 ($\frac{\alpha\overline{V}^2}{2}$) 等三項的合併，代表流體的可用能 (available energy) 或稱有用能 (useful energy)。此外，$\widehat{u}_{\text{out}} - \widehat{u}_{\text{in}} - q_{CS}$ 表示流體因為流動摩擦所造成可用能的損失 (loss)，透過方程式可表示成

$$\widehat{u}_{\text{out}} - \widehat{u}_{\text{in}} - q_{CS} = \text{loss}$$

合併上二式可得

$$\frac{P_{\text{out}}}{\rho} + gz_{\text{out}} + \frac{\alpha_{\text{out}}\overline{V}_{\text{out}}^2}{2} = \frac{P_{\text{in}}}{\rho} + gz_{\text{in}} + \frac{\alpha_{\text{in}}\overline{V}_{\text{in}}^2}{2} + w_s - \text{loss} \qquad (7.24)$$

上式通常稱為擴充柏努利方程式 (extended Bernoulli equation) 或機械能方程式 (mechanical energy equation)，各項表示單位質量之流體所含有的能量，基本因次為 $[\text{L}^2\text{T}^2]$，單位則是 $\frac{\text{m}^2}{\text{s}^2}$ 或 $\frac{\text{ft}^2}{\text{s}^2}$。

在真實流體的流動情況中，由於存在損失而導致可用能必定會減少，這

可從軸功損失量反映出，據此定義流體機械效率 (fluid mechanical efficiency)
為：實際輸入流體的可用能除以流體機械的傳輸能量，即

$$\eta = \frac{w_s - \text{loss}}{w_s} \tag{7.25}$$

若利用單位重量之流體所含有的能量形式表示，則機械能方程式 (7.24)
式將可改寫成

$$\frac{P_{\text{out}}}{\gamma} + z_{\text{out}} + \frac{\alpha_{\text{out}}\overline{V}_{\text{out}}^2}{2g} = \frac{P_{\text{in}}}{\gamma} + z_{\text{in}} + \frac{\alpha_{\text{in}}\overline{V}_{\text{in}}^2}{2g} + h_s - h_L \tag{7.26}$$

其中 $h_s = \dfrac{w_s}{g}$ 表示流體機械運作所產生的軸功頭，若 $h_s > 0$ 代表能量加入流體
中 (如泵)；若 $h_s < 0$ 代表能量從流體中移轉出 (如輪機)。另外，式中 $h_L = \dfrac{\text{loss}}{g}$
則代表頭損 (head loss)，在上式中各項表示單位重量之流體所含有的能量，基
本因次為 [L]，單位則是 m 或 ft。

對於流體機械而言，工程實務均以軸功率 (power) 描述可能改變流動狀
態的參數，通常數學表示式可寫成

$$\dot{W}_s = \gamma \dot{Q} h_s \tag{7.27}$$

功率習用的單位為仟瓦 (kilowatt, kW) 或馬力 (horsepower, hp)，其間的關聯
性為 1 hp = 550 $\dfrac{\text{ft} \cdot \text{lb}}{\text{s}}$ = 0.746 kW。

例題 7–5

如圖 E7–5 所示，一臺送風機的功率 $\dot{W}_s = 250$ W、風扇葉片的直徑 $D_2 = 60$ cm，
倘若送風機運作時的軸向空氣平均流速 $V_2 = 10\ \dfrac{\text{m}}{\text{s}}$、空氣密度 $\rho = 1.2\ \dfrac{\text{kg}}{\text{m}^3}$。
假設送風機上游的空氣呈靜止狀態，試計算下列問題：

⑴輸入流體而產生有效之能量為若干?

⑵送風機的機械效率為何?

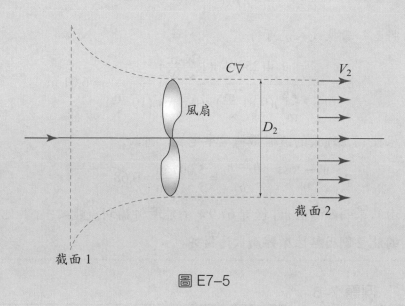

圖 E7-5

解 ⑴選擇如圖 E7-5 所繪示固定且不變形的控制容積,顯然流經控制容積僅具有單一的進出口,則對於黏性、不可壓縮流體在封閉空間的流動若呈穩定狀態,在忽略黏滯功率的情況下,將可引用 (7.26) 式予以解析

$$\frac{P_2}{\gamma} + z_2 + \frac{\alpha_2 \overline{V}_2^2}{2g} = \frac{P_1}{\gamma} + z_1 + \frac{\alpha_1 \overline{V}_1^2}{2g} + h_s - h_L$$

其中,在截面 1 與 2 均為大氣壓力 ($P_1 = P_2 = 0$)、忽略高度變化的效應 ($z_1 = z_2$)、假設在截面 1 的速度遠小於截面 2 而可忽略不計 ($V_1 \doteq 0$)、在截面 2 的速度為均勻流 ($\alpha_2 = 1.0$),由此可將上式簡化成

$$w_s - \text{loss} = \frac{V_2^2}{2g} = \frac{(10 \frac{\text{m}}{\text{s}})^2}{2(9.81 \frac{\text{m}}{\text{s}^2})} = 5.10 \text{ m}$$

⑵欲求得機械效率應先計算出 h_s

$$h_s = \frac{\dot{W}_s}{\gamma \dot{Q}} = \frac{\dot{W}_s}{\rho g A V} = \frac{\dot{W}_s}{\rho g (\frac{\pi D_2^2}{4}) V_2}$$

將已知數據代入，可得

$$h_s = \frac{4(250\ \text{W})(1\ \frac{\text{N·m}}{\text{s·W}})}{(1.2\ \frac{\text{kg}}{\text{m}^3})(9.81\ \frac{\text{m}}{\text{s}^2})\pi(0.6\ \text{m})^2(10\ \frac{\text{m}}{\text{s}})} = 6.01\ \text{m}$$

根據 (7.25) 式的流體機械效率定義，可知，

$$\eta = \frac{w_s - \text{loss}}{w_s} = \frac{h_s - h_L}{h_s} = \frac{5.097\ \text{m}}{7.511\ \text{m}} = 0.68$$

由結果明顯的看出，僅有 67.9% 的能量傳輸到流體之中，其他 32.1% 的能量則因黏性摩擦而散逸損失。

例題 7-6

如圖 E7-6 所示，一臺風扇的功率 $\dot{W}_s = 25\ \text{W}$、質量流率 $\dot{m} = 1.2\ \frac{\text{kg}}{\text{min}}$、壓力升值 $P_2 - P_1 = 1\ \text{kPa}$，倘若在風扇上游 (截面 1) 的速度分布呈拋物線狀的層流流動，管徑 $D_1 = 60\ \text{mm}$、動能係數 $\alpha_1 = 2.0$；在風扇下游 (截面 2) 的速度分布呈均勻狀的紊流流動，管徑 $D_2 = 30\ \text{mm}$、動能係數 $\alpha_1 = 1.1$、空氣密度 $\rho = 1.2\ \frac{\text{kg}}{\text{m}^3}$。試計算在下列狀況下的損失值：

(1)假設均勻的速度分布；

(2)考慮真實的速度分布。

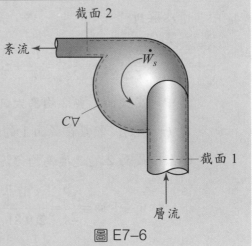

圖 E7-6

解 應用 (7.24) 式於圖 E7-6 所描繪的控制容積，即

$$\frac{P_2}{\rho} + gz_2 + \frac{\alpha_2 \overline{V}_2^2}{2} = \frac{P_1}{\rho} + gz_1 + \frac{\alpha_1 \overline{V}_1^2}{2} + w_s - \text{loss}$$

假設流經風扇的高度變化可忽略不計 ($z_1 - z_2 = 0$)，則上式中損失可表示為

$$\text{loss} = w_s - \left(\frac{P_2 - P_1}{\rho} \right) - \left(\frac{\alpha_2 \overline{V}_2^2 - \alpha_1 \overline{V}_1^2}{2} \right)$$

其中軸功 w_s 為

$$w_s = \frac{\dot{W}_s}{\dot{m}} = \frac{(25\ \text{W})(1\ \frac{\text{N} \cdot \text{m}}{\text{s} \cdot \text{W}})(60\ \frac{\text{s}}{\text{min}})(1\ \frac{\text{kg} \cdot \text{m}}{\text{s}^2 \cdot \text{N}})}{(1.2\ \frac{\text{kg}}{\text{min}})}$$

$$= 1250\ \frac{\text{N} \cdot \text{m}}{\text{kg}}$$

在截面 1 的平均速度為

$$\overline{V}_1 = \frac{\dot{m}}{\rho A_1} = \frac{\dot{m}}{\rho (\frac{\pi D_1^2}{4})} = \frac{4(1.2\ \frac{\text{kg}}{\text{min}})}{(1.2\ \frac{\text{kg}}{\text{m}^3}) \pi (0.06\ \text{m})^2 (60\ \frac{\text{s}}{\text{min}})} = 5.90\ \frac{\text{m}}{\text{s}}$$

在截面 2 的平均速度為

$$\overline{V}_2 = \frac{\dot{m}}{\rho (\frac{\pi D_2^2}{4})} = \frac{4(1.2\ \frac{\text{kg}}{\text{min}})}{(1.2\ \frac{\text{kg}}{\text{m}^3}) \pi (0.03\ \text{m})^2 (60\ \frac{\text{s}}{\text{min}})} = 23.58\ \frac{\text{m}}{\text{s}}$$

⑴假設流動具有均勻的速度分在，則動能係數 $\alpha_1 = \alpha_2 = 1.0$，故損失之表示式變成

$$\text{loss} = w_s - \left(\frac{P_2 - P_1}{\rho} \right) - \left(\frac{\overline{V}_2^2 - \overline{V}_1^2}{2} \right)$$

將已知數據代入，分別可得

$$\frac{P_2 - P_1}{\rho} = \frac{(1000\ \mathrm{Pa})(1\ \frac{\mathrm{N}}{\mathrm{m^2 \cdot Pa}})}{(1.2\ \frac{\mathrm{kg}}{\mathrm{m^3}})} = 833.33\ \frac{\mathrm{N \cdot m}}{\mathrm{kg}}$$

$$\frac{\overline{V}_2^2 - \overline{V}_1^2}{2} = \frac{(23.58\ \frac{\mathrm{m}}{\mathrm{s}})^2 - (5.90\ \frac{\mathrm{m}}{\mathrm{s}})^2}{2(1\ \frac{\mathrm{kg \cdot m}}{\mathrm{s^2 \cdot N}})} = 260.60\ \frac{\mathrm{N \cdot m}}{\mathrm{kg}}$$

將計算結果代回損失之表示式，可得

$$\mathrm{loss} = 1250 - 833.33 - 260.60 = 156.07\ \frac{\mathrm{N \cdot m}}{\mathrm{kg}}$$

⑵考慮真實的速度分布，則已知動能係數 $\alpha_1 = 2.0$ 且 $\alpha_2 = 1.1$，故將已知數據代入損失表示式之速度項，可得

$$\frac{\alpha_2 \overline{V}_2^2 - \alpha_1 \overline{V}_1^2}{2} = \frac{(1.1)(23.58\ \frac{\mathrm{m}}{\mathrm{s}})^2 - (2.0)(5.90\ \frac{\mathrm{m}}{\mathrm{s}})^2}{2(1\ \frac{\mathrm{kg \cdot m}}{\mathrm{s^2 \cdot N}})}$$

$$= 271.01\ \frac{\mathrm{N \cdot m}}{\mathrm{kg}}$$

將計算結果代回損失之表示式，可得

$$\mathrm{loss} = 1250 - 833.33 - 271.01 = 145.66\ \frac{\mathrm{N \cdot m}}{\mathrm{kg}}$$

由計算結果可明顯看出，速度分布曲線對於損失所造成的差異相當小，僅相差 7.1% 左右！

7-5　管流之損失分析

通常，管系 (pipe system) 係由許多管徑不一定相同的直管，及各式各樣的管配件（閥、彎管、接頭）組構而成，由於黏性流體流經管系而會產生摩擦，因而導致的能量損失稱之為主要損失 (major loss, h_{LM})。另外，肇因於管配件或管徑改變而形成流動阻礙所造成的損失，一般稱為次要損失 (minor loss, h_{Lm})。若將二種損失的觀念導入機械能方程式，故可重新表示成

$$\frac{P_{out}}{\gamma} + z_{out} + \frac{\alpha_{out}\overline{V}_{out}^2}{2g} = \frac{P_{in}}{\gamma} + z_{in} + \frac{\alpha_{in}\overline{V}_{in}^2}{2g} + h_s - (h_{LM} + h_{Lm}) \qquad (7.28)$$

在真實管系中的流體流動，大都呈現完全發展的紊流型態，故本節將採用上一章所介紹的因次分析，作為解析管流損失的憑藉。倘若不可壓縮流體在直徑 D、長度 L、管內粗糙度 ε 的圓形內流動，水平導管內的流體平均速度為 V，假設流體在管內流動的壓降為 ΔP，流體具有的物理性質：密度 ρ、黏度 μ，由問題的描述得知，相關變數共有 7 個（即 $k = 7$），故壓降的函數表示式可寫成

$$\Delta P = F(D, L, \varepsilon, \rho, \mu, V)$$

依照柏金漢 PI 理論之因次分析方法，可求得無因次參數群的關係式

$$\frac{\Delta P}{\rho V^2} = F'\left(\frac{L}{D}, \frac{\varepsilon}{D}, \frac{\mu}{\rho VD}\right)$$

為配合物理意義的描述，將無因次參數群 ρV^2 改換成動壓 (dynamic pressure, $\frac{\rho V^2}{2}$)，其次定義 $\frac{\varepsilon}{D}$ 為相對粗糙度 (relative roughness)，另配合雷諾數定義 ($Re = \frac{\rho VD}{\mu}$) 而將 $\frac{\mu}{\rho VD}$ 以倒數形式呈現。據此，可將上列無因次參數群的關係式改寫成

$$\frac{\Delta P}{\rho V^2/2} = F''\left(\frac{L}{D}, \frac{\varepsilon}{D}, Re\right)$$

其中 F'' 為待定函數。由於在層流流動中的壓降係與管長成正比，經由實驗亦證明此結果的合理性，故上列關係式可再簡化成

$$\frac{\Delta P}{\rho V^2/2} = \frac{L}{D} F'''\left(\frac{\varepsilon}{D}, Re\right)$$

式中 F''' 亦為待定函數。習慣上，將上式中的二組無因次參數表示成

$$f = \frac{\Delta P}{\rho V^2 / 2}\left(\frac{D}{L}\right) = F''\left(\frac{\varepsilon}{D}, Re\right) \tag{7.29}$$

式中 f 稱為達西摩擦因子 (Darcy friction factor) 或簡稱為摩擦因子 (friction factor)。藉由摩擦因子的定義，水平導管的壓降將可表示為

$$\Delta P = f \frac{L}{D} \frac{\rho V^2}{2} \tag{7.30}$$

對於完全發展的層流流動，摩擦因子的值與相對粗糙度 ($\frac{\varepsilon}{D}$) 無關，故可直接表示成

$$f = \frac{64}{Re} \quad （完全發展的層流） \tag{7.31}$$

若流動為紊流的型態，則摩擦因子並不容易決定，因子值必須仰賴相對粗糙度 ($\frac{\varepsilon}{D}$) 與雷諾數 (Re) 予以求得，一般均透過穆迪圖 (Moody chart)[文獻 1]，以查明 $f - \frac{\varepsilon}{D} - Re$ 之間的正確關聯性，如圖 7–8 所示。由圖顯而易見，在圖左側低雷諾數的層流區，摩擦因子值呈直線遞減的趨勢 ($f = \frac{64}{Re}$)，顯然因子值與相對粗糙度無關。隨著雷諾數的增加，摩擦因子值強烈依賴相對粗糙度與雷諾數的現象愈益顯著，意即 $f = F'''(\frac{\varepsilon}{D}, Re)$。當雷諾數的持續增加至極大值，流動將會達到完全紊流 (completely turbulent flow) 的情況，由於鄰近固體邊界流動的特性，將完全受到表面粗糙度 (ε) 的支配，故在圖中的摩擦因子曲線呈水平狀。

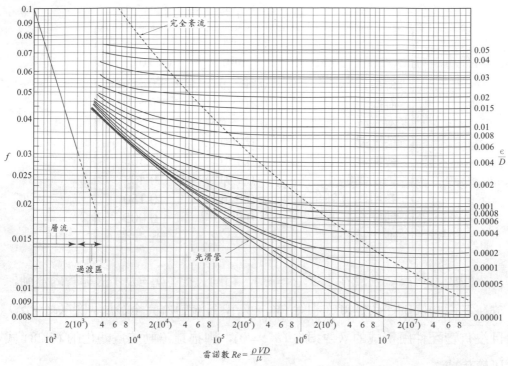

圖 7-8　穆迪圖［資料引用源自文獻 1］

通常，導管管壁光滑或粗糙的程度，均採用微觀壁面凹凸的平均深度表示，如圖 7-9 所示。管壁的表面粗糙度與材質、製造方法均有關，對於商用管的平均粗糙度，如表 7-1 所列。

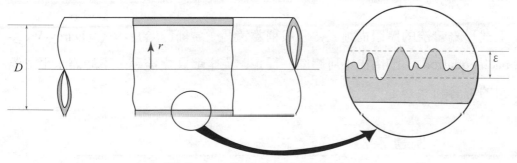

圖 7-9　管壁的表面粗糙度

表 7-1　商用管的平均表面粗糙度

材　　　　料	表 面 粗 糙 度，ε	
	mm	$(\times 10^{-3})$ ft
鉚接鋼	0.90～9.0	3.0～30
混凝土	0.30～3.0	1.0～10
木　棒	0.18～0.90	0.6～3.0
鑄　鐵	0.260	0.85
鍍鋅鐵	0.150	0.50
柏油鑄鐵	0.120	0.40
商用鋼（鍛鋼）	0.0460	0.150
抽拉鋼	0.0015	0.005
玻　璃	光　滑	光　滑

假設不可壓縮流體在水平 $(z_1 = z_2)$、相同直徑 $(D_1 = D_2)$ 的導管內流動，故在二截面間的平均速度亦相等 $(V_1 = V_2)$，若流動為完全發展型態 $(\alpha_1 = \alpha_2)$ 且沒有管配件所形成的次要損失 $(h_{Lm} = 0)$，則描述流動能量變化的 (7.28) 式可簡化成

$$\Delta P = \gamma h_{LM} \qquad （水平導管） \tag{7.32}$$

將 (7.30) 式與 (7.32) 式予以合併，簡化可得主要損失的表示方程式

$$h_{LM} = f \frac{L}{D} \frac{V^2}{2g} \tag{7.33}$$

上式乃為管流的摩阻描述式，一般稱為達西－威斯巴哈方程式 (Darcy-Weisbach equation)，適用在不可壓縮、穩定、完全發展之流動－不論為水平或傾斜的導管。

例題 7-7

在常溫狀態下之空氣（密度 $\rho = 1.2 \dfrac{\text{kg}}{\text{m}^3}$、黏度 $\mu = 1.83 \times 10^{-5} \dfrac{\text{N} \cdot \text{s}}{\text{m}^2}$）以平均

速度 $V = 20 \dfrac{\text{m}}{\text{s}}$ 流經水平導管，假設導管之直徑 $D = 10$ mm、管壁粗糙度

$\varepsilon = 0.0015$ mm。試計算在下列狀況下，空氣流經 $L = 1$ m 管距的壓降：

(1)層流型態；

(2)紊流型態。

 首先，根據定義計算雷諾數如下

$$Re = \frac{\rho V D}{\mu} = \frac{(1.2\,\dfrac{\text{kg}}{\text{m}^3})(20\,\dfrac{\text{m}}{\text{s}})(0.010\,\text{m})}{(1.83 \times 10^{-5}\,\dfrac{\text{N} \cdot \text{s}}{\text{m}^2})} = 13115$$

此數值顯現出流動已達紊流型態 ($Re > 4000$)。

(1)假設流動為不可壓縮、完全發展的層流，故摩擦因子值可直接引用
 (7.31) 式計算，即

$$f = \frac{64}{Re} = \frac{64}{13115} = 0.00488$$

水平導管的壓降將可利用 (7.30) 式計算如下

$$\Delta P = f \frac{L}{D} \frac{\rho V^2}{2} = (0.00488) \frac{(1\,\text{m})}{(0.01\,\text{m})} \frac{(1.2\,\dfrac{\text{kg}}{\text{m}^3})(20\,\dfrac{\text{m}}{\text{s}})^2}{2}$$
$$= 117.12\,\text{Pa}$$

(2)倘若流動為紊流型態，則 $f = F'''(\dfrac{\varepsilon}{D}, Re)$。根據題意可得相對粗糙度

為

$$\frac{\varepsilon}{D} = \frac{0.0015\,\text{mm}}{10\,\text{mm}} = 0.00015$$

配合先前所計算的雷諾數 $Re = 1.31 \times 10^4$，故由圖 7–8 的穆迪圖可查

得 $f = 0.0285$，據此可再利用 (7.30) 式計算水平導管的壓降，如下所

列

$$\Delta P = f \frac{L}{D} \frac{\rho V^2}{2} = (0.0285) \frac{(1\,\text{m})}{(0.01\,\text{m})} \frac{(1.2\,\dfrac{\text{kg}}{\text{m}^3})(20\,\dfrac{\text{m}}{\text{s}})^2}{2}$$

$$= 684 \text{ Pa}$$

結果顯示，即使流動屬於紊流型態而具有較大的壓降值 (0.684 kPa)，但相較於絕對壓力 $P_a = 101$ kPa (abs) 而言，改變量僅 $\dfrac{0.684}{101} = 0.0068$ 或 0.68%。由此可見改變量微乎其微，故採用不可壓縮流的假設堪稱合理。

源自於管配件或管徑改變，因而形成流動阻礙所造成的次要損失，其實比流經管系而產生摩擦所導致的主要損失更顯著。由於流經管配件或管徑改變的流動狀況極為複雜，故計算次要損失常須藉助實驗資料的提供，而次要損失的數學描述式可表示如下

$$h_{Lm} = K_L \frac{V^2}{2g} \tag{7.34}$$

其中 K_L 為損失係數 (loss coefficient)，各式各樣管配件所具有的損失係數，均須透過實驗予以決定。典型導管入出口的損失係數，如表 7–2 所列示；常見各式閥門與管接頭的損失係數，則如表 7–3 所列示。

表 7–2　典型導管入出口的損失係數

名　　稱		圓　　形 rounded edge	銳　　角 sharp edge	穿　　透 projecting edge
導管入口	型式			
	K_L	0.04～0.28	0.05	0.78
導管出口	型式			
	K_L	1.0	1.0	1.0

表 7-3　常見各式閥門與管接頭的損失係數

管　　　配　　　件		狀　　　　　態	K_L
閥	球閥 (global valve)	全開 (fully open)	10.00
	角閥 (angle valve)	全開	5.00
	止回閥 (check valve)	全開	2.20
門	門閥 (gate valve)	半開 ($\frac{1}{2}$ closed)	2.10
		全開	0.15
管接頭	標準 T 形件 (standard tee)		1.80
	標準 90° 肘管 (standard 90° elbow)		0.90
	標準 45° 肘管 (standard 45° elbow)		0.40

例題 7-8

在公寓頂樓建造之水塔內部長、寬、高尺寸均為 2 m，若將水（密度 $\rho = 1000\ \dfrac{\text{kg}}{\text{m}^3}$、黏度 $\mu = 1.52 \times 10^{-3}\ \dfrac{\text{N} \cdot \text{s}}{\text{m}^2}$）由地下室蓄水槽抽送到頂樓之水塔，並要在 1 小時內將水塔儲滿。假設水管採用內徑為 25 mm 之商用鋼管（管壁粗糙度 $\varepsilon = 0.045$ mm），地下室蓄水槽與水塔頂部的高度相差 30 m，水管總長度為 40 m，管配件所具有的損失係數 $K_L = 5$。根據上述條件，試決定一部符合需求之泵。

解 假設在地下室蓄水槽之水面設定為點 1，頂樓水塔上方之水管出口處設定為點 2，由於頂樓水塔與地下室蓄水槽之水面均暴露在大氣壓力，故 $P_1 = P_2 = P_{\text{atm}}$；蓄水槽之水面下降速度遠小於水管出口處之水流速，即 $V_1 \ll V_2$，且 $V_1 \doteq 0$；水管出口處之水流速呈均勻狀，且 $\alpha_2 \doteq 0$。引用 (7.28) 式並予以簡化，結果變成

$$z_2 + \frac{V_2^2}{2g} = z_1 + h_s - (h_{LM} + h_{Lm})$$

根據主要損失（7.33 式）與次要損失（7.34 式）的定義，故上式可改寫成

$$h_s = (z_2 - z_1) + \frac{V_2^2}{2g} + \left(f\frac{L}{D}\frac{V_2^2}{2g} + K_L\frac{V_2^2}{2g} \right)$$

$$= (z_2 - z_1) + \left(1 + f\frac{L}{D} + K_L \right)\frac{V_2^2}{2g} \quad \cdots\cdots \text{(a)}$$

倘若欲在 1 小時內將水塔儲滿，則在水管中的流速可計算如下

$$V_2 = V = \frac{\dot{Q}}{A} = \frac{\dfrac{\forall}{\Delta t}}{\dfrac{\pi D^2}{4}} = \frac{\dfrac{(2\ \text{m} \times 2\ \text{m} \times 2\ \text{m})}{(3600\ \text{s})}}{\dfrac{\pi(0.025\ \text{m})^2}{4}} = 4.53\ \frac{\text{m}}{\text{s}}$$

根據定義計算雷諾數如下

$$Re = \frac{\rho V D}{\mu} = \frac{(1000\ \dfrac{\text{kg}}{\text{m}^3})(4.527\ \dfrac{\text{m}}{\text{s}})(0.025\ \text{m})}{(1.52 \times 10^{-5}\ \dfrac{\text{N}\cdot\text{s}}{\text{m}^2})} = 7.45 \times 10^4$$

由於流動為紊流型態，則摩擦因子 $f = F'''(\dfrac{\varepsilon}{D}, Re)$。根據題意可得相對粗糙度為

$$\frac{\varepsilon}{D} = \frac{0.045\ \text{mm}}{25\ \text{mm}} = 0.0018$$

配合先前所計算的雷諾數，故由圖 7–8 的穆迪圖可查得 $f = 0.025$。將已知值代入(a)式，結果變成

$$h_s = (30\ \text{m}) + \left(1 + \frac{(0.025)(40\ \text{m})}{(0.025\ \text{m})} + 5 \right)\frac{(4.527\ \dfrac{\text{m}}{\text{s}})^2}{2(9.81\ \dfrac{\text{m}}{\text{s}^2})} = 78.05\ \text{m}$$

泵所需的功率，可藉由 (7.27) 式計算如下

$$\dot{W}_s = \gamma \dot{Q} h_s = \rho g \left(\frac{\forall}{\Delta t} \right) h_s$$

$$= \frac{(1000\ \dfrac{\text{kg}}{\text{m}^3})(9.81\ \dfrac{\text{m}}{\text{s}^2})(8\ \text{m}^3)(78.048\ \text{m})}{(3600\ \text{s})} = 1701.45\ \text{W}$$

或可表示為

$$\dot{W}_s = 1.70 \text{ kW} = 2.28 \text{ hp}$$

7-6 管流之能量描述

一種有效闡釋管系能量變化的方法，就是透過能量梯度線 (energy grade line, EGL) 與水力梯度線 (hydraulic grade line, HGL) 的觀念予以獲得。此種圖示的解析法，將可清晰掌握在流動中流體的能量變化狀況。

對於穩定、無黏性、不可壓縮的流動而言，柏努利方程式的描述：沿著同一流線的壓力頭 (pressure head, $\frac{P}{\gamma}$)、速度頭 (velocity head, $\frac{V^2}{2g}$) 及高度頭 (elevation head, z) 等三項總和將保持固定值，而此固定值稱為總水頭 (total head, H)，即

$$\frac{P}{\gamma} + \frac{V^2}{2g} + z = H \qquad \text{（沿著同一流線）} \tag{7.35}$$

能量梯度線即為沿著同一流線總水頭的連線，如圖 7-10 所示。

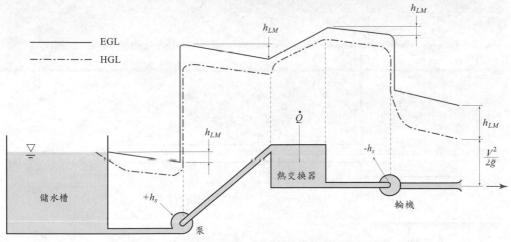

圖 7-10 能量與水力梯度線的圖示法

　　沿著同一流線的壓力頭與高度頭之和，若在圓管中心線以上連接成連續線，則此軌跡即為水力梯度線，壓力頭與高度頭之和又稱為測壓計水頭 (piezometric head)。根據定義可知，能量梯度線恆在水力梯度線的上方，而二條線之間距為速度頭 $(\dfrac{V^2}{2g})$ 之值。

　　在一般的流動情況中，能量梯度線會因摩擦損失（主要損失）而呈緩降的趨勢，或會由管接頭、管配件及能量輸出（輪機的運作、熱量的輸出）而造成劇降的情況，只有在能量加入時（泵的運作、熱量的輸入）才會上升。對於水力梯度線而言，則與能量梯度線具有上述相同的特性，唯其間相距速度頭 $(\dfrac{V^2}{2g})$ 之值。

例題 7-9

如圖 E7-9 所示水經由導管從儲水槽釋出，假設導管入口處的損失係數 $(K_L)_A = 0.5$、球閥的損失係數 $(K_L)_{BC} = 10$、噴嘴的損失係數 $(K_L)_E = 0.1$，導管的直徑 $D_A = D_B = D_C = D_D = 6\ \text{in}$、$D_E = 3\ \text{in}$，導管的摩擦因子 $f = 0.02$。試決定在 A、B、C、D 以及 E 各點的能量梯度線與水力梯度線之值。

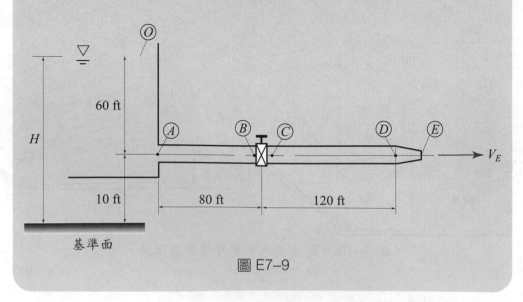

圖 E7-9

解　根據連續方程式可知

$$\dot{Q} = V_A A_A = V_B A_B = V_C A_C = V_D A_D = V_E A_E \quad \cdots\cdots \text{(a)}$$

由於導管在 A 至 D 之間的直徑相等，故沿著導管從 A 至 D 點間的速度均相同，即

$$V_A = V_B = V_C = V_D = V$$

在導管末端的噴嘴出口處，速度 V_E 可藉由(a)式推導如下

$$V_E = \frac{A_A}{A_E} V_A = \left(\frac{D_A}{D_E}\right)^2 V = 4V$$

引用機械能方程式（7.28 式），將可計算在各點的能量值

$$\frac{P_i}{\gamma} + z_i + \frac{\alpha_i \overline{V}_i^2}{2g} = \frac{P_o}{\gamma} + z_O + \frac{\alpha_o \overline{V}_O^2}{2g} + h_s - (h_{LM} + h_{Lm}) \quad \cdots\cdots \text{(b)}$$

式中下標 O 表示在儲水槽液面的任意點；i 指 A 至 E 各點。由於 O 點與 E 點均暴露於大氣壓力，故 $P_O = P_E = P_{\text{atm}}$。儲水槽液面的下降速度遠小於在導管內各點速度，故可予以忽略 $V_O = 0$。假設水在導管內的速度分布呈均勻狀，則 $\alpha_A = \alpha_B = \alpha_C = \alpha_D = \alpha_E = 1.0$。由於沒有軸功輸入，故 $h_s = 0$。藉由以上的假設條件，並將主要損失 (h_{LM}) 與次要損失 (h_{Lm}) 分別依定義代入，則(b)式變成

$$\frac{P_i}{\gamma} + z_i + \frac{V_i^2}{2g} = z_O - \left(f\frac{L_{Ai}}{D_i}\frac{V^2}{2g} + \sum K_L \frac{V^2}{2g}\right) \quad \cdots\cdots \text{(c)}$$

運用(c)式於 O 點與 E 點間，則方程式可擴展為

$$z_O - z_E = \frac{V_E^2}{2g} + \left(f\frac{L_{AD}}{D_D}\frac{V^2}{2g} + (K_L)_A \frac{V^2}{2g} + (K_L)_{BC}\frac{V^2}{2g} + (K_L)_E\frac{V^2}{2g}\right)$$

或可重新整理成

$$z_O - z_E = \left(16 + f\frac{L_{AD}}{D_D} + (K_L)_A + (K_L)_{BC} + (K_L)_E\right)\frac{V^2}{2g}$$

將已知數據代入上式

$$(60 \text{ ft}) = \left(16 + (0.02)\frac{(200 \text{ ft})}{(\frac{6}{12} \text{ ft})} + 0.5 + 10 + 0.1 \right)\frac{V^2}{2(32.2\frac{\text{ft}}{\text{s}^2})}$$

結果可得 $V = 10.346 \frac{\text{ft}}{\text{s}}$。將(c)式分別依照能量梯度線 (EGL) 與水力梯度線 (HGL) 的定義，可得

EGL：
$$\frac{P_i}{\gamma} + z_i + \frac{V_i^2}{2g} = z_O - \left(f\frac{L_{A_i}}{D_i} + \sum K_L \right)\frac{V^2}{2g} \quad \cdots\cdots \text{ (d)}$$

HGL：
$$\frac{P_i}{\gamma} + z_i = z_O - \left(f\frac{L_{A_i}}{D_i} + \sum K_L \right)\frac{V^2}{2g} - \frac{V_i^2}{2g}$$

$$= \text{EGL} - \frac{V_i^2}{2g} \quad \cdots\cdots \text{ (e)}$$

藉由(d)式與(e)式，可分別計算出能量梯度線與水力梯度線之值，如下表所列

單位：ft	A 點	B 點	C 點	D 點	E 點
壓力頭 ($\frac{P_i}{\gamma}$)	57.51	52.19	35.57	27.59	0
高度頭 (z_i)	10	10	10	10	10
速度頭 ($\frac{V_i^2}{2g}$)	1.66	1.66	1.66	1.66	26.59
EGL 值	69.17	63.85	47.23	39.25	36.59
HGL 值	67.51	62.19	45.57	37.59	10

7-7 非圓形導管

輸送流體的導管並非全都具有圓形截面，由於固體邊界條件有所差異，例如軸對稱 ($\frac{\partial}{\partial \theta} = 0$) 的條件就不存在，故流動狀態與圓形截面並不全然相同。然而，對於非圓形截面的直徑稍加修正並賦予新的定義，則圓形導管的推導結果亦可予以採用；亦或可針對各種不同幾何形狀的截面，重新推導出所須

要的方程式。

如圖7–11所示的非圓形導管，通常定義相當於圓形直徑的水力直徑 (hydraulic diameter, D_h)，藉以簡便處理導管內的流動問題，即

$$D_h = \frac{4A}{P_w} \tag{7.36}$$

其中 A 為截面積、P_w 為濕周長 (wetted perimeter)，根據定義可知，水力直徑係為四倍截面積與濕周長的比值。先前曾提及，在導管內之流動若為紊流的型態，則摩擦因子必須透過穆迪圖，以查明 $f - \frac{\varepsilon}{D} - Re$ 之間的正確關聯性。對於非圓形導管而言，相對粗糙度與雷諾數之中的直徑 (D)，均須以水力直徑 (D_h) 取代。通常，藉由水力直徑的計算，準確性約在 15% 的範圍內 [文獻 2]，若須更精準的計算結果，則須針對不同的幾何形狀分別討論。

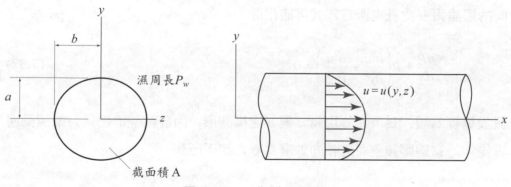

圖 7–11　非圓形導管

例題 7–10

試決定下列三種不同非圓形截面的水力直徑：
(1)邊長為 a 的正三角形；
(2)邊長分別為 a 與 b 的矩形；
(3)內、外半徑分別為 r_i、r_o 的同心圓管。

解 (1)正三角形(邊長為 a)

$$D_h = \frac{4A}{P_W} = \frac{4(\frac{\sqrt{3}a^2}{2})}{3a} = \frac{a}{2\sqrt{3}}$$

(2)矩形(邊長分別為 a 與 b)

$$D_h = \frac{4A}{P_W} = \frac{4(ab)}{2(a+b)} = \frac{ab}{2(a+b)}$$

(3)同心圓管(內、外半徑分別為 r_i、r_o)

$$D_h = \frac{4A}{P_W} = \frac{4(\pi r_o^2 - \pi r_i^2)}{2\pi r_o + 2\pi r_i} = 2(r_o - r_i)$$

考慮黏性、不可壓縮流體在水平、非圓形導管的穩定流動,假設流動僅具軸向分量 ($v \ll u$、$w \ll u$, $v \doteq 0$、$w \doteq 0$),意即 $u = u(y, z)$ 且 $P = P(x)$,故軸向的那維爾－史托克斯方程式可簡化成

$$-\frac{dP}{dx} + \mu\left(\frac{\partial^2 u}{\partial y^2} + \frac{\partial^2 u}{\partial z^2}\right) = 0 \tag{7.37}$$

假設導管為短、長半軸分別為 a 與 b 之橢圓形,由於黏性流體具有無滑動邊界條件,意即鄰接壁面的軸向速度為零,如下所列

$$u = 0 \quad (在 \frac{y^2}{a^2} + \frac{z^2}{b^2} = 1 \ 處)$$

為使邊界條件自動滿足,假設軸向速度為

$$u(y, z) = C\left(\frac{y^2}{a^2} + \frac{z^2}{b^2} - 1\right)$$

其中 C 為待定函數,可將上式代入 (7.37) 式,結果可得

$$C = -\frac{a^2 b^2}{2\mu(a^2 + b^2)}\left(-\frac{dP}{dx}\right)$$

合併上二式可得橢圓形導管的軸向速度，如下所列

$$u(x, y) = \frac{a^2 b^2}{2\mu(a^2 + b^2)}\left(-\frac{dP}{dx}\right)\left(1 - \frac{y^2}{a^2} - \frac{z^2}{b^2}\right) \tag{7.38}$$

參考文獻

1. Moody, L. F., *Friction Factors for Pipe Flow, Transactions of the ASME, Vol. 66*, 1944.

2. Young, D. F., Munson, B. R., and Okiishi, T. H., *A Brief Introduction to Fluid Mechanics, 2nd Ed.*, John Wiley & Sons, New York, 2001.

習 題

1. 試解釋下列名詞：

    (1)穆迪圖 (Moody chart)　　　　(2)能量梯度線 (energy grade line, EGL)

    (3)水力直徑 (hydraulic diameter)　(4)水力梯度線 (hydraulic grade line, HGL)

2. 一部汽車引擎的軸頸軸承採用 SAE30W 機油 ($\rho = 800\,\frac{kg}{m^3}$、$\mu = 0.20\,\frac{N \cdot s}{m^2}$) 作為潤滑劑，倘若軸承的直徑 $D = 50\,mm$、徑向間隙 $H = 0.05\,mm$、軸承轉速 $\omega = 200\,rpm$、軸承寬度 $W = 50.8\,mm$。假設此軸承並無負載且間隙呈對稱狀，試決定驅動轉軸所需的轉矩與功率。

3. 如圖 P7–3 所示，直立式轉軸與軸承間充滿黏度 $\mu = 0.20\ \dfrac{\text{N}\cdot\text{s}}{\text{m}^2}$ 之機油，假設轉軸與軸承之運動特性，與無限平板間之零壓力梯度的層流流動相似，當轉軸以 $\omega = 100\ \text{rpm}$ 的速度在運轉，試求克服黏性阻力所需之轉矩。

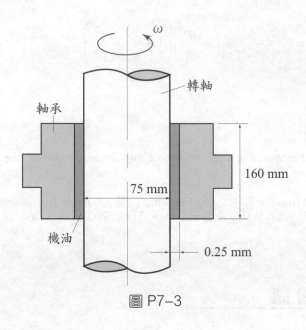

圖 P7–3

4. 考慮黏性、不可壓縮流體在水平圓管的穩定流動，假設在完全發展的情況下，速度僅為半徑的函數，即 $u = u(r)$，軸向平均速度為 $\overline{U}$，試推導下列物理量：

(1)軸向速度；

(2)壁面剪應力；

(3)請利用壓降 ΔP、管徑 D、管長 L 以及黏度 μ 等物理量表達體積流率 $\dot{Q}$。

5. 考慮不可壓縮流體在內、外半徑分別為 r_i、r_o 的同心圓管間穩定流動，假設內圓管靜止不動、外圓管以軸向速度 U 移動，若軸向壓力梯度為零，試推導流體的速度。

6. 考慮黏性、不可壓縮流體，倘若在相距為 H 的水平無限平板間穩定流動，上平板以等速度 U 移動而下平板固定，假設在任意二截面間的單位長度之壓降為 $\dfrac{\Delta P}{L}$，試推導流體速度的表示式。

7. 考慮介於二塊垂直、無限平板間的穩定流動，倘若左、右平板相距為 H，左平板固定不動、右平板以等速 W 向上移動，假設流體在垂直方向呈完全發展的流動形式，壓力梯度可忽略不計，但重力效應卻須予以考量。

   (1)試推導速度分量 w 的表示式；

   (2)試推導在二塊平板中點的速度分量 w 表示式；

   (3)倘若在某一水平截面的質量流率為零，試找出平板向上移動速度 W、重力加速度 g、平板間距 H、流體密度 ρ、流體黏度 μ 等參數的關聯性。

8. 水以 7.85 cfs $(=\dfrac{\text{ft}^3}{\text{s}})$ 的流率流經漸縮接管，倘若在漸縮接管上游的管徑 $D_1 = 12\text{ in}$、下游的管徑 $D_2 = 8\text{ in}$，漸縮接管的次要損失可表示如下：

$$h_{Lm} = 0.2\frac{V_2^2}{2g}$$

   其中 V_2 表示在下游小管徑的流體流動速度。假設在上游截面 1 的壓力 $P_1 = 10\text{ psi}$，請問支撐漸縮接管的作用力為若干？

9. 在下列二種情況下，試求圓形鑄鐵管的主要損失值：

   (1)管徑為 50 cm、平均流速為 $3\dfrac{\text{m}}{\text{s}}$、管長為 100 m、流體的運動黏度為 $1.0 \times 10^{-6}\dfrac{\text{m}^2}{\text{s}}$；

   (2)管徑為 2 cm、平均流速為 $0.3\dfrac{\text{m}}{\text{s}}$、管長為 10 m、流體的運動黏度為 $6.0 \times 10^{-6}\dfrac{\text{m}^2}{\text{s}}$。

10. 考慮黏性、不可壓縮流體，倘若在相距為 H 的水平無限平板間穩定流動，假設完全發展成形流動之壓力梯度為 $B(=\dfrac{\partial P}{\partial x})$，流體的密度為 ρ、黏度為 μ，試推導下列物理量：

   (1)流動速度 $u = u(y)$；

   (2)平均速度 $\overline{U}$；

   (3)水力直徑 D_h；

   (4)摩擦因子 $f\,(=\dfrac{8\tau_w}{\rho V^2})$，其中 τ_w 為壁面剪應力。

11. 考慮在水平同心圓管間之環狀區域，倘若流體為黏性、不可壓縮的穩定、層流流動，外管半徑為 R、內管半徑為 KR，K 為小於 1 的常數。

　　(1)試推導完全發展流的速度分布 $u(r)$；

　　(2)請推導水力直徑 D_h；

　　(3)請利用軸向的壓力梯度表示出摩擦因子 f。

12. 假設不可壓縮流體流經漸擴管接頭的壓力變化呈近似線性，漸擴管接頭二端的壓差為未知，試利用體積流率 $\dot{Q}$、接頭二端的面積 A_1 與 A_2、接頭長度 L、漸擴管傾斜角 θ 等物理量，表達流體在漸擴管接頭的壓力損失頭。

13. 如圖 P7–13 所示，水（$\mu = 1.0 \times 10^{-3} \dfrac{\text{N} \cdot \text{s}}{\text{m}^2}$）經由導管從儲水槽釋出，體積流率 $\dot{Q} = 0.03 \dfrac{\text{m}^3}{\text{s}}$，假設導管入口處的損失係數 $K_L = 0.5$，光滑導管的直徑 $D = 75\text{mm}$、長度 $L = 100 \text{ m}$。試決定在水位高度 H 為若干？

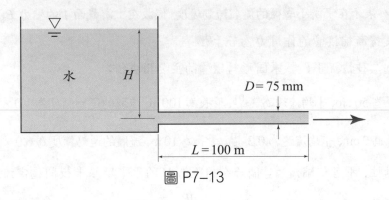

圖 P7–13

14. 如圖 P7–14 所示，水經由導管從儲水槽汲取出，假設導管入口處的損失係數為 0.18，三個彎管接頭的損失係數均為 0.24，導管的直徑為 0.5 m、摩擦因子 f =0.02，試決定在水位高度 H 為若干?

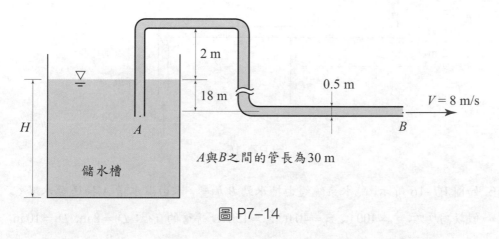

2 m

0.5 m

18 m

$V = 8$ m/s

H

A

B

儲水槽

A 與 B 之間的管長為 30 m

圖 P7–14

15. 如圖 P7–15 所示，利用泵抽取河水到直徑為 5 m 的圓筒中，倘若筒底位在河面上方 2 m，導管的直徑為 5 cm，水頭損失可透過下列方程式表示:

$$h_L = 10\frac{V^2}{2g}$$

其中 V 為導管中水流的平均速度，假設在導管的水流呈紊流狀，即 $\alpha = 1.0$，泵的軸功可描述如下:

$$h_s = 20 - 5 \times 10^4 \dot{Q}$$

式中 $\dot{Q}$ 為體積流率 (單位為 $\frac{\text{m}^3}{\text{s}}$)。考慮導管出口處的損失係數為 1.0，欲將圓筒內的水位高度 H 抽送達 10 m，試決定須要若干時間?

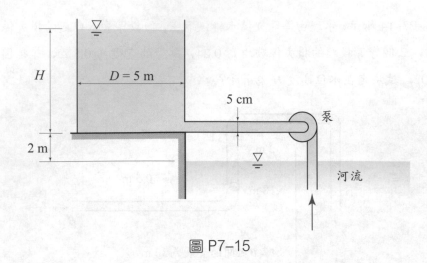

圖 P7-15

16. 如圖 P7-16 所示，配水系統經由抽水站 B 加壓，水由儲水槽 A 抽送至水塔 C，假設高度頭：$z_A = 100$ ft、$z_B = 40$ ft、$z_C = 150$ ft，導管的直徑：$D_1 = 8$ in、$D_2 = 10$ in，長度：$L_1 = 1000$ ft、$L_2 = 2000$ ft，摩擦因子 $f = 0.018$，水流量 $\dot{Q} = 2.5 \dfrac{\text{ft}^3}{\text{s}}$。試決定抽水站所需泵的馬力數，並請繪示能量梯度線與水力梯度線。

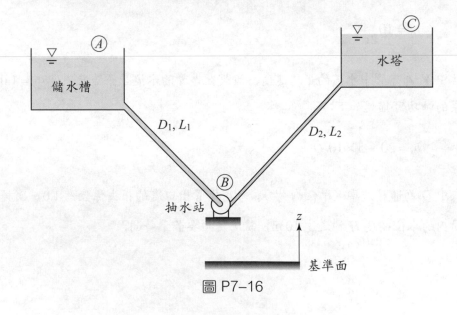

圖 P7-16

第 8 章　黏性外流
Viscous External Flow

外部流動係指流體在未受固體的邊界完全包圍，而相對於固體外部的流動。如通過半無窮平板上方的流動，通過球、圓柱及任何物體形狀的流動等，均屬於外部流動的實例。本章之重點，將利用那維爾—史托克斯方程式 (Navier-Stokes equation)，分析黏滯性流體流經沉體 (immersed body)，平面或曲面的流場情況。探討之目標，側重於較低雷諾數的流動形式。

8–1　外部流動的特性

外部流動流場情況依照沉體的外形結構，可歸納為下列三種，各種流場的描述及分析有所差異，如圖 8–1 所示。

(1)二維流 (two-dimensional flow)

流體流經無限長且具有等截面之物體，在附近所形成之流場。

(2)軸對稱流 (axisymmetric flow)

流體流經具有等截面形狀，並繞其對稱軸旋轉而成的物體，因而在四周即會產生軸對稱流。

(3)三維流 (three-dimensional flow)

流體流經一有限長或不規則形狀之物體，在鄰近區域之流體流動。

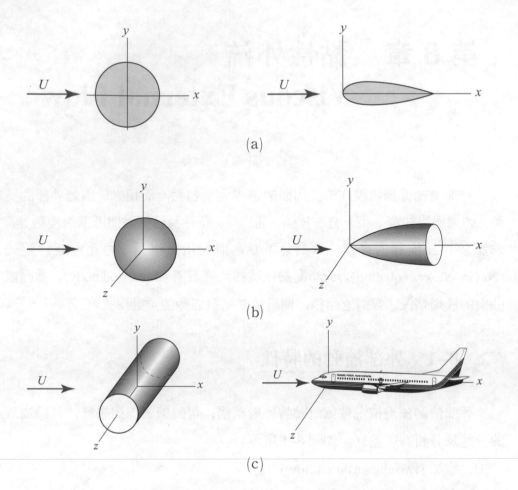

圖 8-1　流場的分類：(a)二維流、(b)軸對稱流、(c)三維流

升力 (lift force) 與阻力 (drag force) 定義為：運動中流體趨近沉體的相對速度，在垂直與水平方向上作用於物體的分力。透過流經機翼流動的例子予以說明，當流體流經機翼表面，由於流體的黏滯效應，致使機翼壁面產生剪應力 (τ_w)，亦由於壓力作用使壁面產生正向應力，兩者分布如圖 8-2 所示。

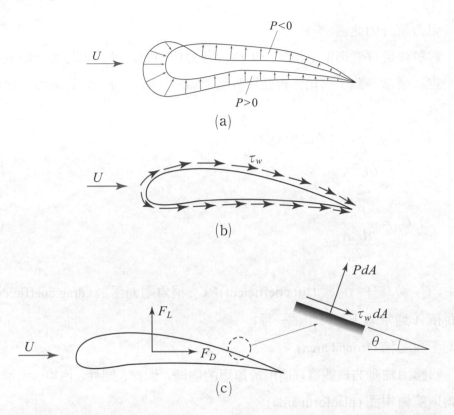

圖 8–2　二維機翼剖面流動：(a)壓力、(b)黏滯力、(c)升力與阻力

在圖 8–2 中，由壓力及剪應力沿著整個機翼橫截面進行封閉曲線積分，可得機翼所受的合力 (resultant force)，即

$$dF_x = (PdA)\sin\theta + \tau_w dA\cos\theta$$
$$dF_y = (PdA)\cos\theta + \tau_w dA\sin\theta$$

對表面積予以積分，可得機翼水平 (x) 方向與垂直 (y) 方向之分力，各為

$$F_x = \int_A dF_x = \int_A (P\sin\theta + \tau_w\cos\theta)dA$$

$$F_y = \int_A dF_y = \int_A (P\cos\theta + \tau_w\sin\theta)dA$$

當機翼形狀、沿翼表面的壓力及剪應力分布為已知條件，則可利用積分來決

定其阻力及升力之值。

對於流經任意形狀之沉體所形成的升力與阻力，其大小均可依照上述程序決定。通常，為了簡化分析並與實驗值做一比較，合力均以無因次化形式表示為

$$C_L = \frac{F_L}{\dfrac{\rho U^2 A}{2}} \tag{8.1}$$

$$C_D = \frac{F_D}{\dfrac{\rho U^2 A}{2}} \tag{8.2}$$

式中，C_L 稱為升力係數 (lift coefficient)；C_D 稱為阻力係數 (drag coefficient)，而面積 A 通常為下列其中的一種：

⑴正面面積 (frontal area)

物體由流動方向觀察，適用於厚短的物體，如球、圓柱、汽車、火箭等。

⑵頂部俯視面 (planform area)

物體由上往下觀察，適用於較大且平坦之物體，如機翼。

⑶浸濕面積 (wetted area)

習慣上用於船、艦等水面航行工具。

在圖 8–3 中，上游的流場為流速 U 之均勻流，平行流經長度為 L 的平板。若流體流動的雷諾數 ($Re_L = \dfrac{UL}{\upsilon}$) 很低，如圖 8–3 ⒜所示，流場的黏滯區域 (即圖中暗色區，其邊界定義為 $u = 0.99U$) 很廣，並且延伸至平板兩側相當遠之處。在前述黏滯區域內的黏滯效應極為重要，而在此區域外則可視為無黏滯性流動。若提高雷諾數，則不論在層流或紊流的情況，黏滯區域均會相對地減小。此黏滯區域一般稱為邊界層 (boundary layer)，茲留待下一節再行討論。本章所欲探討之主題，主要側重於低雷諾數流動、黏滯區域的速度分布及固體受力之分析。

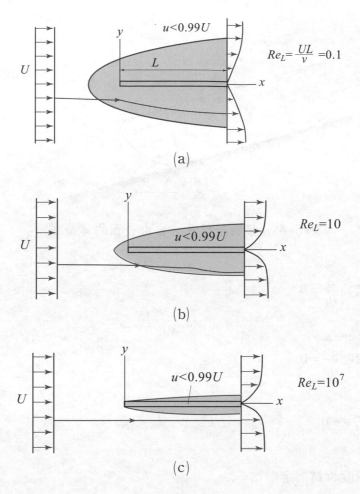

圖 8-3 黏滯均勻係流經一平板：(a)低雷諾數、(b)中雷諾數、(c)高雷諾數

8-2 具傾斜角及自由表面之薄層流

具有黏滯性之流體沿傾斜平板流動，如圖 8-4 所示，則流場可依下列程序進行分析。在此假設流場具有下列特性：

(1)不可壓縮流：$\nabla \cdot \vec{V} = 0$

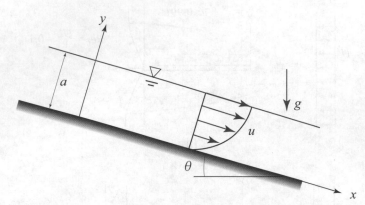

圖 8-4　傾斜平板具有自由表面的薄層流

(2)穩定流：$\dfrac{\partial}{\partial t} = 0$

(3)二維流：$\dfrac{\partial}{\partial z} = 0$

(4) $v \ll u,\ v \approx 0$

(5)薄膜厚度保持固定

由連續方程式可簡化而得

$$\frac{\partial u}{\partial x} = 0$$

此意味著速度分量 u 僅為 y 的函數，即

$$u = u(y) \quad \text{only} \ \cdots\cdots \ \text{(a)}$$

由那維爾－史托克斯方程式亦可簡化而得

x 方向：$\dfrac{\partial P}{\partial x} + \rho g \sin\theta + \mu \dfrac{\partial^2 u}{\partial y^2} = 0$　　　$u = u(y)$　only $\cdots\cdots$ (b)

y 方向：$-\dfrac{\partial P}{\partial y} - \rho g \cos\theta = 0$　　$\cdots\cdots$ (c)

(c)式予以重新整理，可得

$$\frac{\partial P}{\partial y} = -\rho g \cos\theta$$

積分可得

$$P = -\rho g \cos\theta y + f(x)$$

在自由表面 $y = a$ 處 $P = P_{\text{atm}}$，代入上式得

$$P_{\text{atm}} = -\rho g a \cos\theta + f(x) \cdots\cdots \text{(d)}$$

稍經整理，變成

$$f(x) = P_{\text{atm}} + \rho g a \cos\theta$$

代回(d)式，可知

$$P = P_{\text{atm}} + \rho g (a - y)\cos\theta$$

由此顯見 P 僅為 y 的函數，即 $P = P(y)$ only。

由上式得知壓力 P 僅為 y 之函數，因此 $\dfrac{\partial}{\partial x} = 0$，代入(b)式並與(a)式合併得

$$\frac{d^2 u}{d y^2} = -\frac{\rho g \sin\theta}{\mu} = -\frac{\tau \sin\theta}{\tau}$$

經由雙重積分，可得速度分量之通解為

$$u(y) = -\frac{\tau \sin\theta}{2\mu} y^2 + C_1 y + C_2$$

B.C.：(a) $y = 0$, $u = 0 \Rightarrow C_2 = 0$

(b) $y = a$, $\dfrac{du}{dy} = 0 \Rightarrow C_1 = \tau a \dfrac{\sin\theta}{\mu}$

將上二個邊界條件代入，結果可得 C_1 和 C_2。最後再代回通解，即可獲致速度分布為

$$u(y) = \tau a^2 \frac{\sin\theta}{\mu}\left(\frac{y}{a} - \frac{y^2}{2a^2}\right)$$

由於獲致速度分布 $u(y)$，故可根據定義而推導出下列相關資料：

(1)剪應力分布

$$\tau = \mu\frac{du}{dy} = \tau(a - y)\sin\theta$$

(2)單位深度的體積流率

$$q = \int_0^a u\,dy = \frac{\tau a^3 \sin\theta}{3\mu}$$

(3)平均速度

$$\bar{u} = \frac{q}{a} = \frac{\tau a^2 \sin\theta}{3\mu}$$

(4)最大速度

$$\frac{du}{dy} = 0 \Rightarrow y = a \Rightarrow u_{\max} = \frac{\tau a^2 \sin\theta}{2\mu}$$

(5)自由表面下與具有平均速度之相同流速的位置

$$u = \frac{\tau a^2 \sin\theta}{\mu}\left(\frac{y}{a} - \frac{y^2}{2a^2}\right) = \bar{u}$$

將(3)之平均速度 $\bar{u}$ 代入，整理可得

$$y^2 - 2ay + \frac{2}{3}a^2 = 0$$

由此可知

$$y = \left(1 + \frac{1}{\sqrt{3}}\right)a \qquad （正號不合）$$

例題 8–1

如下圖一薄層液體（密度為 ρ，黏滯性係數為 μ）沿一傾斜平板向下流動，假設為層流流場且忽略空氣和液體界面間之剪力，試求出平板向上的移動速度 U，此值可導致向下流動流體的淨流量為 0。

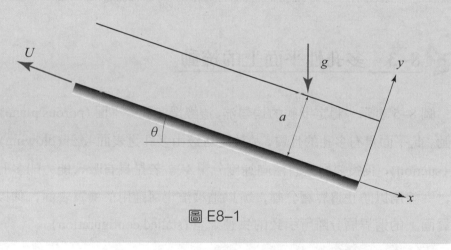

圖 E8–1

解　本題求速度之通解與 8–2 節相同，僅邊界條件不相同而須予以修正。
首先引用通解

$$\Rightarrow u(y) = -\frac{\tau \sin\theta}{2\mu}y^2 + C_1 y + C_2$$

B.C.：(a) $y = 0,\ u = -U$

代入通解可得 $C_2 = -U$

(b) $y = a$, $\dfrac{du}{dy} = 0$

代入通解可得 $C_1 = \tau a \dfrac{\sin\theta}{\mu}$

將積分常數 C_1 與 C_2 同時代入通解中，整理可得

$$u(y) = \tau a^2 \frac{\sin\theta}{\mu}\left(\frac{y}{a} - \frac{y^2}{2a^2}\right) - U$$

單位寬度的體積流率

$$q = \int_0^a u\,dy = \frac{\tau a^3 \sin\theta}{3\mu} - Ua$$

若淨體積流率為零 ($q = 0$)，則由上式可得

$$U = \frac{\tau a^2 \sin\theta}{3\mu}$$

8-3　多孔性平面上的流動

　　圖 8-5 表示一穩定狀態的均勻流，流經過多孔性平面 (porous plane) 上的流動。此平面具有多孔的性質，故流體可經由多孔之表面吹出 (blowing) 或吸入 (suction)，使得表面具有法向速度分量 V_w。若是具有吸入能力的多孔性表面，一般用以防止邊界層分離，所以這種流場可運用於機翼表面，俾以防止機翼面上的邊界層分離所引致的失速流型 (stalled configuration)。

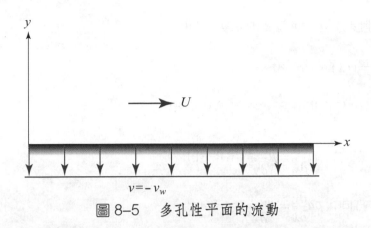

圖 8-5　多孔性平面的流動

　　分析此種流動形式的程序，如以下步驟所描述。在此假設流場具有下列
特性：

(1)不可壓縮流：　$\nabla \cdot \vec{V} = 0$

(2)穩定流：$\dfrac{\partial}{\partial t} = 0$

(3)二維流：$\dfrac{\partial}{\partial z} = 0,\, w = 0$

(4)完全發展成形：$u = u(y)$　　　only

(5)重力效應不計

(6)忽略壓力梯度

由連續方程式可簡化而得

$$\frac{\partial v}{\partial y} = 0$$

此意味著速度分量 v 僅為 x 的函數，即

$$v = v(x) \quad \cdots\cdots \text{ (a)}$$

由那維爾－史托克斯方程式亦可簡化而得

$$x \text{ 方向：} \rho v \frac{\partial u}{\partial y} = \mu \frac{\partial^2 u}{\partial y^2} \quad \cdots\cdots \text{ (b)}$$

$$y \text{ 方向：} \rho u \frac{\partial v}{\partial x} = \mu \frac{\partial^2 v}{\partial x^2} \quad \cdots\cdots \text{ (c)}$$

由連續方程式可知，對於完全發展成形的流動，$v(x)$ 為一常數，而在 $y = 0$ 的邊界條件證實此常數必為 $-V_w$，亦即

$$V = -V_w$$

由此可知，方程式(a)、(b)與(c)可簡化為一方程式

$$-v_w \frac{du}{dy} = v \frac{d^2 u}{dy^2}$$

或可改寫成

$$\frac{d^2 u}{dy^2} + \frac{v_w}{v} \frac{du}{dy} = 0$$

重新整理並積分可得

$$u(y) = C_1 + C_2 \exp\left(-\frac{v_w}{v} y\right) \quad \cdots\cdots \text{ (d)}$$

B.C.： (a) $y = 0,\ u = 0 \Rightarrow C_1 = C_2$

(b) $y \to \infty,\ u = U \Rightarrow C_1 = U$

將二個邊界條件代入，結果可得 C_1 和 C_2。最後再將 C_1 和 C_2 代回通(d)式，即可獲致速度分布為

$$u(y) = U\left[1 - \exp\left(-\frac{v_w}{v}y \right) \right]$$

8-4　驟加速平面附近的層流

到目前為止，在利用簡化之那維爾－史托克斯方程式於各種範例，以便求取正合解 (exact solution)。然而，處理的範例皆完全為穩定的流動情況。本節所欲探討的主題，為一簡單不穩定的平行層流 (unsteady parallel laminar flow)。

考慮如圖8-6所示的無限平面，其上方完全充滿流體，x 軸與板的方向一致。倘若整個系統最初為靜止的狀態，在時間 $t = 0$ 時，平板突然沿 x 方向以等速度 U 開始移動，此類問題被稱為史托克斯第一問題 (Stokes' first problem)。

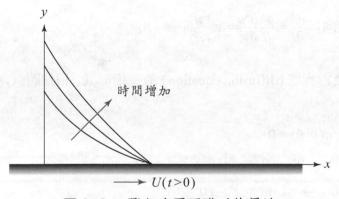

圖 8-6　驟加速平面附近的層流

分析此種流動形式的程序，如以下步驟所描述。在此假設流場具有下列特性：

⑴不可壓縮流：$\nabla \cdot \vec{V} = 0$

⑵二維流：$\dfrac{\partial}{\partial t} = 0$

(3) $v \ll u, v \doteq 0$（平面僅誘導流體沿 x 方向運動）

(4)重力效應不計

(5)忽略壓力梯度

由連續方程式可簡化而得

$$\frac{\partial u}{\partial x} = 0 \ \cdots\cdots \ \text{(a)}$$

此意味著速度分量 u 除了為時間的函數外，並為 y 的函數，即

$$u = u(y, t)$$

由那維爾─史托克斯方程式，亦可簡化而得

$$x \ \text{方向}: \ \frac{\partial u}{\partial t} = \frac{\mu}{\rho}\frac{\partial^2 u}{\partial y^2} = v\frac{\partial^2 u}{\partial y^2} \ \cdots\cdots \ \text{(b)}$$

此式即為擴散方程式 (diffusion equation) 的一般形式。根據題意，可知初始與邊界條件為：

I.C.： 在 $t \le 0, u(y, 0) = 0$

B.C.： (a) $t > 0, y = 0$： $u(0, t) = U$

(b) $t > 0, y \to \infty$： $u(\infty, t) \to 0$

本問題可利用相似法 (similarity method)【註】 求解。由於方程式(b)之解

【註】(1)二階線性偏微分方程式的分類

$$a\frac{\partial^2 z}{\partial x^2} + b\frac{\partial^2 z}{\partial x \partial y} + c\frac{\partial^2 z}{\partial y^2} + d\frac{\partial z}{\partial x} + e\frac{\partial z}{\partial y} + fz = g$$

式中函數 $z = z(x, y)$； a, b, c, d, e 和 f 為任意常數，同時， b, c 不為零而 $g = g(x, y)$。

(a) $b^2 - 4ac > 0$ （雙曲線方程式，hyperbolic equation）

如二維、穩定、無旋流場的超音速流動

答必同時包含 y 與 t，因此預期存在一解答形式為

$$u(y, t) = Uf(\eta) \quad \cdots\cdots \text{(c)}$$

在此 f(η) 稱為相似變數 (similarity variable)，為一無因次變數 (dimensionless variable)。

$$f(y, t) = \frac{\alpha y}{t^n}$$

式中 α 為一比例常數，可使 f 變成為無因次。由此假設的解形式，可得下列的微分關係式

$$(1 - Ma^2)\frac{\partial^2 \phi}{\partial x^2} + \frac{\partial^2 \phi}{\partial y^2} = 0$$

式中 ϕ 為擾動速度勢 (perturbation-velocity potential)

$$a = 1 - Ma^2 < 0; \ b = 0; \ c = 1$$

(b) $b^2 - 4ac = 0$ （拋物線方程式，parabolic equation）

如邊界層方程式 (boundary layer equation)

$$\rho\left(u\frac{\partial u}{\partial x} + v\frac{\partial u}{\partial y}\right) = -\frac{dp}{dx} + \mu\frac{\partial^2 u}{\partial y^2}$$

$$a = 0; \ b = 0; \ c = 1$$

(c) $b^2 - 4ac < 0$ （橢圓方程式，elliptic equation）

如那維爾—史托克斯方程式

$$\rho\left(u\frac{\partial u}{\partial x} + v\frac{\partial u}{\partial y}\right) = -\frac{\partial p}{\partial x} + \mu\left(\frac{\partial^2 u}{\partial x^2} + \frac{\partial^2 u}{\partial y^2}\right)$$

$$\rho\left(u\frac{\partial v}{\partial x} + v\frac{\partial v}{\partial y}\right) = -\frac{\partial p}{\partial y} + \mu\left(\frac{\partial^2 v}{\partial x^2} + \frac{\partial^2 v}{\partial y^2}\right)$$

$$a = 1; \ b = 0; \ c = 1$$

⑵相似解 (similarity solution)

相似解是對兩個獨立變數的拋物線方程式，並且在問題中沒有比例尺度的情況下之一種特別解。

$$\frac{\partial u}{\partial t} = -U_n \frac{\alpha y}{t^{n+1}} f' = -U_n \frac{\eta}{t} f'$$

$$\frac{\partial u}{\partial y} = -U_n \frac{\alpha}{t^n} f'$$

$$\frac{\partial^2 u}{\partial y^2} = -U_n \frac{\alpha}{t^{2n}} f''$$

將這些關係式加入(b)式中，可得

$$-U_n \frac{\eta}{t} f' = -v U_n \frac{\alpha}{t^{2n}} f''$$

當 $n = \frac{1}{2}$ 時，可得一常微分方程式，故可求得一個相似解。而上式亦可化簡為

$$f'' + \frac{\eta}{2v\alpha^2} f' = 0 \quad \cdots\cdots \text{(d)}$$

同時得

$$\eta = \frac{\alpha y}{\sqrt{t}}$$

欲化簡 η 為一無因次變數，此時可取 $\alpha = \frac{1}{\sqrt{v}}$，為簡化起見再引入因子 $\frac{1}{2}$，則相似變數變成

$$\eta = \frac{y}{2\sqrt{vt}}$$

而待解之方程式(d)可變成

$$f'' + 2\eta f' = 0$$

$$\Rightarrow f(\eta) = C_1 \int_0^\eta \exp(-\xi^2) d\xi + C_2 \quad \cdots\cdots \text{(e)}$$

式中 ξ 為積分的虛擬變數 (dummy variable) 或稱為啞變數。方程式右邊的第二項，是為誤差函數 (error function)，它的引數為積分之上限，於是史托克斯第一問題之解可寫成

$$\frac{u(y, t)}{U} = 1 - \text{erf}\left(\frac{y}{2\sqrt{vt}}\right) \tag{8.3}$$

此問題的解可視為：當平面驟然運動時，黏滯效應由固體平面擴散進入流體現象的描述。此結果以無因次形式繪示於圖 8–7，由此圖亦可看出速度分布的形式。

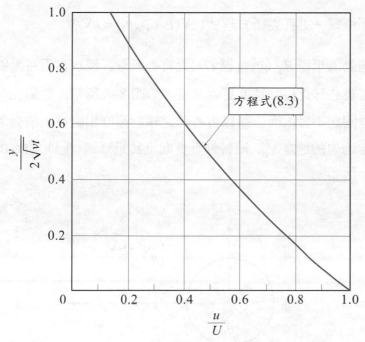

圖 8–7　驟加速平板附近之無因次速度分布

8-5　流經一圓球的潛變流

當流體運動的過程中，由於黏滯係數很大或是速度很小時，導致雷諾數變得相當小 ($Re \ll 1$)，則此種流體的運動方程式中，慣性項 (inertia term) 相較於其他項則顯得微不足道，因此可予忽略不計，此種流體的運動稱為潛變運動 (creeping motion)。

潛變運動的統御程式，可寫成

連續方程式：$\nabla \cdot \vec{V} = 0$

那維爾─史托克斯方程式：$\nabla(P + \rho g h_z) = \mu \nabla^2 \vec{V}$ (8.4)

考慮潛變運動為半徑 R_0（或直徑 D）之實心圓球，浸沉在不可壓縮之黏滯性流體中，若實心球之移動速度甚為緩慢，如圖 8-8 所示。欲簡化分析模式，可視實心球固定不動，而流體以實心球之移動速度相對往上流動。亦即，此流動以穩定均勻的速度 V_0，沿著軸垂直向上接近球體。已知流場的壓力與速度分布如下所示

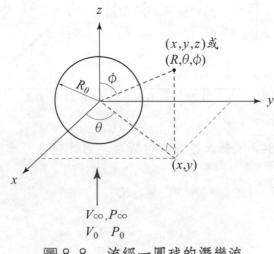

圖 8-8　流經一圓球的潛變流

$$P = P_0 - \rho gz - \frac{3\mu V_0 \cos\phi \lambda^2}{2R_0} \tag{8.5}$$

$$V_R = V_0(1 - \frac{3\lambda}{2} + \frac{\lambda^3}{2})\cos\phi \tag{8.6}$$

$$V_\varphi = -V_0(1 - \frac{3\lambda}{4} - \frac{\lambda^3}{4})\cos\phi \tag{8.7}$$

$$V_z = V_0\left(1 - \frac{\lambda(\lambda^2 + 3)}{4} - \frac{3(\lambda^2 - 1)\cos^2\phi}{4}\right) \tag{8.8}$$

式中 $\qquad \lambda = \dfrac{R_0}{R}$

　　欲求作用在圓球上淨力，必須先計算球體表面所承受之壓力及剪力，茲分析如下：

1. 壓力所形成之阻力

球體表面上的壓力分布

$$P_b = P\Big|_{R = R_0} = P_0 - \rho gz - \frac{3\mu V_0 \lambda^2 \cos\phi}{2R_0}$$

球體表面的微分面積元素 $R_0^2 \sin\phi d\phi d\theta$ 之壓力 dF_b 為

$$dF_b = P_b d_A = P_b R_0^2 \sin\phi d\phi d\theta$$

而 dF_b 作用在 z 方向的分量 dF_{P_z} 為

$$dF_{P_z} = -dF_b \cos\phi = -P_b R_0^2 \sin\phi \cos\phi d\phi d\theta$$

合併(a)、(b)和(c)三式並積分球面，可得 z 方向之合成壓力 F_{P_z}

$$F_{P_z} = \int_A dF_{P_z} = \frac{4\pi \rho g R_0}{3} + 2\pi\mu R_0 V_0$$

式中：

$\dfrac{4\pi\rho g R_0^3}{3}$：因重力所致的浮力 (buoyancy force) 作用。

$2\pi\mu R_0 V_0$：由壓力差所造成的阻力，由於此力之大小取決於沉體的形狀，故又稱為形狀阻力 (form drag)。

2. 黏滯力所形成的阻力

球體表面的剪應力

$$\tau_b = \tau\Big|_{R=R_0} = \mu\left(\frac{1}{R}\frac{\partial V_R}{\partial\phi} + \frac{\partial V_\varphi}{\partial R}\right)_{R=R_0}$$

其中

$$\frac{\partial V_R}{\partial\phi}\bigg|_{R=R_0} = 0$$

$$\frac{\partial V_\varphi}{\partial R}\bigg|_{R=R_0} = -\frac{3V_0}{2R_0}\sin\phi$$

代入(d)式得

$$\tau_b = -\frac{3\mu V_0}{2R_0}\sin\phi \quad \cdots\cdots (e)$$

在球體表面的微分面積元素 $R_0^2\sin\phi d\phi d\theta$ 之壓力 dF_s 為

$$dF_s = \tau_b dA = -\tau_b R_0^2\sin\phi d\phi d\theta \quad \cdots\cdots (f)$$

而作用在 z 方向的分量 dF_{s_z} 為

$$F_{s_z} = -dF_s\sin\phi = \tau_b dA = -\tau_b R_0^2\sin^2\phi d\phi d\theta \quad \cdots\cdots (g)$$

合併(e)、(f)、(g)三式並積分球面，可得 z 方向之合成剪力 dF_{s_z}

$$F_{s_z} = -\int_A dF_{s_z} = 4\pi\mu R_0 V_0$$

式中 $4\pi\mu R_0 V_0 \theta$ 為黏滯效應所形成的剪阻力 (shear drag) 或稱之為黏滯阻力 (viscous drag)。

由於流體流動在圓球上所造成的總合成力，乃為 F_{P_z} 與 F_{s_z} 之和，即

$$F_z = \frac{4\pi\rho g R_0^3}{3} + 6\pi\mu R_0 V_0$$

球之總阻力 (total drag) 則為形狀阻力與黏滯阻力之和，即

$$F_P = （形狀阻力）＋（黏滯阻力）＝ 6\pi\mu R_0 V_0 \tag{8.9}$$

此式即為史托克斯阻力定律 (Stokes' drag law)，該定律是由非常慢的流體運動所推導出，此定律在 $Re_D = \dfrac{\rho V_0 D}{\mu} < 0.1$ 時相當精確；但當 $Re_D = 0.1$ 時，誤差則將近一成。

例題 8-2

空氣中小顆粒之運動阻力係數 (drag coefficient, C_D) 可用史托克斯阻力定律表示成

$$C_D = \frac{24}{Re} = \frac{24 v_a}{d_p U}$$

⑴試求下落終端速度的表示式（註：到達終端速度時加速度為零）

⑵設 d_P（顆粒直徑）$= 100\times 10^{-6}$ (m) $= 100$ (μm)

v_a（空氣運動黏滯係數）$= 100 \times 10^{-5}(\frac{\text{m}^2}{\text{s}})$

$\dfrac{\rho_P}{\rho_a}$（顆粒與空氣的密度比）$= 10^{-4}$

計算該顆粒下落之終端速度。

解 (1)達終端速度時

$$\sum F = ma = 0$$

亦即　$W - F_B - F_D = 0$

或可表示成

$$\rho_P g V_P - \rho_a g V_P - \frac{C_D \rho_a U^2 A}{2} = 0$$

式中

$$A = \frac{\pi d_P^2}{4}$$

由此得

$$(\rho_P - \rho_a)g\left(\frac{\pi d_P^2}{6}\right) - \frac{\rho_a U^2}{2}\left(\frac{\pi d_P^2}{4}\right)\left(\frac{24 v_a}{d_P U}\right) = 0$$

再經整理，可得終端速度的表示式為

$$U = \frac{g d_P^2}{18 v_a}\left(\frac{\rho_P}{\rho_a} - 1\right)$$

(2)將給定數據代入上式，結果變成

$$U = \frac{9.81 \times (100 \times 10^{-6})^2}{18 \times (1.5 \times 10^{-5})}(10^4 - 1) = 3.633\ (\frac{\text{m}}{\text{s}})$$

8-6　沉體的阻力 (drag on immersed body)

已知阻力定義為：運動中流體趨近於沉體的相對速度 U，在水平方向的作用力分量。一般沉體所承受的阻力，依形成的機構可區分為兩種：

(1)壓力阻力 (pressure drag) 或形狀阻力 (form drag)

沉體前後壓差在流動方向產生的力 (F_{D_p})，一般以無因次型態的壓力阻力

係數 (pressure drag coefficient) 表示為

$$C_{D_P} = \frac{F_{D_P}/A}{\rho U^2/2}$$

⑵摩擦阻力 (friction drag) 或表面阻力 (skin drag)

由於剪應力 (shear stress, τ_w) 所形成的力 (F_{D_f})，通常以無因次的摩擦阻

力係數 (friction drag coefficient) 表示為

$$C_{D_f} = \frac{F_{D_f}/A}{\rho U^2/2}$$

其中 A 為沉體的特性面積，在 8–1 節已討論。而總阻力 (total drag, F_D) 即

為兩者之和，即

$$F_D = F_{D_P} + F_{D_f}$$

壓力阻力與摩擦阻力所佔之相對比例，受到許多因素的影響，諸如沉體

的形狀、雷諾數、表面粗糙度……等。茲就沉體形狀與流體流速之影響，分

別討論如下：

1. 形狀 (shape)

很明顯地，沉體的阻力係數與其形狀具有密不可分之關係，尤其是其厚

度，圖 8–9 明顯地可以看出，阻力係數分別以正面面積 (front area, $b \cdot D$) 及平

面面積 (planform area, $b \cdot L$) 所得到的結果截然不同，但實際上圖中兩條曲線

是代表相同的阻力數據。不論以何種面積計算阻力係數，由曲線變化的趨向

可看出，沉體之厚度 D 愈小則阻力愈小。此即說明沉體之外形，應儘可能以

流線型 (streamline) 來減少阻力之重要性，尤其當雷諾數大於 100 以上即須予

以重視。

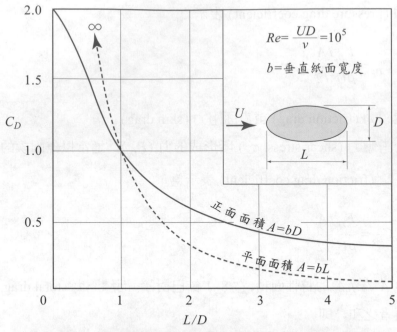

圖 8-9　用兩種不同面積計算總阻力與厚度之關係

圖 8-10 所示，說明以流線設計以減少物體阻力的範例。其中阻力係數值以正面面積計算，圖中之矩形柱體在所有尖銳的角上均有強烈的分離流，阻力相當的大。若將尾部改成較為尖銳的流線型，則阻力將會減少 86%，而且成為實用的極小值。由此可知，目前一般車輛、船舶及其他移動之物體，外型均以流線型設計為訴求，主要之考量重點就在於降低阻力。

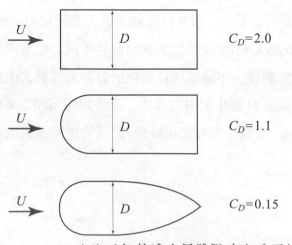

圖 8-10　以流線型設計減少沉體阻力之重要性

　　沉體亦可由其方位 (orientation) 而區分為薄物體（或為流線型物, stream-lined body）與厚物體（或鈍型物, blunt body）。以機翼 (airfoil) 的阻力為例說明，如圖 8–11 所示，當攻角 (angle of attack) 很小時，阻力相對的很小（大部分為摩擦阻力）。當攻角慢慢增加時，阻力值亦緩慢地加大，一直達到臨界攻角 (critical angle of attack, 在此例為 5° 或 6°)，機翼上半部分產生分離流而使阻力值劇增（大部分為壓力阻力）。

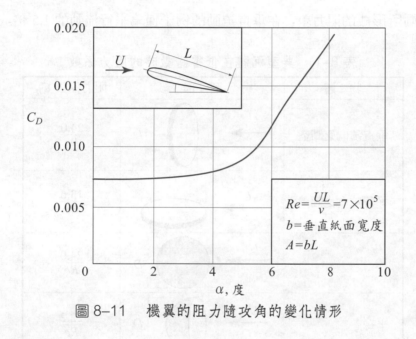

圖 8–11　　機翼的阻力隨攻角的變化情形

2. 雷諾數 (Reynolds number)

　　另外一個影響阻力的重要因素為雷諾數的變化，茲說明如下

⑴ 低雷諾數 (low Reynolds number, $Re < 1$)

　　在雷諾數極低的流場情況即潛變流動，由於慣性效應可以忽略，因此沉體之阻力大小則完全取決於黏滯力與壓力之互動。在此情況下，阻力經由因次分析可表示為

$$F_D = C_s \mu L U$$

式中 μ 為黏滯係數、L 為特性長度、U 為自由流速而 C_s 為形狀係數。若

由阻力係數之定義，可得

$$C_D = \frac{F_D/A}{\rho U^2/2} = \frac{2C_s}{Re}$$

式中雷諾數 $Re = \frac{\rho UL}{\mu}$，面積 $A = L^2$。典型的潛變流動流經簡單幾何外形
之阻力係數值，如表 8-1 所列。由表可看出，同一種圓盤因放置的方位
不同所形成的阻力差，在垂直流動的例子僅為平行流動的 1.5 倍。

表 8-1   典型沉體在低雷諾數時的阻力係數

物 體	圖 形	阻力係數 C_D
垂直流向之圓盤	$U \rightarrow$ ⬭ D	$\dfrac{24.0}{Re}$
平行流向之圓盤	$U \rightarrow$ D ⬯	$\dfrac{13.6}{Re}$
球	$U \rightarrow$ ● D	$\dfrac{24.0}{Re}$
半球	$U \rightarrow$ ◗ D	$\dfrac{22.2}{Re}$

(2)高雷諾數 (large Reynolds number)

當雷諾數相當大，則物體的形狀所造成的阻力影響較為明顯。主要是在
高雷諾數時，黏滯力的影響遠不及壓力。因此在高雷諾數時，阻力係數
值根據物體的流線程度自然有較大之差異。

(3)中雷諾數 (moderate Reynolds number)

中雷諾數形式的流動，較偏向於邊界層流動 (boundary layer flow) 的形
式。在此種流動時，黏滯力與壓力的影響對於阻力值的變化均具有極重

要的影響性。以圓柱及球為例，圖 8-12 所示及為阻力係數與雷諾數的函數關係圖。顯而易見，兩者之趨勢大致相同，故以圓球的曲線分布說明流動的物理現象。

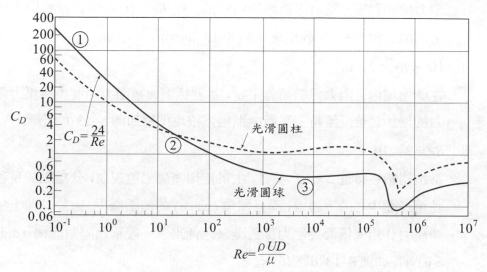

圖 8-12　　球及圓柱的阻力係數與雷諾數的函數關係

(a) $Re \leq 1$

流場中雷諾數 $Re \leq 1$ 的情況屬於潛變流動，球面無分離現象之尾流屬於層流型態，如圖 8-13 (a)所示。阻力主要源自於摩擦阻力，由史托克斯阻力定律 (8.9) 式

$$F_D = 6\pi\mu R_0 U$$

由阻力係數 C_D 定義可得

$$C_D = \frac{24}{Re}$$

如圖8-12所繪，此值在低雷諾數時與實驗數據相當吻合，但在 $Re > 1.0$ 後則顯著的產生偏差。

(b) $1 < Re < 10^3$

在雷諾數增加至 1000 之前，阻力係數將會持續的減小。主要肇因於流動分離的形成，使阻力成為摩擦阻力及壓力阻力之合成效果。摩擦阻力的相對影響隨雷諾數增加而降低。在 $Re \doteqdot 1000$ 時，摩擦阻力約佔總阻力的 5%，流動型態如圖 8–13 (b)所示。

(c) $10^3 < Re < 2 \times 10^5$

在此區域內之阻力係數頗為平直，主要係因摩擦阻力的減少與壓力阻力的增加，恰好維持一平衡的狀態，流場型態如圖 8–13 (c)所示。

(d) $Re \doteqdot 2 \times 10^5$

當雷諾數在接近 2×10^5 左右，由於流場產生過渡現象，分離點於是移動至球體中心的下游處，而且尾流 (wake) 的範圍減少。由於球體上的淨壓力作用降低而使阻力係數陡降，此現象一般稱為阻力危機 (drag crisis)，如圖 8–13 (d)圖所示。

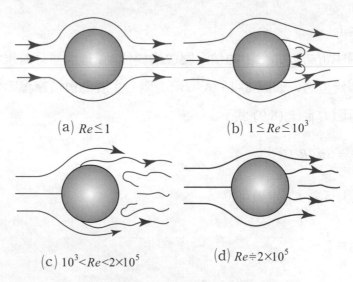

(a) $Re \le 1$　　　　(b) $1 \le Re \le 10^3$

(c) $10^3 < Re < 2 \times 10^5$　　(d) $Re \doteqdot 2 \times 10^5$

圖 8–13　流經一圓球隨雷諾數改變時的流場型態

例題 8-3

一圓柱形煙囪的直徑為 1 m、高度為 25 m，倘若暴露於速度 $50 \dfrac{\text{km}}{\text{hr}}$ 之標準狀態氣流中，假設終端效應與陣風現象均可忽略，試求風在煙囪底部造成之力矩若干。

註：標準之空氣 $\rho = 1.23 \dfrac{\text{kg}}{\mu^3}$、$\mu = 1.78 \times 10 \dfrac{\text{kg} \cdot \text{m}}{\text{s}}$

解 阻力係數

$$C_D = \frac{F_D/A}{\rho U^2/2}$$

$$\Rightarrow F_D = \frac{\rho A U^2}{2}$$

因為每單位作用力呈均勻分布，故 F_D 作用在煙囪之中點。因此，煙囪基部之力矩為

$$M_b = \frac{F_D L}{2} = C_D$$

式中

$$U = 50 \left(\frac{\text{km}}{\text{hr}} \right) = 13.89 \left(\frac{\text{m}}{\text{s}} \right)$$

由圓柱之 $C_D - Re$ 圖可知 $C_D \doteqdot 0.35$，且圓柱之特性面積 $A = D \cdot L$，代入力矩公式可得

$$M_b = \frac{\rho A L U^2}{4}$$

$$= 12.98 \, (\text{kN} \cdot \text{m})$$

例題 8–4

直徑為 0.04 mm 的圓球型花粉粒（其比重 SG 為 0.80），若由 20 m 高的松樹頂端向下飄移。假設有一等速且呈均勻流的微風，若以風速 (U_w) 1 $\dfrac{\text{m}}{\text{s}}$ 的速度水平吹拂，求花粉在墜落到地面之前所走的水平距離。（假設花粉水平速度為 U_w）

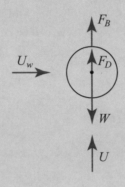

解　藉由掉落花粉粒的力平衡圖，可得

$$W = F_B + F_D$$

式中　　W（花粉粒重）$= \gamma_p V = \rho_p \mathrm{g} V$

$\qquad\quad F_B$（花粉浮力）$= \gamma_a V = \rho_a \mathrm{g} V$

$\qquad\quad V$（花粉體積）$= \dfrac{\pi D^3}{6}$

由於花粉粒極小，故假設整個系統運動屬於潛變流動 $(Re < 1)$，利用史托克斯阻力定律可得

$$F_D = 3\pi\mu U D$$

將 W、F_B 及 F_D 代入，可重新整理為

$$(\rho_p - \rho_a)\mathrm{g}D^2 = 18\mu U$$

再整理成速度的表示式，並將數據代入可得

$$U = \frac{(\rho_p - \rho_a)gD^2}{18\mu} = 0.0389 \ (\frac{\text{m}}{\text{s}})$$

花粉由樹上掉落地面時間為

$$t = \frac{h}{U} = 514 \text{ s}$$

花粉移動的距離為

$$d = Uw \cdot t = 514 \ (\text{m})$$

檢驗：

$$Re = \frac{\rho_a UD}{\mu} = 0.107$$

由於雷諾數遠小於 1，故使史托克斯阻力定律合理。

8-7　那維爾－史托克斯方程式之數值解

利用數值方法解那維爾－史托克斯方程式，由於方程式中包含壓力項，在疊代求解過程中不但耗時且不易準確。因此，如何能克服此缺點即是本節之內容，而重點在於方程式的合併與簡化。首先，假設流場具有下列的特性，即

⑴低雷諾數

⑵不可壓縮流：$\nabla \cdot V = 0$

⑶穩定流：$\frac{\partial}{\partial t} = 0$

⑷二維流：$\frac{\partial}{\partial z} = 0, \ w = 0$

⑸忽略重力效應

由連續方程式可簡化而得

$$\frac{\partial u}{\partial x} + \frac{\partial v}{\partial y} = 0 \quad \cdots\cdots \text{ (a)}$$

由那維爾－史托克斯方程式亦可簡化而得

$$\rho\left(u\frac{\partial u}{\partial x} + v\frac{\partial u}{\partial y}\right) = -\frac{\partial p}{\partial x} + \mu\left(\frac{\partial^2 u}{\partial x^2} + \frac{\partial^2 u}{\partial y^2}\right) \quad \cdots\cdots \text{ (b)}$$

$$\rho\left(u\frac{\partial v}{\partial x} + v\frac{\partial v}{\partial y}\right) = -\frac{\partial p}{\partial y} + \mu\left(\frac{\partial^2 v}{\partial x^2} + \frac{\partial^2 v}{\partial y^2}\right) \quad \cdots\cdots \text{ (c)}$$

三個方程式解三個未知數 (u, v, P)，故可得唯一解，但解壓力場並不容易，故引入流線函數 (stream function, ψ) 及旋渦度 (vorticity, ξ) 以替換原方程式之 u, v, P。利用流線函數的定義

$$u = \frac{\partial \psi}{\partial y}$$

$$v = -\frac{\partial \psi}{\partial x}$$

再引用旋渦度的定義

$$\vec{\xi} = \nabla \times \vec{V} = \left(\frac{\partial v}{\partial x} - \frac{\partial u}{\partial y}\right)\vec{k}$$

將上二式予以合併，可得

$$\vec{\xi} = -\left(\frac{\partial^2 \psi}{\partial x^2} + \frac{\partial^2 \psi}{\partial y^2}\right)\vec{k} \tag{8.10}$$

此式即為蒲松方程式 (Poisson equation)，若旋渦度 ξ 為零，則為無旋轉流 (irrotational flow)，而方程式 (8.10) 則可化簡為拉普拉斯方程式 (Laplace equation)。若將(b)式對 y 微分而(c)式對 x 微分，且兩式相減後除以 ρ 得

$$\frac{1}{\rho}\left(\frac{\partial}{\partial y}\left[\,方程式(b)\,\right]-\frac{\partial}{\partial x}\left[\,方程式(c)\,\right]\right)$$

將(b)、(c)式代入得

$$u\frac{\partial^2 u}{\partial y\partial x}+v\frac{\partial^2 u}{\partial y^2}-u\frac{\partial^2 v}{\partial x^2}-v\frac{\partial^2 v}{\partial x\partial y}=v\left(\frac{\partial^3 u}{\partial y\partial x^2}+\frac{\partial^2 u}{\partial y^3}\right)-v\left(\frac{\partial^3 v}{\partial x^3}+\frac{\partial^3}{\partial x\partial y^2}\right)$$

引入旋渦度，再予以整理，可得

$$u\frac{\partial\xi}{\partial x}+v\frac{\partial\xi}{\partial y}=\left(\frac{\partial^2\xi}{\partial x^2}+\frac{\partial^2\xi}{\partial y^2}\right) \tag{8.11}$$

此式即稱為旋渦度轉換方程式 (vorticity transport equation)。

習 題

1. 解釋名詞

    (1)史托克斯阻力定律 (Stokes' drag law)　　　(2)表面阻力 (skin drag)

    (3)表面摩擦係數 (skin friction coefficient)　　(4)形狀阻力 (form drag)

2. 請回答下列之是非題，若答案為「非」，則說明其理由。

    (1)將物體外表予以流線型化，主要是降低摩擦阻力。

    (2)如下圖所示，兩個球分別架在一平衡桿的兩端，兩球之間的差異，主要是左
        邊的球表面是粗糙的，其他則性質完全相同，現有均勻空氣流由下往上流動，
        皆通過此兩球，則平衡桿會順時鐘方向旋轉。

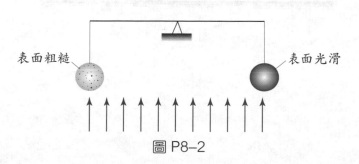

圖 P8–2

3. 根據下圖，試推導一均勻層流流場流經一傾斜平板之速度分布，假設壓力呈水力靜壓 (hydrostatic) 型態存在。

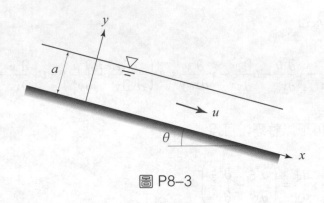

圖 P8-3

4. 假設空氣為靜止，若將一氫氣球從手中釋放：

(1)請寫出其在垂直方向之運動方程式，並解釋每一項對物理的意義。

(2)請問在(1)問題中之加速率，速度與位移係數為常數嗎？請討論。

(3)請問在(1)問題中之黏滯力與速率幾次方成正比？請討論。

5. 一圓樁下部埋於海底，而上部露出水面：

(1)若等速、等向、無黏滯性之理想海洋流流經此圓柱，在穩定狀態下，此圓柱在海底處 B 有無受到一彎矩？請解釋。

(2)若(1)題中之洋流換成有黏滯性之等速等向海流，請問在 B 點受到那些方向之彎矩？請解釋。

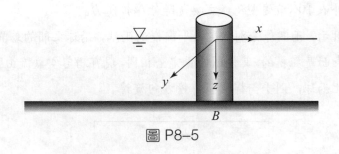

圖 P8-5

6. 列出連續方程式 (continuity equation) 和那維爾—史托克斯方程式 (Navier-Stokes equation)，再依據下圖流體運動現象予以簡化，並根據所獲得之方程式和邊界條件，求出速度分布以及最大剪應力發生處及其大小。

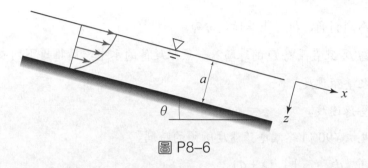

圖 P8–6

7. 當流體流過一圓球，其阻力係數 (C_D) 對雷諾數 (Re) 的變化圖如下所述，解釋圖中曲線上①、②、③三部分的物理現象。

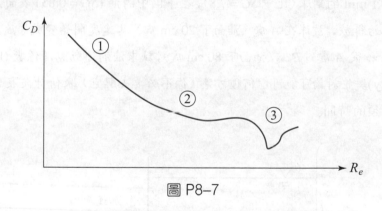

圖 P8–7

8. 求一半徑 R_0 的圓球緩緩的墜入一黏滯性很大的流體中，其終端速度為何？

9. 在大氣中之灰塵和空氣污染有很大的關係，假設灰塵的運動可用史托克斯運動 (Stokes motion) 來描述。一固定大小的灰塵，在春、夏、秋、冬那一個季節當中會有最大的終端速度 (terminal falling velocity)，或者是資訊不夠不足以選擇任何答案。

10. 流過一傾斜平板的自由表面 (free surface) 的流場，其微分方程式如下所示。

$$\mu \frac{d^2u}{dy^2} = -\rho g\sin\theta$$

式中 θ 為傾斜角，推導出其速度分布。

11. 一密度為 ρ_s 且直徑為 D 的球墜入一無限延伸的水中，請推導下列表示式。

(1)瞬間之墜落速度。

(2)終端墜落速度。

(3)達到九成 (90%) 終端墜落速度所須的時間。

提示(a) $\int \frac{dx}{a^2 - x^2} = \frac{1}{2a}\ln\left|\frac{x+a}{x-a}\right| + c$

　　(b)將你的解答和史托克斯定理 (Stokes' law) 作比較，確認其正確性。

12. 直徑為 1 mm 的鋼球（比重 $SG = 7.8$），在下圖中的油 ($SG = 0.85$) 表面上由靜止狀態開始釋放，該球在 A 處（油面下 20 cm 處）其速度開始變成等速。鋼球花了 15.8 秒從 A 處到 B 處（油面下 80 cm 處），試求油的運動黏滯係數 (kinematic viscosity)。並討論可能可以何種方法（你不必要去解它）來估計從液面到 A 處鋼球所須的時間。

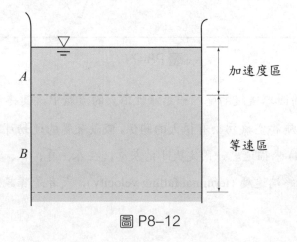

圖 P8–12

13. 請以「雨水對山坡地的沖刷效應」為題回答下列問題。

   ⑴理論分析

     ⒜以流體力學的觀點，試問所需要求得的物理量為何？

     ⒝請寫下必要合理之假設，以建立一個簡單的物理模式，並據以發展成數學模式。

     ⒞請試解釋⒝部分的數學模式。

   ⑵實驗分析

     ⒜請列舉相關的無因次化參數 (dimensionless parameter)

     ⒝請設計一個合理的實驗，以使能印證理論分析的結果。

14. 為何在飛機設計時須講究機體 streamline，而在汽車設計時 streamline 的車型較不重要？

15. 物體在流體中運動時所受到之總阻力 (total drag) 可以再分解成那幾種？試述造成這些阻力之原因與減少各種阻力之方法。

16. 下為二維穩態，層流及不可壓縮之那維爾─史托克斯方程式 (Navier-Stokes equation)：

$$u\frac{\partial u}{\partial x} + v\frac{\partial u}{\partial y} = -\frac{1}{\rho}\frac{\partial p}{\partial x} + \frac{\mu}{\rho}\left(\frac{\partial^2 u}{\partial x^2} + \frac{\partial^2 u}{\partial y^2}\right)$$

$$u\frac{\partial v}{\partial x} + v\frac{\partial v}{\partial y} = -\frac{1}{\rho}\frac{\partial p}{\partial x} + \frac{\mu}{\rho}\left(\frac{\partial^2 v}{\partial x^2} + \frac{\partial^2 v}{\partial y^2}\right)$$

以流線函數 (stream function, ψ) 和旋渦度 (vorticity) $\zeta = \frac{\partial u}{\partial y} - \frac{\partial v}{\partial x}$ 來推導旋渦度轉換方程式 (vorticity transport equation)。

17. 對一具有黏滯性的牛頓流體而言,下面是其完整那維爾—史托克斯運動方程式 (Navier-stokes equation):

$$\rho \frac{D\vec{V}}{Dt} = \rho \vec{g} - \nabla P + \frac{1}{3}\mu \nabla(\nabla \cdot \vec{V})$$

式中 ρ 為密度, $\vec{V}$ 為速度向量, P 為壓力, g 為物體力, μ 為黏滯係數。上述方程式所涵蓋的範圍很廣,包括有層流、紊流、尾流、邊界層及震波等。在下面圖中,顯示了一些流體流動的現象,這些現象可被上述的方程式或其簡化的形式來說明。

(1)推導固定密度且沒有黏滯效應流場中的渦度方程式。

(2)推導無黏滯效應,沿著流線之運動方程式。

(3)推導非旋流場中之運動方程式。

(4)推導在空氣中聲波運動的線性方程式。

(5)如下圖,解釋為何一個輕的塑膠球能夠在一噴流中能夠穩定的平衡。

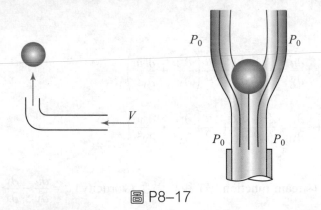

圖 P8–17

18. 傾斜平板上有一很淺水深之二維均勻流,假設為層流流動,已知平板之斜角為 θ,水流之運動黏滯係數為 ν,密度為 ρ,水深為 a,重力加速度為 g,試推導:

(1)水流之速度分布。

(2)平均速度。

19. 一球形粒子其半徑為 r，密度為 ρ_1，在密度為 ρ_2 且黏滯係數為 μ 的流體中等速下降，請求出下降速度 v 與已知參數 r、ρ_1、ρ_2、μ 及重力加速度 g 之間的關係。

20. 如下圖所示，一穩態、不可壓縮、二維之寇提 (Couette) 流場，假設在多孔性下板上，有一恆定的注入速度 v_w，並定義 $Re = \dfrac{Uh}{v}$，$v \times = \dfrac{v_w}{U}$，$k = v \times Re$。

    (1)推導無因次化之速度分布表示式。

    (2)當 $k \to 0$，速度分布為何?

    (3)當 $k \to \infty$，速度分布為何?

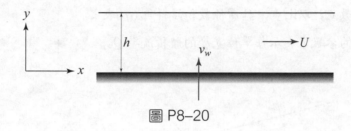

圖 P8–20

21. 在一無限延伸之多孔性平板 $(y=0)$ 上為一二維穩態黏流流體，在 $y \to \infty$ 處，其速度為 U，假設該流場為不可壓縮，且壓力在各處恆為定值。在多孔性平板上之吹出或吸入速度為 v_{w0}。

    (1)證明當 $v = v_w = C = $ 常數時，有 $u = u(y)$ 這個解答存在。

    (2)求出 $u(y)$。

    (3)證明當 $v_w < 0$ 時（均勻吸入狀態），(2)中之 $u(y)$ 才會存在。

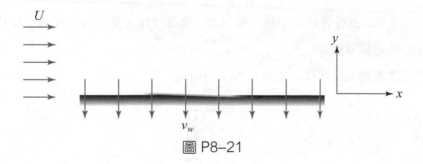

圖 P8–21

22. 試繪出圓柱體之阻力係數 C_D(drag coefficient) 與雷諾數之關係，並說明其特徵相關之物理現象。

23. 導出一關係式,使能在一流體中藉量測在其內一墜落球之穩態狀況下之球速度來獲得流體之黏滯係數 (提示: 球所受到之黏滯力和液體黏滯係數成正比關係)。

24. 如下圖所示，一固定厚度之黏性流體以層流方式朝下流經一傾斜角為 θ 的平板，其速度分布如下。

$$u = Cy(2h - y), v = w = 0$$

(1)求出常數 C，以比重、黏滯係數和傾斜角 (θ) 表之。

(2)以(1)中的參數來表示每單位寬度的體積流率 Q。

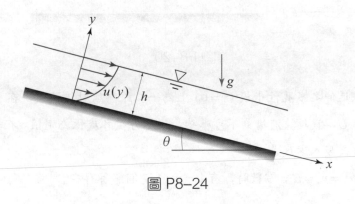

圖 P8–24

25. 如下圖所示，一面積為 A 的平板，其正面迎向一均勻不可壓縮的黏性流體（流體密度為 ρ，黏滯係數為 ν）。

(1)繪出流線。並估計施在平板上的阻力。你必須作清楚的物理說明來解釋所繪的流線和估計的力。

(2)假設該流體無黏滯性，重複回答(1)的問題。

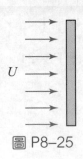

圖 P8–25

26. 以流體力學的基本理論來說明下列觀念、名詞或現象。

　　⑴流體流過一圓球之形狀阻力 (form drag)。

　　⑵在空氣中或水中微粒的懸浮現象。

27. 在一裝有黏滯性很大的液體的儲槽中，一金屬球在其中以緩慢且以等速度向下墜落，由於墜落速度非常慢，所以可以忽略對流之加速度。

　　⑴進行無因次化分析，並藉以導出有意義且適切的參數，並說明哪些力可以前述的參數來說明。

　　⑵推導出適合此題目的阻力表示式。

　　⑶假設此流體的比重 (specific gravity) 為 1.5，該金屬球為鐵球 ($SG = 7.9$，直徑 $D = 1$ cm)，其等速之墜落速度為 U，現將鐵球置換成鋁球 ($SG = 2.7$)，它也具有同樣的墜落速度 U，則鋁球的直徑為多少，另外作用在鋁球的阻力和作用在鐵球的阻力，兩者比值為多少？

28. 假設在流水中有一球形砂粒，其直徑為 0.1 mm，砂粒的比重 (specific gravity) 為 2.6。如此粒子在垂直方向有 1 m 的落降，在水平方向有了 3 m 的移動，求水流速度？證明你所用的假設，並證之。($\mu = 8 \times 10^{-3} \dfrac{N \cdot s}{m^2}, \rho = 1000 \dfrac{kg}{m^3}$)

29. 請問求解高雷諾數與低雷諾數之流體問題時，方法及觀念上有何異同。

30. 一無限大平板上流滿黏滯流體，最初為靜止，在 $t = 0$ 時平板突然沿平行板面之方向以速率 U 前進，試求流體速度 u 與 (y, t) 之關係，在此 y 為垂直平板之距離，並說明黏滯性在此問題中所扮演的角色？

31. 有一皮帶 (假設其為無限延伸)，以等速 V 垂直朝上的方式流經一化學槽，因此在其表面上沾上一層厚度為 h 的液體 (密度為 ρ，黏滯係數為 μ)。而因重力作用會將此層液體往下拽，但因皮帶向上運動，所以不致使流體脫離皮帶。

　　⑴求出該層液體內之速度分布。

　　⑵求出被皮帶拖出液體的流量。

32. 試舉例說明何謂流線型體 (streamlined body) 及鈍體 (bluff body)。同時說明如何減少他們的流阻 (flow resistance)。

33. 對同樣大小的參考面積而言，一個 2D（二維）的物體和一個 3D（三維）的物體那一個流阻較小？為什麼？

34. 一個人和一條狗以同樣的速度游過一條河，依你看何者的阻力係數較小，並說明原因。

35. 水 ($\mu = 8 \times 10^{-3} \frac{N \cdot s}{m^2}$) 以 $U = 0.05 \frac{m}{s}$ 的速度流經 1 m 長、10 m 寬的平板，其所受的阻力大致為　(A) 0.02 N　(B) 0.2 N　(C) 2.0 N　(D) 以上皆非。

36. 一薄的長方板，其寬為 W、高為 h，此板浸沉於流動之流體中，假設在平板上的阻力為寬度 (W)、高度 (h)、流體黏滯性 (μ)、流體密度 (ρ)、流體速度為 (V) 以無因次分析 (dimensional analysis) 方式來求：

(1)本問題中所出現無因次化參數 (dimensionless parameters) 的數目。

(2)阻力 F_D 以無因次化參數構成函數的形式表示。

附　錄

附錄 1　水的物理性質

（在標準大氣壓力）

溫度 T °C	密度 ρ kg/m^3	比重量 $\gamma \times 10^3$ N/m^3	動力黏度 $\mu \times 10^{-3}$ N·s/m^2	運動黏度 $\nu \times 10^{-6}$ m^2/s	表面張力 $\sigma \times 10^{-3}$ N/m	蒸氣壓力 $P_v \times 10^3$ N/m^2, abs	容積彈性係數 $E_v \times 10^9$ N/m^2
0	999.9	9.806	1.787	1.787	75.6	0.611	2.02
5	1000.0	9.807	1.519	1.519	74.9	0.872	2.06
10	999.7	9.804	1.307	1.307	74.2	1.228	2.10
15	999.1	9.797	1.139	1.139	73.5	1.710	2.14
20	998.2	9.789	1.002	1.004	72.8	2.338	2.18
25	997.0	9.780	0.890	0.893	72.0	3.170	2.22
30	995.7	9.765	0.798	0.801	71.2	4.243	2.25
40	992.2	9.731	0.653	0.658	69.6	7.376	2.28
50	988.1	9.690	0.547	0.553	67.9	12.330	2.29
60	983.2	9.642	0.467	0.475	66.2	19.920	2.28
70	977.8	9.589	0.404	0.413	64.4	31.160	2.25
80	971.8	9.530	0.355	0.365	62.6	47.340	2.20
90	965.3	9.467	0.315	0.326	60.8	70.100	2.14
100	958.4	9.399	0.282	0.294	58.9	101.325	2.07

資料來源：*Handbook of Chemistry and Physics, 69th Ed.*, CRC Press, 1988.

附錄 2　空氣的物理性質

（在標準大氣壓力）

溫度 T °C	密度 ρ kg/m³	比重量 γ N/m³	動力黏度 $\mu \times 10^{-6}$ N·s/m²	運動黏度 $\nu \times 10^{-6}$ m²/s	比熱比 k —	音速 c m/s
−40	1.514	14.850	15.7	10.4	1.401	306.2
−20	1.395	13.680	16.3	11.7	1.401	319.1
0	1.292	12.670	17.1	13.2	1.401	331.4
5	1.269	12.450	17.3	13.6	1.401	334.4
10	1.247	12.230	17.6	14.1	1.401	337.4
15	1.225	12.010	18.0	14.7	1.401	340.4
20	1.204	11.810	18.2	15.1	1.401	343.3
25	1.184	11.610	18.5	15.6	1.401	346.3
30	1.165	11.430	18.6	16.0	1.400	349.1
40	1.127	11.050	18.7	16.6	1.400	354.7
50	1.109	10.880	19.5	17.6	1.400	360.3
60	1.060	10.400	19.7	18.6	1.399	365.7
70	1.029	10.090	20.3	19.7	1.399	371.2
80	0.9996	9.803	20.7	20.7	1.399	376.6
90	0.9721	9.533	41.4	22.0	1.398	381.7
100	0.9461	9.278	21.7	22.9	1.397	386.9
200	0.7461	7.317	25.3	33.9	1.390	434.5
300	0.6159	6.040	29.8	48.4	1.379	476.3
400	0.5243	5.142	33.2	63.4	1.368	514.1
500	0.4565	4.477	36.4	79.7	1.357	548.8
1000	0.2772	2.719	50.4	182.0	1.321	694.8

資料來源：R. D. Blevins, *Applied Fluid Dynamics Handbook*, Van Nostrand Reinhold Co., Inc., New York, 1984.

附錄 3　向量運算子

The Vector Operator

假設 ξ 為純量 (scalar)、$\vec{\xi}$ 為向量 (vector)，在各種不同座標系的向量運算子 (vector operator)，可分別表示如下：

A3–1　直角座標 (x, y, z)

如圖 A–1 所示

1. $\vec{\xi} = \vec{i}\xi_x + \vec{j}\xi_y + \vec{k}\xi_z$ 　　　　　　　　　　　　　　　　(A.1)

2. $\nabla = \vec{i}\dfrac{\partial}{\partial x} + \vec{j}\dfrac{\partial}{\partial y} + \vec{k}\dfrac{\partial}{\partial z}$ 　　　　　　　　　　　　(A.2)

3. $\nabla\xi = \text{grad } \xi = \vec{i}\dfrac{\partial\xi}{\partial x} + \vec{j}\dfrac{\partial\xi}{\partial y} + \vec{k}\dfrac{\partial\xi}{\partial z}$ 　　　　　(A.3)

4. $\nabla\cdot\vec{\xi} = \text{div } \vec{\xi} = \dfrac{\partial\xi_x}{\partial x} + \dfrac{\partial\xi_y}{\partial y} + \dfrac{\partial\xi_z}{\partial z}$ 　　　　(A.4)

5. $\nabla^2\xi = \dfrac{\partial^2\xi}{\partial x^2} + \dfrac{\partial^2\xi}{\partial y^2} + \dfrac{\partial^2\xi}{\partial z^2}$，其中 ∇^2 稱為拉普拉斯運算子 (Laplacian operator)

　　　　　　　　　　　　　　　　　　　　　　　　　　　　　(A.5)

6. $\nabla\times\vec{\xi} = \text{curl } \vec{\xi} = \begin{vmatrix} \vec{i} & \vec{j} & \vec{k} \\ \partial/\partial x & \partial/\partial y & \partial/\partial z \\ \xi_x & \xi_y & \xi_z \end{vmatrix}$ 　　　　(A.6)

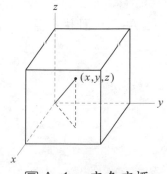

圖 A–1　　直角座標

A3–2　圓柱座標 (r, θ, z)

如圖 A–2 所示

1. $\vec{\xi} = \vec{e}_r \xi_r + \vec{e}_\theta \xi_\theta + \vec{e}_z \xi_z$ (A.7)

2. $\nabla = \vec{e}_r \dfrac{\partial}{\partial r} + \vec{e}_\theta \dfrac{1}{r} \dfrac{\partial}{\partial \theta} + \vec{e}_z \dfrac{\partial}{\partial z}$ (A.8)

3. $\nabla \xi = \vec{e}_r \dfrac{\partial \xi}{\partial r} + \vec{e}_\theta \dfrac{1}{r} \dfrac{\partial \xi}{\partial \theta} + \vec{e}_z \dfrac{\partial \xi}{\partial z}$ (A.9)

4. $\nabla \cdot \vec{\xi} = \dfrac{1}{r} \dfrac{\partial (r \xi_r)}{\partial r} + \dfrac{1}{r} \dfrac{\partial \xi_\theta}{\partial \theta} + \dfrac{\partial \xi_z}{\partial z}$ (A.10)

5. $\nabla^2 \xi = \dfrac{1}{r} \dfrac{\partial}{\partial r} \left(r \dfrac{\partial \xi}{\partial r} \right) + \dfrac{1}{r^2} \dfrac{\partial^2 \xi}{\partial \theta^2} + \dfrac{\partial^2 \xi}{\partial z^2}$ (A.11)

6. $\nabla \times \vec{\xi} = \text{curl } \vec{\xi} = \dfrac{1}{r} \begin{vmatrix} \vec{e}_r & r\vec{e}_\theta & \vec{e}_z \\ \partial/\partial r & \partial/\partial \theta & \partial/\partial z \\ \xi_r & r\xi_\theta & \xi_z \end{vmatrix}$ (A.12)

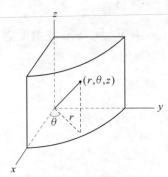

圖 A–2　圓柱座標

A3–3　球狀座標 (r, θ, φ)

如圖 A–3 所示

1. $\vec{\xi} = \vec{e}_r \xi_r + \vec{e}_\theta \xi_\theta + \vec{e}_\varphi \xi_\varphi$ （A.13）

2. $\nabla = \vec{e}_r \dfrac{\partial}{\partial r} + \vec{e}_\theta \dfrac{1}{r} \dfrac{\partial}{\partial \theta} + \vec{e}_\varphi \dfrac{1}{r\sin\theta} \dfrac{\partial}{\partial \varphi}$ （A.14）

3. $\nabla \xi = \vec{e}_r \dfrac{\partial \xi}{\partial r} + \vec{e}_\theta \dfrac{1}{r} \dfrac{\partial \xi}{\partial \theta} + \vec{e}_\varphi \dfrac{1}{r\sin\theta} \dfrac{\partial \xi}{\partial \varphi}$ （A.15）

4. $\nabla \cdot \vec{\xi} = \dfrac{1}{r^2} \dfrac{\partial (r^2 \xi_r)}{\partial r} + \dfrac{1}{r\sin\theta} \dfrac{\partial (\xi_\theta \sin\theta)}{\partial \theta} + \dfrac{1}{r\sin\theta} \dfrac{\partial \xi_\varphi}{\partial \varphi}$ （A.16）

5. $\nabla^2 \xi = \dfrac{1}{r^2} \dfrac{\partial}{\partial r}\left(r^2 \dfrac{\partial \xi}{\partial r} \right) + \dfrac{1}{r^2\sin\theta} \dfrac{\partial}{\partial \theta}\left(\sin\theta \dfrac{\partial \xi}{\partial \theta} \right) + \dfrac{1}{r^2\sin\theta} \dfrac{\partial^2 \xi}{\partial \varphi^2}$ （A.17）

6. $\nabla \times \vec{\xi} = \mathrm{curl}\, \vec{\xi} = \dfrac{1}{r^2\sin\theta} \begin{vmatrix} \vec{e}_r & r\vec{e}_\theta & r\sin\theta\, \vec{e}_z \\ \partial/\partial r & \partial/\partial \theta & \partial/\partial \varphi \\ \xi_r & r\xi_\theta & r\sin\theta\, \xi_\varphi \end{vmatrix}$ （A.18）

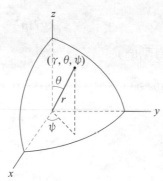

圖 A–3　球狀座標

附錄 4　單位換算

Unit Conversion

原單位	轉換單位	乘　數
1. Acceleration （加速度）		
ft/s^2	m/s^2	3.0480E − 1
in/s^2	m/s^2	2.5480E − 2
2. Area （面積）		
ft^2	m^2	9.2903E − 2
in^2	m^2	6.4516E − 4
3. Density （密度）		
g/cm^3	kg/m^3	1.0000E + 3
lbm/ft^3	kg/m^3	1.6018E + 1
lbm/in^3	kg/m^3	2.7680E + 4
$slug/ft^3$	kg/m^3	5.1538E + 2
4. Dynamic Viscosity （動力黏度）		
cP （centipoise, 百分泊）	$N \cdot s/m^2$	1.0000E − 3
$lbm/ft \cdot s$	$N \cdot s/m^2$	1.4882E + 0
$lbf \cdot s/ft^2$	$N \cdot s/m^2$	4.7880E + 1
P （poise, 泊）	$N \cdot s/m^2$	1.0000E − 1
$poundal \cdot s/ft^2$	$N \cdot s/m^2$	1.4882E + 0
$slug/ft \cdot s$	$N \cdot s/m^2$	4.7880E + 1
5. Energy （能量）		
Btu （英熱單位）	J （焦耳）	1.5045E + 3

cal （卡路里）	J	1.6018E + 1
erg （爾格）	J	1.0000E − 7
ft·lbf	J	1.3558E + 0
W·hr	J	3.6000E + 3

6. Force （力）

dyne （達因）	N （牛頓）	1.0000E − 5
kgf	N	9.8067E + 0
lbf	N	4.4482E + 0
poundal （磅達）	N	1.3825E − 1

7. Kinematic Viscosity （運動黏度）

cst （centistokes, 百分史）	m^2/s	1.0000E − 6
ft^2/s	m^2/s	9.2903E − 2
st （stoke, 史）	m^2/s	1.0000E − 4

8. Length （長度）

ft	m	3.0480E − 1
in	m	2.5400E − 2
mi （哩）	m	1.6093E + 3
nautical mile （浬）	m	1.8520E + 3
μm	m	1.0000E − 6

9. Mass （質量）

g	kg	1.0000E − 3
lbm	kg	4.5359E − 1
long ton （英噸）	kg	1.0160E + 3
metric ton （法噸）	kg	1.0000E + 3
oz （盎司）	kg	2.8350E − 2
short ton （美噸）	kg	9.0700E + 2

slug （斯辣）	kg	1.4594E + 1

10. Power （功率）

Btu/s	W （瓦）	1.0544E + 3
cal/s	W	4.1840E + 0
ft·lbf/s	W	1.3588E + 0
hp （馬力）	W	7.4570E + 2

11. Pressure （壓力）

atm （大氣壓力）	N/m^2	1.0133E + 5
bar （巴）	N/m^2	1.0000E + 5
cm Hg （0°C）	N/m^2	1.3332E + 3
cm H_2O （4°C）	N/m^2	9.8064E + 1
dyne/cm^2	N/m^2	1.0000E − 1
kgf/cm^2	N/m^2	9.8067E + 4
kgf/m^2	N/m^2	9.8067E + 0
lbf/ft^2 (psf)	N/m^2	4.7880E + 1
lbf/in^2 (psi)	N/m^2	6.8948E + 3
Pa （巴斯噶）	N/m^2	1.00000E + 0
torr	N/m^2	1.00000E + 0

12. Speed （速率）

ft/s	m/s	3.0480E − 1
in/s	m/s	2.5400E − 2
km/h	m/s	2.7778E − 1
knot （節）	m/s	5.1444E − 1
mi/h	m/s	4.4704E − 1

13. Temperature （溫度）

°C (Celsius)	K (Kelvin)	$T_K = T_C + 273.15$
°F (Fahrenheit)	°C	$T_F = 9T_C/5 + 32$
°R (Rankine)	°F	$T_R = T_F + 459.67$

14. Volume　（體積）

ft^3	m^3	$2.8317\text{E} - 2$
gal （gallon, 加侖）	m^3	$3.7854\text{E} - 3$
in^3	m^3	$1.6387\text{E} - 5$
ℓ （liter, 公升）	m^3	$1.0000\text{E} - 3$

■習題簡答

第一章

1. 略　2. 略　3. 略　4. 略　5. 略　6. 略　7. (1)流線: $y = \dfrac{x_0}{y_0} x^{\frac{1+t}{1+2t}}$、(2)徑線: $\dfrac{y}{y_0} = 2\dfrac{x}{x_0} - 1$

8. 略　9. $a(1, -1) = \vec{i} - \vec{j}$　10. $[x(1+3t)^2 + 3x]\,\vec{i} + [2x^2 y(1+3t) + x^4 y]\,\vec{j}$　11. $9\vec{i} + 7\vec{j} + 2\vec{k}$

12. (1) $3\vec{i} + \dfrac{\partial f}{\partial t}\vec{j} + \vec{k}$

　(2) $(3t+x)[\vec{i} + \dfrac{\partial f}{\partial x}\vec{j}] + [-y^2 - zy^2 + f][(-2y - 2yz + \dfrac{\partial f}{\partial y})\vec{j} + z^2\vec{k}] + (yz^2 + t)[-y^2\vec{j} + 2yz\vec{k}]$

　(3)(1) + (2)　13. 略

第二章

1. 略　2. 略　3. 略　4. 否 (因為 $\sum M = -8634 N - m$)　5. $h = \dfrac{(D_2 / D_1)^2}{\rho g}$　6. 略

7. 略　8. 0.6 ft　9. 略　10. (1) 131.4 kN、(2) 19.6 kN　11. $1.09\,\dfrac{\text{cm}}{\text{s}}$

12. 略　13. $v = \dfrac{2}{9}\dfrac{R^2 g(\rho_1 - \rho_2)}{\mu}$　14. 418 kN·m　15. $T_A = \dfrac{\gamma w h^3}{12}, T_B = \dfrac{\gamma w h^3}{3}$

第三章

1. $-2\,\dfrac{\text{ft}}{\text{s}}$，負號表示方向朝 $-y$ 座標軸

2. $-2.48\,\dfrac{\text{kg}}{\text{m}^3 \cdot \text{s}}$，負號表示容器內的密度呈遞減趨勢　3. $1.07\,\dfrac{\text{in}}{\text{min}}$

4. (1) 當 $R < h < 2R$, $t_1 = \dfrac{1.806\sqrt{R^5}}{A\sqrt{g}}$; 當 $0 < h < R$, $t_2 = \dfrac{2.931\sqrt{R^5}}{A\sqrt{g}}$、(2) 8336 s　5. $11520\,\dfrac{\text{kg}}{\text{hr}}$

6. $h = h_0\left[1 - \sqrt{\dfrac{g}{2h_0}}\left(\dfrac{d_0}{D}\right)^2 t\right]^2$　7. 241.5 N　8. 83.8 kN　9. 247.5 kN

10. $9.47\,\dfrac{\text{kN}}{\text{m}}$　11. (1)略、(2) $\dfrac{\rho g(H_2 - H_1)}{2(H_1 + H_2)}[4H_1 H_2 - (H_1 + H_2)^2]$　12. $\dfrac{2}{3}\rho U^2 D$

13. (1) $45\,\dfrac{\text{m}}{\text{s}}$、(2) 7.75 kN　14. 3.14 kN　15. (1) $7.69\,\dfrac{\text{m}}{\text{s}}$、(2) 0.0081 cm、(3) 0.307 N

16. (1) $1736\,\dfrac{\text{kg}}{\text{s}}$、(2) 3548 kW 或 4758 hp　17. (1) 0.70 N、(2) 13.93、(3) 0.39 N

18. 201 lbf   19. 15.2 $\frac{m}{s}$ 20. 56 rpm   21. 14.3 hp

第四章

1. 略   2. 略   3. 10.48 $\frac{kN}{m}$; 19.18 $\frac{kN}{m}$ 4. (1) 3.522 $\frac{m^3}{s}$、(2) 1.786 m、(3) 17.519 kPa (gage)

5. $V_2 = 100 \frac{m}{s}$; $P_2 = 13.84$ psia   6. 略   7. 略   8. 27.7 psia 或 13.0 psig   9. 11.71 $\frac{m}{s}$; 23 kPa

10. 46.3 s   11. 略   12. 略   13. 485 $\frac{lbf}{ft^2}$; 312.34 $\frac{lbf}{ft^2}$ 14. $W\left[\dfrac{2gd}{(\dfrac{1}{h-\delta-d})-(\dfrac{1}{h})^2}\right]^{\frac{1}{2}}$

15. 壓力頭、速度頭、高度頭；L

第五章

1. 略   2. 略   3. 略   4. 旋轉流   5. 略   6. (1)旋轉量、(2)剪應變率或角變形率

7. (1)不可壓縮流、(2)無旋轉流   8. (1)穩定流、(2)不可壓縮流   9. (1)無旋轉流；滿足、(2)無旋轉流；不滿足、(3)無旋轉流；滿足、(4)旋轉流；滿足、(5)旋轉流；不滿足

10. (1) $v = -y - y^2 z + f(x, z, t)$；$f(x, z, t)$ 為任意函數、

(2) $v = \dfrac{z^3}{3} + g(y, t)$；$g(y, t)$ 為任意函數

11. (1) $v = -2xy + f(x)$；$f(x)$ 為任意函數、(2) $\psi = x^2 y - \dfrac{y^3}{3} + g(x)$；$g(x)$ 為任意函數

12. (1) $\psi = x^2 y^3 + C$；C 為任意常數、(2)旋轉流；$\omega = -(3x^2 y + y^3)\vec{k}$

13. (1) $\psi = -\dfrac{x^2}{2} - y^2 + C$；$C$ 為任意常數、(2) 7   14. 5 cm   15. (1) $\psi = -2x^2 + y^2 + C$；C 為任意常數   16. (1) $\vec{V} = 2x\vec{i} - 2y\vec{j}$、(2)無旋轉流、(3) 是   17. (1)無旋轉流、(2)【提示】先求出速度分量再代入 $|\vec{V}| = \sqrt{u^2 + v^2}$ 18. $v_A = 6.147 \frac{m}{s}$；方向朝右下方與水平軸呈 23.5°

19. (1) A 表示自由流速 $(A = U)$；$B = Ua^2$ (a 為圓柱半徑)、(2)流經圓柱的流場、

(3) $\theta = 0$ 且 $\theta = \pi$ 的圓柱表面處 $(r = a)$、(4) $v_\theta = -2U\sin\theta$；$P_s = P_\infty + \dfrac{\rho U^2}{2}(1 - 4\sin^2\theta)$

20. (1) $L^2 T^{-1}$、(2) $L^2 T^{-1}$ 21.【提示】運用馬格納斯效應說明

第六章

1. 略   2. 略   3. $\dfrac{\dot{P}}{\rho \omega^3 D^5} = F\left(\dfrac{\dot{Q}}{\omega D^3}\right)$ 4. $\dfrac{F_D}{\rho V^2 W^2} = F\left(\dfrac{H}{W}, \dfrac{\mu}{\rho V W}\right)$ 或 $C_D = F'\left(\dfrac{H}{W}, Re\right)$

5. $\dfrac{F_L}{\rho V^2 L^2} = F\left(\alpha, \dfrac{c}{V}, \dfrac{\mu}{\rho VL}\right)$ 或 $C_L = F'(\alpha, \text{Ma}, \text{Re})$

6. $\dfrac{T}{\rho V^2 D^3} = F\left(\dfrac{d}{D}, \dfrac{\omega D}{V}, \dfrac{\mu}{\rho VL}\right)$ 或 $\dfrac{T}{\rho V^2 D^3} = F'\left(\dfrac{d}{D}, \dfrac{\omega D}{V}, Re\right)$

7. $\dfrac{\Delta h}{D} = F\left(\dfrac{L}{D}, \dfrac{gD}{V^2}, \dfrac{\mu}{\rho VD}\right)$ 或 $\dfrac{\Delta h}{D} = F'\left(\dfrac{L}{D}, \dfrac{V^2}{gD}, Re\right)$

8. $\dfrac{\Delta P}{\rho V^2} = F\left(\dfrac{D_2}{D_1}, \dfrac{\mu}{\rho VD_1}\right)$ 或 $\dfrac{\Delta P}{\rho V^2} = F'\left(\dfrac{D_2}{D_1}, Re\right)$

9. (1) $\sqrt{L_r}$、(2) $\sqrt{L_r^5}$　　10. $400 \dfrac{\text{km}}{\text{hr}}$　　11. (1) $0.9 \dfrac{\text{m}}{\text{s}}$、(2) $0.6\,\text{N}$

12. (1) $800 \dfrac{\text{km}}{\text{hr}}$、(2) $10\,\text{N}$、(3) $53.3 \dfrac{\text{km}}{\text{hr}}$ 及 $2.7\,\text{N}$　　13. (1) $45 \dfrac{\text{m}}{\text{s}}$、(2) $0.864\,\text{hp}$

14. (1) $500\,\text{m}$、(2) $2 \dfrac{\text{m}}{\text{s}}$、(3) $278.8\,\text{kPa}$、(4) $1115\,\text{kPa}$　　15. 1

16. 依據相似需求得知，風速愈大則模型之尺寸比例相對縮小，可降低模型製作成本。

17. (1) $F\left(\dfrac{F_D}{\rho V^2 D^2}, \dfrac{F_L}{\rho V^2 D^2}, \dfrac{h}{D}, \dfrac{\omega D}{V}, \dfrac{\mu}{\rho VLD}\right) = 0$，(2) $\omega_m = 1600\,\text{rpm}$ 且 $V_m = 80 \dfrac{\text{ft}}{\text{s}}$

18. (1) $\theta = F\left(\dfrac{D_1}{H}, \dfrac{D_2}{H}, \dfrac{\mu\omega H^3}{K}\right)$，(2) $\theta \doteqdot 3000\left(\dfrac{\mu\omega H^3}{K}\right)$

第七章

1. 略　　2. $0.149\,\text{J}$、$8.777\,\text{W}$　　3. $0.449\,\text{N}\cdot\text{m}$

4. (1) $u(r) = 2\overline{U}\left(1 - \dfrac{r^2}{R^2}\right)$，(2) $\tau_w = -\dfrac{D}{4}\left(-\dfrac{\partial P}{\partial x}\right)$，(3) $\dot{Q} = \dfrac{\pi D^4 \Delta P}{128\mu L}$

5. $u(r) = \dfrac{\ln(r/r_i)}{\ln(r_o/r_i)}U$　　6. $u(y) = \dfrac{U}{H}y + \dfrac{1}{2\mu}\left(-\dfrac{\Delta P}{L}\right)(Hy - y^2)$

7. (1) $w = \dfrac{Wx}{H} - \dfrac{\rho g H^2}{2\mu}\left(\dfrac{x}{H} - \dfrac{x^2}{H^2}\right)$，(2) $w_{x=\frac{H}{2}} = \dfrac{W}{2} - \dfrac{\rho g H^2}{8\mu}$，(3) $W = \dfrac{\rho^2 H^3 g}{6\mu}$

8. $609.56\,\text{lbf}$　　9. (1) $1\,560\,\text{m}$、(2) $0.147\,\text{m}$

10. (1) $u(y) = \dfrac{B}{8\mu}(H^2 - 4y^2)$、(2) $\overline{U} = \dfrac{BH^2}{12\mu}$、(3) $D_h = 2H$、(4) $f = \dfrac{48}{Re_H}$；$Re_H = \dfrac{\rho \overline{U} H}{\mu}$

11. (1) $u(r) = \dfrac{R^2}{4\mu}\left(-\dfrac{\partial P}{\partial x}\right)\left[1 - \dfrac{r^2}{R^2} + \dfrac{\ln\left(\dfrac{r}{R}\right)}{\ln\left(\dfrac{1}{K}\right)}(1 - K^2)\right]$，(2) $D_h = 2(1-K)R$、(3) $f = \left(-\dfrac{\partial P}{\partial x}\right)\dfrac{D_h}{\dfrac{\rho \overline{U}^2}{2}}$

12. $\dfrac{\Delta P}{\gamma} = \dfrac{P_1 - P_2}{\gamma} = \dfrac{\dot{Q}^2}{2gA_1^2}\left(\dfrac{A_1^2}{A_2^2} - 1 + K_L\right); \quad K_L = K_L\,(\mathrm{L},\ \theta)$ 　　　13. 44.6 m 　　14. 63.45 m

15. 15855 s 　　16. 15.91 hp

第八章

1. 略　2. 略　3. $u(y) = \dfrac{1}{2\mu}\rho g \sin\theta (2ay - y^2)$　4. 略　5. 略

6. $u(y) = \dfrac{1}{2\mu}\rho g \sin\theta (2ay - y^2),\ \tau_{\max} = \rho g a \sin\theta\ (y = 0)$　7. 略　8. $U = \dfrac{2gR_0^2}{9v_l}(\dfrac{\rho_0}{\rho_l} - 1)$

9. 略　10. $u(y) = \dfrac{1}{2\mu}\rho g \sin\theta (2ay - y^2)$　11. $V = \dfrac{a}{b}(1 - e^{-bt})$，其中 $a = 1 - \dfrac{\rho_w}{\rho_s}, b = \dfrac{18\mu}{D^2 \rho_s}$

12. $1.171 \times 10^{-4} \dfrac{\mathrm{m}^2}{\mathrm{s}}$　　13. 略　14. 略　15. 略　16. 略　17. 略

18. $u(y) = \dfrac{1}{2\mu}\rho g \sin\theta (2ay - y^2)$　19. 略　20. (1) $u = \dfrac{e^{v\,Re\,y} - 1}{e^{v\,Re} - 1}$、(2) $u = \dfrac{y}{h}$、(3) $u \to 0$

21. 略　22. 略　23. 略　24. (1) $C = \dfrac{g\sin\theta}{2v}$、(2) $Q = \dfrac{gh^3 \sin\theta}{3v}$　25. 略　26. 略

27. (1)略、(2)略、(3) $D = 2.31$ cm　　28. $3.27\,\dfrac{\mathrm{mm}}{\mathrm{s}}$　　29. 略　30. 略

31. (1) $u(y) = \dfrac{1}{2\mu}\rho g (2hy - y^2) - V$、(2) $Q = \dfrac{\rho g h^3}{3\mu} - Vh$

32. 略　33. 略　34. 略　35. 略　36. 略

● **微積分** 白豐銘、王富祥、方惠真／著

　　本書由三位資深教授，累積十幾年在技職體系及一般大學的教學經驗，精心規劃所設計完成，主要為一學年的課程而設計，也適於單學期的授課標準。減少了抽象觀念的推導和論證，而強調題型分析與解題技巧的解說，是本書的一大特色。精心設計的習題，難易深入淺出，極適合作為隨堂測驗的試題來源。

● **普通物理（上）** 陳龍英、郭明賢／著

　　本書配合上、下學期的課程分為上、下冊；目標在協助學生了解物理學的基本概念，並熟練科學方法，而能與實務接軌，配合相關專業學科的學習與發展。內容皆從基本的觀念出發，以日常生活的實例說明，引發學習興趣。此外著重與高職物理教材的銜接，引入適切的例題與習題，供讀者課後練習。

● **普通化學 —— 基礎篇** 楊永華、蘇金豆、林振興、黃文彰／著

　　為徹底改善翻譯教科書不符國內教學需求的缺點，本書特聘國內一流化學教授，以其豐富的教學及研究經驗，針對目前化學教學重點寫作。本書承接高職（中）化學教材，可供技專院校「化學」課程使用，適用2至3學分數的教學需求。內容主要為化學基本知識及概念，分為二個主題單元，可依照教學設計，將各章編排組合運用。

● **普通化學 —— 進階篇** 楊永華、蘇金豆、林振興、黃文彰／著

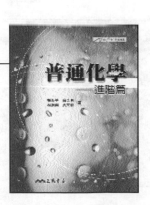

　　本書延續基礎篇的優點，聘請國內一流化學教授，以其豐富的教學及研究經驗，針對目前國內教學重點寫作。內容含「無機化學」、「有機化學」、「生物化學」及「材料化學」等與時下科技發展息息相關的主題，可依學系特色與課程彈性選擇教學單元；並彙總實驗列於書末，學生不需額外負擔實驗手冊的費用，體貼教師教學之餘，更體貼學生的荷包。

● 計算機概論 盧希鵬、鄒仁淳、葉乃菁／著

　　內容針對大專院校計概課程精心設計。從如何DIY組裝電腦開始，一直到日新月異的網路科技均有十分完整的敘述。書末並介紹電子化政府、電子商務和各種資訊管理系統。內容深入淺出，文字敘述淺顯易懂，易教易學。

● 電腦應用概論 張台先／著

　　不懂電腦軟體操作嗎？面對電腦，常常不知如何下手嗎？那麼，您該讀讀這本電腦應用概論。本書介紹各種當前使用率最高、版本最新的電腦應用軟體。理論部分強調電腦科技發展歷程與應用趨勢；實務部分側重步驟引導及圖片說明。另附實習手冊及光碟，光碟內含教學範例影片及試用軟體，力求理論與實務並重，是電腦初學者的第一選擇。

● 應用力學 ── 靜力學 金佩傑／著

　　本書的目的在介紹靜力學的基本定律，使學生能建立起對靜力學的基本觀念與分析的能力，作者以多年實際的教學經驗，並參酌國外相關書籍撰寫而成。為求完全貼合技職學校重視實務的教學需要，書中更列舉大量應用實例，絕對讓學生早人一步與實務接軌！編排方面，除了嚴謹的排版、校對外，圖片的選用、繪製、印刷都力求精美。每章的內容皆從基本的觀念談起，並以例題輔助加強學生的學習效果，課後還有習題讓學生練習，使學生能系統性地瞭解靜力學的基本概念。

● 熱力學 林大惠、侯順雄／著

　　熱力學是一門論及能量和熵值的科學。為了強調熱力學的應用價值，書中介紹了實際的動力與冷凍系統，包括：蒸汽動力廠、汽柴油引擎、氣渦輪機、冷凍循環等等，希望提高讀者的學習興趣。而除了深入淺出的描述說明外，並輔以適當的例題示範，以及適量的習題練習，盼望同學們能夠融會貫通而學以致用。

● 水質分析 江漢全／著

　　水質分析已成為目前大專環境工程及科學教育中的重要課程，惜專門書籍不多，符合國內教學需要者更少。作者據其長期在水質分析方面的研究及教學經驗寫作本書；革新版除秉承前版架構外，更依現行最新水質檢測方法更新內容，且將原分散各章之行政院環保署公告標準檢驗方法彙整成獨立篇章，以期確實反映國內現況，更加符合教學需要。